高等学校推荐教材

建筑工程概论（第三版）

李　钰　编著
王洪德　主审

中国建筑工业出版社

图书在版编目(CIP)数据

建筑工程概论 / 李钰编著. — 3 版. —北京：中国建筑工业出版社，2020. 10（2024.6重印）
高等学校推荐教材
ISBN 978-7-112-25492-7

Ⅰ. ①建… Ⅱ. ①李… Ⅲ. ①建筑工程—高等学校—教材 Ⅳ. ①TU

中国版本图书馆 CIP 数据核字（2020）第 184884 号

本书共 6 章 2 个附录。第 1 章：建筑工程基础知识；第 2 章：建筑材料；第 3 章：建筑工程识图，并对该部分进行了更为详细地讲解；第 4 章：建筑构造；第 5 章：建筑结构形式；第 6 章：建筑施工概述。附录 1：购买商品房必备常识；附录 2：常用建筑术语。

本书可作为安全工程、物业管理、环境工程、工程造价、投资管理、审计、房地产经营与管理等专业教材与教学参考书。对于普通人员购买商品房也是值得一读的好书。

责任编辑：陈　桦　张　健
文字编辑：胡欣蕊
责任校对：赵　菲

高等学校推荐教材
建筑工程概论（第三版）
李　钰　编著
王洪德　主审
*
中国建筑工业出版社出版、发行（北京海淀三里河路 9 号）
各地新华书店、建筑书店经销
北京红光制版公司制版
建工社（河北）印刷有限公司印刷
*
开本：787 毫米×1092 毫米　1/16　印张：18¾　字数：416 千字
2021 年 3 月第三版　　2024 年 6 月第十七次印刷
定价：**48.00** 元（赠课件、含配套资源）
ISBN 978-7-112-25492-7
　　　（36463）

第三版前言

本书第二版出版以来，受到许多高校师生的欢迎，已累计印刷 12 次。适逢部分规范法规的变化，特修订第二版。为师生服务，努力打造精品教材，是编者一贯的思想宗旨！

本书继续延续第二版成熟的章节结构体系，针对下列内容进行了修订。

（1）结构识图的受力钢筋由二级钢筋改为了当前通用的三级钢筋。

（2）作为教材，在章前增加了学习要求，章末增加了复习思考题。

（3）根据部分规范的修编更新内容，其中包括：《陶瓷砖》GB/T 4100—2015、《卫生陶瓷》GB 6952—2015、《陶瓷马赛克》JC/T 456—2015、《普通混凝土小型砌块》GB/T 8239—2014、《混凝土结构工程施工质量验收规范》GB 50204—2015、《硅酮和改性硅酮建筑密封胶》GB/T 14683—2017、《房屋建筑制图统一标准》GB 50001—2017、《建筑设计防火规范》GB 50016—2014（2018 年版）、《混凝土结构设计规范》GB 50010—2010（2015 年版）、《混凝土结构施工图平面整体表示方法制图规则和构造详图》16G101-1～3、民用建筑设计统一标准 GB 50352—2019 等。

（4）与时俱进，更新了全球最高摩天大楼信息。

（5）增加修订了部分建筑术语。

（6）每一章均增设重难点知识讲解视频，书本与数字媒体的有机结合，这是本书第三版修订的大胆尝试。

本书由李钰编著，王洪德主审。本书编写还得到了丁妍君、李恬雅、李保平等的帮助，一并表示感谢！

本书内容广博，涉及规范、标准较多，不妥之处请指正。

编者为本书准备了齐全的教研资料，如课件 PPT、教案、教学进度表、课程大纲等，任课教师有意索取，请扫码或申请加入 QQ 群：118173259，联系群主，群中也可进行学术交流，非教师谢绝入群。

大连交通大学　李钰

2020 年 7 月

第二版前言

本书自 2010 年出版以来，深受众多高校师生好评，选用的专业有与土木工程相近的安全工程、建筑环境设备、工程管理、工程造价、土地资源管理专业，经济管理类的审计、投资学专业，高职高专类的建筑工程技术、工程监理、建筑文秘等专业。同时收到了多位教师的合理建议，截至 2012 年底，已印刷了 4 次，感谢您的信任与大力支持！

适逢近年众多标准、规范的修订，为了与时俱进，及时追踪最新技术成果，特进行修订。打造精品教材，是作者永恒追求的目标。

修订延续了第一版的章节编写体系，修编内容如下：

增加了绪论。内容包括建筑概念，学习目的，建筑发展的简单历程，学习方法建议等。

第 1 章增加了我国当前的工程建设管理体制；增加了建筑高度的计算。

第 2 章对钢筋与混凝土的内容进行了较大修订；修订了砂浆、大理石、花岗石的内容；增加了砌块、陶瓷卫生产品、常用水泥的主要特性等内容。

第 3 章修订的内容最多，对建筑工程各专业的图例与梁柱的平法标注进行了修订，与当前的国家标准保持一致。删除了木结构、钢结构与预应力钢筋图例；删除了通风空调与控制工程的图例。

第 4 章对砌体结构房屋的层数与总高度限值、构造柱、圈梁、变形缝等内容进行了修订。

第 5 章增加了房屋结构体系，完善了大跨屋面类型，替换了不清晰的图片。

第 6 章增加与修订了建筑物定位放线、土方施工、砖与砌块的施工工艺、钢筋混凝土工程施工工艺等技术内容。

原第 7 章改为附录 1。

增加了附录 2——常用建筑术语，可快速查找常用建筑术语的含义。

此外，对多处细微内容进行了修订与改错，使得本书内容更实用，特色更鲜明。

继续提供丰富的配套教学资源，供教师与学生参考。

第 5、6 章由泸州职业技术学院李保平同志修订，李钰负责其余章节的修订与全书的定稿，王洪德教授主审。

感谢在修编过程中，王秀玲、李英男、李金瑶、董乐霞、丁妍君、张君吉、杨鹏、盖九州、康明博、张继堃、全仁吉等同志的大力帮助。

本书内容广博，涉及规范、标准较多，不当之处诚恳希望读者指正。

任课教师索要课件请加入"建筑工程概论群"，QQ 群号：118173259。

大连交通大学　李钰

2013 年 12 月

第一版前言

有一部分非土木建筑类专业，如安全工程、物业管理、环境工程、给水排水、建筑设备工程、工程造价、工程管理、房地产经营与管理等专业，对建筑工程有一个初步的了解就可以了，本书就是针对这些专业而编写的。内容基本涵盖了上述专业与建筑工程相关的基础知识。

本书力求层次分明，条例清晰，结构合理，简明扼要，淡化理论，突出实用，具有以下鲜明的特征：

（1）内容对建设程序、建筑材料、识图、构造、结构选型、施工等进行了整合。特别适用于当前教学计划修订学时减少的需要。

（2）本书与同类书相比，突出了建筑工程识图的内容，与同类书相比，图纸部分几乎没有明显的错误，是值得特别指出的。

（3）与现有的同类书相比，本书涉及的标准、规范均为目前最新的。

（4）本教材配套资源丰富，有各章教学课件 ppt、教案、教学大纲、课程简介、教学日历、试卷、部分国家标准、规范、地震知识讲座等。

（5）本书专列一章，购买商品房必备常识，对商品房高房价有独特的观点。

识图图纸是编者作为专职建筑师工作时设计的一套施工图纸，在此对北京东方华太建筑设计工程有限责任公司表示感谢！

本书第 6 章由中铁十局集团李保平同志编写，其余章节均由李钰同志编写。本书由大连交通大学王洪德教授主审，进一步提高了本书的质量。

本书内容基本涵盖了非土木类专业与建筑工程相关的主要方面的基本知识。

本书编写时参阅的文献列在书后，在此向文献作者们表示衷心感谢！书中内容多处引自有关规范、标准，如果出现修订，应以最新的版本为准。

本书在编写过程中，得到了张君吉、吴迪、杨鹏、王旬、王仪驰、冯祥荃、盖九州、康明博、全仁吉、孙锐、裴浩然、丁妍君等同志的大力帮助，在此表示感谢！

本书文字规范、简练，图表配合恰当，符号、计量单位符合国家标准，版面设计也具有鲜明的时代特征，在体系、内容等诸方面都做了新的尝试，限于本人水平，难免有遗漏和不当之处，诚恳希望读者提出宝贵意见。

大连交通大学　李钰

2010 年 12 月

目　录

绪　　论

0.1　土木工程与建筑工程

中国国务院学位委员会在学科简介中把土木工程定义为：建造各类工程设施的科学技术的总称。它既指所应用的材料、设备和所进行的勘测、设计、施工、保养维修等技术活动；也指工程建设的对象，即建造在地上或地下、陆上或水中，直接或间接为人类生活、生产、军事、科研服务的各种工程设施。

土木工程学科的范围非常广泛，包括：房屋建筑工程、公路与城市道路工程、铁道工程、桥梁工程、隧道工程、机场工程、地下工程、给水排水工程、港口工程等。国际上，运河、水库、大坝、水渠等水利工程也包括在土木工程之中。

"建筑"的含义：通常认为是营造建筑物和构筑物的生产活动的总称；又是指以营造建筑物和构筑物为研究对象的工程技术和艺术的总称，是一门工程技术学科。

建筑物是为了满足社会生活的需要，人类利用所掌握的物质技术手段，在科学规律和美学法则的支配下，通过空间的限定、组织而创造的人为的社会生活环境。如：住宅、办公楼、教学楼等。构筑物是指人们一般不直接在内进行生产和生活的建筑。如：水塔、烟囱、堤坝、桥梁等。

建筑工程是一门内容广泛的综合性学科，建筑工程概论课程是对建筑工程门类下的部分内容的概述性介绍。本教材内容涉及建筑工程中的建设程序、分类、材料、识图、构造、结构选型、施工等基础知识。

《建筑工程概论》（第三版）采用现行最新的规范、法规，注重知识更新，与时俱进，及时反映学科最新发展成果，可参见书末的参考文献。内容比较全面、与现行规范一致是本教材显著特点及其追求的目标。

0.2　课程学习的目的

（1）为学习其他课程打基础

每个专业都有一个由系列课程组成的培养方案，课程之间一般有先后的学习顺序，通过本课程的学习，可以系统熟悉和了解建筑工程，可为学习后续的相关课程打基础。

（2）实际工作的需要

许多实际工作，都要以建筑工程图纸为基础，如造价、审计、施工、现场安全管理；水暖电设备各专业的设计与施工；装修工程的设计与施工等。这就要求我们对建筑工程的相关内容有所了解，使我们能更好地适应未来的工作。

（3）生活的需要

生活当中购房、装修往往是人生的大事，需要用到户型、结构、材料、装修施工、水电施工与改造、保温节能等方面的知识，这都是本课程的组成内容。

0.3　建筑的发展历程

有人类历史便有建筑，建筑工程是人类为改善自己的生存环境、与自然界的斗争中发展起来的，总是与人类共存的。建筑发展历程简表见表 0-1。

建筑发展历程简表　　　　　　　　　　　　表 0-1

阶段特征	穴居巢处	简单房屋	真正房屋	大跨度建筑	现代建筑
典型材料	天然材料	经加工的天然材料	砖、瓦、灰砂石、砂	钢材、混凝土	各种新型材料
使用要求	遮风、避雨	遮风、避雨、抵御野兽侵袭	大量建造物质＋精神要求	适应结构	满足各种要求
设计者	居者	工匠	艺术家、工匠、工程师、设计师	工程师、设计师、艺术家	设计师、工程师、艺术家

1）古代的发展历程

远古时代的建筑是由土、石头和木头等建造的，这就是"土木"一词的由来。

大规模的建筑活动是从奴隶社会开始的。以金字塔为代表的埃及古代建筑反映了当时的几何、测量和起重机械知识已达到了相当高的水平。

我国是世界文明古国之一，留下了很多有影响的土木建筑物，如许多战国时期的城市遗址，反映了当时城市建设的发达。又如中国古代规模最宏大的防御工程——西起临洮、东至辽东的万里长城。此外我国早在秦汉时期就已广泛修建石桥，河北赵州桥（又称安济桥）就是我国古代石拱桥的杰出代表。

总的来说，古代土木工程有以下几种主要结构形式：石结构－木结构－砖结构。石结构以埃及金字塔为代表；木结构以应县木塔、南禅寺大殿、佛光寺东大殿、北京故宫为代表；砖结构以佛光寺祖师塔为代表。

我国现存最古老的木塔是山西省应县木塔，位于西街北侧，建于辽清宁二年（公元 1056 年），原名"佛宫寺释迦塔"，因塔身全部用木质构成，俗称木塔。塔为楼阁式，用优质松木建成，高 67.13m，底层直径 30m，平面呈八角形。塔刹高 10m，塔的第一层有高 10m 的释迦像。塔壁上有 6 幅如来佛像。佛像及壁画为辽代风格。应县木塔结构设计精巧，保存至今已近千年，是我国现存木结构建筑之最。

山西五台山佛光寺位于山西省五台县的佛光新村，距县城 30km。因此寺历史悠久，寺内佛教文物珍贵，故有"亚洲佛光"之称。寺内正殿即东大殿，建于唐朝大中十一年，即公元 857 年。从建筑时间上说，它仅次于建于唐建中三年（公元 782 年）的五台县南禅寺正殿，在全国现存的木结构建筑中居第二位。佛光寺的唐代建筑、唐代雕塑、唐代壁画、唐代题记，历史价值和艺术价值都很高，被人们称为"四绝"。

五台山佛光寺东大殿是佛光寺的正殿，是典型的唐代木结构建筑，面宽 7 间，进深 4 间，在全寺最后一重院落中，位置最高，外观大方简朴，朱红满涂，于唐大中十一年（公元 857 年）建成。山西五台县南禅寺大殿是我国现存最早的木结构建筑，比佛光寺的修建还早 75 年，也是亚洲最古老的木结构建筑，是我国唐代建筑的代表作。二者及殿中的唐代雕塑，堪称国宝，是全人类珍贵的文化遗产。

故宫是中国传统建筑艺术的结晶，它体现出当时帝王至尊、江山永固的主题思想，创造出巍峨壮观、富丽堂皇的组群空间和建筑形象，堪称中国古代大型组群布置的典范。

佛光寺祖师塔位于佛光寺内。佛光寺建于北魏孝文帝时期（公元 471～499 年），祖师塔是创建佛光寺的初祖禅师的墓塔，祖师塔是它的俗称，是砖结构的典型代表，平面六角形，二层，高约 8m，式样古朴。塔的形制是国内仅见的孤例，也是全国仅存的两座北魏石塔之一。

2）近代的发展历程

17 世纪中叶到第二次世界大战前后（历时约 300 年）的这个时期，土木工程逐步发展成为一门独立的学科（civil engineering）。

（1）理论发展

1683 年，伽利略首次用公式表达了梁的设计理论；1687 年，牛顿力学创立奠定了土木工程的力学分析基础；1825 年，纳斯建立结构设计的容许应力法，为建筑工程的发展提供了理论基础。

（2）材料发展

1824 年发明了波特兰水泥；1859 年转炉炼钢法，钢材大量生产并用于土木工程；1867 年钢筋混凝土开始应用；1928 年预应力混凝土发明等大大促进了现代建筑工程发展。随着生产力的提高，新的生产工具、新的建筑材料、新的建筑理论不断涌现，导致土木建筑工程的快速发展。

（3）近代建筑的发展

1871 年的芝加哥大火烧毁了几乎全城的建筑，30 万人因此无家可归。芝加哥这个在美国经济上举足轻重的城市的重建，吸引了大量的资金投入，大量的建筑项目等待进行，芝加哥成为美国建筑师密度最高的地区，形成了"芝加哥学派"。芝加哥学派的重大成就为采用新的建筑结构——钢结构来建造高层建筑。芝加哥也因此成为世界摩天大楼的摇篮和发源地。芝加哥家庭保险公司大厦，建于1883—1885 年，共 10 层，高 55m，是世界上第一幢按现代钢框架结构原理建造的高层建筑，开创摩天大楼建造的先河。这座 10 层的大楼在当今看来一点也不高大了，但是它开创了一个建筑史上的新时期——现代高层建筑的发展时期。1931 年美国帝国大厦，102 层，378m，高度保持世界纪录 40 年。

中国近代史是指从 1840 年"鸦片战争"开始，到 1949 年中华人民共和国成立这一时间范围。近代中国的土木建筑史深深地打上了半殖民地半封建社会的烙印。这段时期我国内忧外患频繁，土木建筑业进展缓慢。中国近代典型建筑为 1934 年上海建成的 24 层国际饭店；1937 年茅以升主持建造的钱塘江大桥。

3）当代建筑的发展

现代技术的发展给建筑工程界带来了巨大的变化。当代以大跨和高层建筑的发展为主。目前，世界最高建筑——阿联酋哈利法塔，162 层，高 828m，是人类历史上首个高度超过 800m 的建筑物，大厦内设有 56 部升降机，速度最高达 17.4m/s，另外还有双层的观光升降机，每次最多可载 42 人。中国第一高楼——上海中心大厦（Shanghai Tower），建筑面积 $433954m^2$，建筑主体为 118 层，总高为 632m，2017 年 4 月 26 日位于大楼第 118 层的"上海之巅"观光厅正式向公众开放。北京第一高楼中国尊，总建筑面积43.7 万 m^2，建筑总高度 528m，已于 2019 年全面营业。

大跨建筑以网架结构、悬索结构和拱结构为代表，如首都体育馆（跨度 99m，平板网架）；上海体育馆（直径 110m，平板网架结构）；秦俑陈列馆（跨度 70m 的三铰拱钢结构）；国家体育场位于北京奥林匹克公园中心区南部，主体建筑的"鸟巢"、国家游泳中心（俗称"水立方"）等。

4）未来建筑的发展

近几年，我国房地产业高速发展，每年新增建筑面积上亿、甚至 10 多亿平方米。建筑如何既能传承文化又能与时代挂钩？建筑多元化创新如何围绕理性本源？影响未来建筑的设计因素有哪些？未来建筑究竟该"长"什么样呢？这是广大建筑设计师必须面对的问题。

未来的建筑可能会呈现三大特点。首先，是节能减排的绿色建筑，用的是最健康的材料；其次是智能化的建筑，是信息化、智能化、集成化交叉综合运用的综合体；最后，建筑设计本身达到建筑艺术的层面，能给人以美的享受。

同时，未来建筑功能要求多样化，向综合体发展；城市建设立体化，向超高层、大跨度发展；空间上向太空、地下、海洋、荒漠开拓等。

0.4　学习方法建议

这门学科实践性很强，要求同学们把科学理论与实践相结合。在校期间，努力学习理论，同时要重视实践教学环节，通过课程实习、生产实习，到建筑工地上参观与实习，实物联系教材，对比学习，把学到的理论与工程实践相结合。无论是在学校还是在工作以后，都要努力做到理论—实践—理论—实践，不断循环往复，才能学好理论，解决实际问题。

《建筑工程概论》（第三版）的作用是指导学生熟悉和了解建筑工程，遵循学习规律，掌握学习方法，建立热爱建筑工程的感情和对建筑工程事业的责任心，为今后积极主动地学好相关课程，培养自主学习的能力打下理论基础。

第1章 建筑工程基础知识

学习要求

通过本章内容的学习，了解建筑工程建设项目的划分，更清晰地认识和分解建筑；了解建设项目的基本建设程序，熟悉我国工程建设管理体制，了解建筑的统一模数，掌握在不同分类条件下的建筑分类。

重难点知识讲解（扫封底二维码获得本章补充学习资料）

1. 工程建设管理体制。
2. 建筑三要素。
3. 建筑高度。
4. 建筑按建筑高度分类。
5. 建筑模数。

1.1 建设项目的划分

建设项目，又叫基本建设项目。凡是在一个场地上或几个场地上按一个总体设计组织施工，建成后具有完整的系统，可以独立地形成生产能力或使用价值的建设工程，称为一个建设项目。对于每一个建设项目，都编有计划任务书和独立的总体设计。例如，在工业建设中，一般一个工厂就为一个建设项目；在民用建设中，一般一个学校、一所医院即为一个建设项目。对大型分期建设的工程，如果分为几个总体设计，则就是几个建设项目。

1.1.1 建设项目的划分

（1）单项工程

单项工程是建设项目的组成部分。一个建设项目可以是一个单项工程，也可能包括几个单项工程。单项工程是具有独立的设计文件，建成后可以独立发挥生产能力或效益的工程。生产性建设项目的单项工程一般是指能独立生产的车间。它包括土建工程、设备安装、电气照明工程、工业管道工程等。非生产性建设项目的单项工程，如一所学校的办公楼、教学楼、图书馆、食堂、宿舍等。

（2）单位工程

单位工程是单项工程的组成部分，一般指不能独立发挥生产能力，但具有独立施工条件的工程。如车间的土建工程是一个单位工程，车间的设备安装又是一个单位工程，此外，还有电气照明工程、工业管道工程、给水排水工程等单位工程。非生产性建设项目一般一个单项工程即为一个单位工程。

（3）分部工程

分部工程是单位工程的组成部分，一般是按单位工程的各个部位划分的。例如房屋建筑单位工程可划分为基础工程、主体工程、屋面工程等。也可以按照工种工程来划分，如土石工程、钢筋混凝土工程、砖石工程、装饰工程等。

（4）分项工程

分项工程是分部工程的组成部分。如钢筋混凝土工程可划分为模板工程、钢筋工程、混凝土工程等分项工程；一般墙基工程可划分为开挖基槽、铺设垫层、做基础、做防潮层等分项工程。

1.1.2　项目划分的目的和意义

（1）可以更清晰地认识和分解建筑

（2）方便开展相关工作

设计是在总体设计的基础上，一般是以一个单项工程进行组织设计；建筑工程施工是按分部工程、分项工程开展；造价预算定额是按分项工程取费；工程的验收分为过程验收与竣工验收，过程验收一般是从检验批、分项工程到分部工程，再到单位工程由小到大进行的。

1.2　基本建设程序与工程建设管理体制

基本建设程序是拟建建设项目在整个建设过程中各项工作的先后次序，是几十年来我国基本建设工作实践经验的科学总结。基本建设程序一般可划分为决策、准备、实施三个阶段。建设程序内的若干阶段有严格的先后次序，不能任意颠倒，但可以有合理的交叉。

1.2.1　基本建设项目的决策阶段

这个阶段要根据国民经济增长、中期发展规划，进行建设项目的可行性研究，编制建设的计划任务书（又叫设计任务书）。其主要工作包括调查研究、经济论证、选择与确定建设项目的地址、规模、时间要求等。

1）项目建议书阶段

项目建议书是向国家提出建设某一项目的建设性文件，是对拟建项目的初步设想。

（1）作用

项目建议书的主要作用是通过论述拟建项目的建设必要性、可行性，以及获利、获益的可能性，向国家推荐建设项目，供国家选择并确定是否进行下一步工作。

（2）基本内容

①拟建项目的必要性和依据。②产品方案，建设规模，建设地点初步设想。③建设条件初步分析。④投资估算和资金筹措设想。⑤项目进度初步安排。⑥效益估计。

（3）审批

项目建议书根据拟建项目规模报送有关部门审批。

大中型及限额以上项目的项目建议书，先报行业归口主管部门，同时抄送国家发展和改革委员会。行业归口主管部门初审同意后报国家发展和改革委员会，国家发展和改革委员会根据建设总规模、生产总布局、资源优化配置、资金供应可能、外部协作条件等方面进行综合平衡，还要委托具有相应资质的工程咨询单位评估后审批。重大项目由国家发展和改革委员会报国务院审批。小型和限额以下项目的项目建议书，按项目隶属关系由部门或地方发展和改革委员会审批。

项目建议书批准后，项目即可列入项目建设前期工作计划，可以进行下一步的可行性研究工作。

2）可行性研究阶段

可行性研究是指在项目决策之前，通过调查、研究、分析与项目有关的工程、技术、经济等方面的条件和情况，对可能的多种方案进行比较论证，同时对项目建成后的经济效益进行预测和评价的一种投资决策分析研究方法和科学分析活动。

（1）作用

可行性研究的主要作用是为建设项目投资决策提供依据，同时也为建设项目设计、银行贷款、申请开工建设、建设项目实施、项目评估、科学实验、设备制造等提供依据。

（2）内容

可行性研究是从项目建设和生产经营全过程分析项目的可行性，主要解决项目建设是否必要、技术方案是否可行、生产建设条件是否具备、项目建设是否经济合理等问题。

（3）可行性研究报告

可行性研究的成果是可行性研究报告。批准的可行性研究报告是项目最终决策文件。可行性研究报告经有关部门审查通过，拟建项目正式立项。

1.2.2 基本建设项目的准备阶段

1）建设单位施工准备阶段

工程开工建设之前，应当切实做好各项施工准备工作。其中包括：组建项目法人；征地、拆迁；规划设计；组织勘察设计；建筑设计招标；建筑方案确定；初步设计（或扩大初步设计）和施工图设计；编制设计预算；组织设备、材料订货；建设工程报监理；委托工程监理；组织施工招标投标，优选施工单位；办理施工许可证；编制分年度的投资及项目建设计划等。

这里仅介绍勘察与设计阶段的工作过程与内容。

（1）勘察阶段

由建设单位委托有相应资质的勘察单位，针对拟开发的地段，根据拟建建筑的具体位置、层数、建设高度等，进行现场土层钻探的活动。然后在实验室进行土力学实验，得出地下水高度、每一土层的名称、空间分布与变化、地基承载力大小，并对该场地给出哪一土层作为持力层的建议、建设场地适宜性评价、抗震评价等。最后以工程地质与水文地质勘探报告文件的形式提交给建设单位的有偿活动。设计单位以勘察报告的数据作为基础设计、地基处理的依据。

（2）设计阶段

设计单位接受建设单位的委托，或设计投标中标后，建设项目不超设计资质、符合城市规划的前提下，满足建设单位的功能要求或技术经济指标，同时满足建设法律法规、结构安全、防火安全、建筑节能等一系列要求后，以设计文件的形式提交给建设单位的有偿经济活动。设计是对拟建工程在技术和经济上进行全面的安排，是工程建设计划的具体化，是决定投资规模的关键环节，是组织施工的依据。设计质量直接关系到建设工程的质量，是建设工程的决定性环节。

经批准立项的建设工程，一般应通过招标投标择优选择设计单位。

一般工程进行两阶段设计，即初步设计和施工图设计。有些工程，根据需要可在两阶段之间增加技术设计。

①初步设计。是根据批准的可行性研究报告和设计基础资料，对工程进行系统研究，概略计算，作出总体安排，拿出具体实施方案。目的是在指定的时间、空间等限制条件下，在总投资控制的额度内和质量要求下，做出技术上可行、经济上合理的设计和规定，并编制工程总概算。

初步设计不得随意改变批准的可行性研究报告所确定的建设规模、产品方案、工程标准、建设地址和总投资等基本条件。如果初步设计提出的总概算超过可行性研究报告总投资的10%以上，或者其他主要指标需要变更时，应重新向原审批单位报批。

②技术设计。为了进一步解决初步设计中的重大问题，如工艺流程、建筑结构、设备选型等，根据初步设计和进一步的调查研究资料进行技术设计。这样做可以使建设工程更具体、更完美、技术指标更合理。

③施工图设计。在初步设计或技术设计基础上进行施工图设计，使设计达到施工安装的要求。施工图设计应结合实际情况，完整、准确地表达出建筑物的外形、内部空间的分割、结构体系以及建筑系统的组成和周围环境的协调。

在设计单位，设计图纸是以建筑、结构、设备、电气等专业人员完成各个专业的施工图，设计完成后，进行校对、审核、专业会签等一系列环节，最后一套图纸（一般以单项工程为单位）按一定的序列排列，装订成册后提交给委托单位。《建设工程质量管理条例》规定，建设单位应将施工图设计文件报县级以上人民政府建设行政主管部门或其他有关部门审查，未经审查批准的施工图设计文件不得使用。

2）施工单位施工准备阶段

工程项目施工准备工作按其性质及内容通常包括技术准备、物资准备、劳动组织准备、施工现场准备和施工场外准备。

（1）技术准备

技术准备是施工准备的核心。具体有如下内容：

①熟悉、审查施工图纸和有关的设计资料

熟悉、审查设计图纸的程序通常分为自审阶段、会审阶段和现场签证三个阶段。

设计图纸的自审阶段。施工单位收到拟建工程的设计图纸和有关技术文件后，应组织有关的工程技术人员对图纸进行自审，记录对设计图纸的疑问和有关建议等。

设计图纸的会审阶段。一般由建设单位主持，由设计单位、施工单位和监理单位参加，四方共同进行设计图纸的会审。图纸会审时，首先由设计单位的工程主持人向到会者说明拟建工程的设计依据、意图和功能要求，并对特殊结构、新材料、新工艺和新技术提出要求；然后施工单位根据自审记录以及对设计意图的了解，提出对设计图纸的疑问和建议；最后在统一认识的基础上，对所探讨的问题逐一地做好记录，形成"图纸会审纪要"，由建设单位正式行文，参加单位共同会签、盖章，作为与设计文件同时使用的技术文件和指导施工的依据，以及建设单位与施工单位进行工程结算的依据。

设计图纸的现场签证阶段。在施工过程中，如果发现施工的条件与设计图纸的条件不符，或者发现图纸中仍然有错误，或者因为材料的规格、质量不能满足设计要求，或者因为施工单位提出了合理化建议，需要对设计图纸进行及时修订时，应遵循技术核定和设计变更的签证制度，进行图纸的施工现场签证。如果设计变更的内容对拟建工程的规模、投资影响较大时，要报请项目的原批准单位批准。在施工现场的图纸修改、技术核定和设计变更资料，都要有正式的文字记录，归入拟建工程施工档案，作为指导施工、工程结算和竣工验收的依据。

②原始材料的调查分析

自然条件的调查分析。建设地区自然条件的调查分析的主要内容有：地区水准点和绝对标高等情况；地质构造、土的性质和类别、地基土的承载力、地震级别和抗震设防烈度等情况；河流流量和水质、最高洪水和枯水期的水位等情况；地下水位的高低变化情况，含水层的厚度、流向、流量和水质等情况；气温、雨、雪、风和雷电等情况；土的冻结深度和冬、雨季的期限等情况。

技术经济条件的调查分析。建设地区技术经济条件的调查分析的主要内容有：当地施工企业的状况；施工现场的动迁状况；当地可以利用的地方材料的状况；地方能源和交通运输状况；地方劳动力的技术水平状况；当地生活供应、教育和医疗卫生状况；当地消防、治安状况和施工承包企业的力量状况等。

③编制施工图预算和施工预算

编制施工图预算。这是按照工程预算定额及其取费标准而确定的有关工程造价的经济文件，它是施工企业签订工程承包合同、工程结算、建设单位拨付工程款、进行成本核算、加强经营管理等方面工作的重要依据。

编制施工预算。施工预算是根据施工图预算、施工定额等文件进行编制的，它直接受施工图预算的控制。它是施工企业内部控制各项成本支出、考核用工、"两算"对比、签发施工任务单、限额领料、基层进行经济核算的依据。

④编制施工组织设计

施工组织设计是指导施工的重要技术文件。由于建筑工程的技术经济特点，建筑工程没有一个通用型的、一成不变的施工方法，所以，每个工程项目都要分别确定施工方案和施工组织方法，也就是要分别编制施工组织设计，作为组织和指导施工的重要依据。

（2）物资准备

根据各种物资的需要计划，分别落实货源，安排运输和储备，使其满足连续施工的要求。物资准备主要包括建筑材料的准备、构（配）件和制品的加工的准备、建筑机具安装的准备和生产工艺设备的准备。

（3）劳动组织准备

劳动组织准备的范围既有整个的施工企业的劳动组织准备，又有大型综合的拟建建设项目的劳动组织准备，也有小型简单的拟建单位工程的组织准备。这里仅以一个拟建工程项目为例，说明其劳动组织准备工作的内容：①建立拟建工程项目的领导机构；②建立精干的施工队组；③集结施工力量、组织劳动力进场，进行安全、防火和文明施工等方面的教育，并安排好职工的生活；④向施工队组、工人进行施工组织设计、计划和技术交底；⑤建立健全各项管理制度。

工地的各项管理制度是否建立健全，直接影响其各项施工活动的顺利进行。其内容通常有：工程质量检查与验收制度；工程技术档案管理制度；材料（构件、配件、制品）的检查验收制度；技术责任制度；施工图纸学习与会审制度；技术交底制度；职工考勤、考核制度；工地及班组经济核算制度；材料出入库制度；安全操作制度；机具使用保养制度。

（4）施工现场准备

①做好施工场地的控制网测量。②搞好"三通一平"，即路通、水通、电通和平整场地。③做好施工现场的补充勘探。④建造临时设施。做好构（配）件、制品和材料的储存和堆放。⑤安装、调试施工机具。⑥及时提供材料的试验申请计划。⑦做好冬、雨期施工安排。⑧进行新技术项目的试制和试验。⑨设置消防、保安设施。

（5）施工的场外准备

①材料的加工和订货。②做好分包工作和签订分包合同。③向有关部门提交开工申请报告。

施工单位按规定做好各项准备，具备开工条件以后，建设单位向当地建设行政主管部门提交开工申请报告。经批准，项目进入下一阶段，施工安装阶段。

1.2.3　基本建设项目的实施阶段

这个阶段主要是依据设计图纸进行施工，做好生产或使用准备，进行竣工验收，交付生产或使用。

1）施工安装阶段

建设工程具备了开工条件并取得施工许可证后才能开工。

按照规定，工程新开工时间是指建设工程设计文件中规定的任何一项永久性工程第一次正式破土开槽的开始日期。不需开槽的工程，以正式打桩作为正式开工的日期。铁道、公路、水库等需要进行大量土石方工程的，以开始进行土石方工程作为正式开工日期。工程地质勘查、平整场地、旧建筑物拆除、临时建筑或设施等的施工不算正式开工。

本阶段的主要任务是按设计进行施工安装，建成工程实体。

在施工安装阶段，施工承包单位应当认真做好图纸会审工作，参加设计交底，了解设计意图，明确质量要求、选择合适的材料供应商、做好人员培训、合理组织施工、建立并落实技术管理、质量管理体系和质量保证体系、严格把好中间质量验收和竣工验收环节。

2）生产准备阶段

工程投产前，建设单位应当做好各项生产准备工作。生产准备阶段是由建设阶段转入生产经营阶段的重要衔接阶段。在本阶段，建设单位应当做好相关工作的计划、组织、指挥、协调和控制工作。

生产准备阶段的主要工作有：组建管理机构，制定有关制度和规定；招聘并培训生产管理人员，组织有关人员参加设备安装、调试、工程验收；签订供货及运输协议；进行工具、器具、备品、备件等的制造或订货；其他需要做好的有关工作。

3）竣工验收阶段

建设工程按设计文件规定的内容和标准全部完成，并按规定将工程内外全部清理完毕后，达到竣工验收条件，建设单位即可组织竣工验收，勘察、设计、施工、监理等有关单位应参加竣工验收。竣工验收是考核建设成果、检验设计和施工质量的关键步骤，是由投资成果转入生产或使用的标志。竣工验收合格后，建设工程方可交付使用。

竣工验收后，建设单位应及时向建设行政主管部门或其他有关部门备案并移交建设项目档案。

建设工程自办理竣工验收手续后，因勘察、设计、施工、材料等原因造成的质量缺陷，应及时修复，费用由责任方承担。保修期限、返修和损害赔偿应当遵照《建设工程质量管理条例》的规定。

我国的基本建设程序如图 1-1 所示。

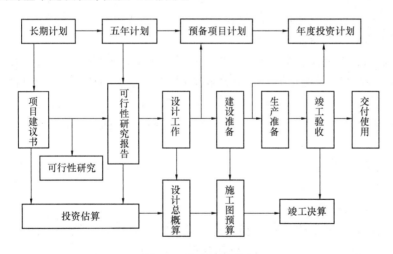

图 1-1　基本建设程序

1.2.4　工程建设管理体制

我国工程建设管理体制改革的目标是：改革市场准入、项目法人责任、招标投标、勘察设计、工程监理、合同管理、工程质量监督和建筑安全生产管理等制度，建立单位资质与个人执业注册管理相结合的市场准入制度，对政府投资工程严格实行四项基本制度，建立通过市场竞争形成工程价格的机制，完善工程风险管理制度，将建设市场的运行管理逐步纳入法制化轨道。按照国家有关规定，在工程建设中应该严格执行四项基本制度，即项目法人责任制、招标投标制、工程监理制和合同管理制等主要制度。这些制度相互关联、互相支持，共同构成了建设工程管理制度体系。

（1）项目法人责任制度。项目法人责任制是指经营性建设项目由项目法人对项目的策划、资金筹措、建设实施、生产经营、偿还债务和资产的保值增值实行全过程负责的一种项目管理制度。国有单位经营性大中型建设工程必须在建设阶段组建项目法人。项目法人可设立有限责任公司（包括国有独资公司）和股份有限公司等。

（2）招标投标制度。招标投标是招标人对工程、货物和服务事先公开招标文件，吸引多个投标人提交投标文件参与竞争，并按招标文件规定选择交易对象的行为。其中包括：大型基础设施、公用事业等关系社会公共利益、公众安全的项目；全部或者部分使用国有资金投资或者国家融资的项目；使用国际组织或者外国政府贷款、援助资金的项目等必须进行招标。招标范围包括工程建设的勘察、设计、施工、监理、材料设备的招标投标。大中型工程建设项目的施工，凡纳入国家或地方财政投资的工程建设项目，可实行国内公开招标；凡利用外资或国际贷款的工程建设项目，可实行国际招标。

（3）工程监理制度。工程监理是指具有相关资质的监理单位受甲方的委托，依据国家批准的工程项目建设文件、有关工程建设的法律、法规和工程建设监理合同及其他工程建设合同，代表甲方对乙方的工程建设实施监控的一种专业化服务活动。国家重点建设工程、大中型公用事业工程；成片开发建设的住宅小区工程；利用外国政府或者国际组织贷款、援助资金的工程；国家规定必须实行监理的其他工程等必须实行监理。

（4）合同管理制度。建设项目的勘察设计、施工、工程监理以及与工程建设有关的重要建筑材料、设备采购，必须遵循诚实原则，依法签订合同，通过合同明确各自的权利义务。合同当事人应当加强对合同的管理，建立相应的制度，严格履行合同。各级相应工程主管部门应依照法律法规，加强对合同执行情况的监督。

1.3 建筑分类

1.3.1 建筑三要素

无论是建筑物还是构筑物，都是为了满足一定功能，运用一定的物质材料和技术手段，依据科学规律和美学原则而建造的相对稳定的人造空间。

建筑通常是由三个基本要素构成，即建筑功能、建筑物质技术条件和建筑形象，简称"建筑三要素"。

（1）建筑功能。是指建筑物在物质精神方面必须满足的使用要求。建筑的功能要求是建筑物最基本的要求，也是人们建造房屋的主要目的。不同的功能要求产生了不同的建筑类型，例如各种生产性建筑，居住建筑，公共建筑等。而不同的建筑类型又有不同的建筑特点。所以建筑功能是决定各种建筑物性质、类型和特点的主要因素。

建筑功能要求是随着社会生产和生活的发展而发展的，从构木为巢到现代化的高楼大厦，从手工业作坊到高度自动化的大工厂，建筑功能越来越复杂多样，人们对建筑功能的要求也越来越高。

（2）建筑的物质技术条件。包括材料、结构、设备和建筑生产技术（施工）等重要内容。材料和结构是构成建筑空间环境的骨架；设备是保证建筑物达到某种要求的技术条件；而建筑生产技术则是实现建筑生产的过程和方法。例如：钢材、水泥和钢筋混凝土的出现，从材料上解决了现代化建筑中大跨、高层的结构问题；电脑和各种自动控制设备的应用，解决了现代建筑中各种复杂的使用要求；而先进的施工技术，又使这些复杂的建筑得以实现。所以他们都是达到建筑功能要求和艺术要求的物质技术条件。

建筑的物质技术条件受社会生产水平和科学技术水平制约。建筑在满足社会的物质需求和精神需求的同时，也会反过来向物质技术条件提出新的要求，推动物质技术条件进一步发展。物质技术条件是建筑发展的重要因素，只有在物质技术条件具有一定水平的情况下，建筑的功能要求和艺术审美要求才有可能充分实现。

（3）建筑形象。根据建筑的功能和艺术审美要求，并考虑民族传统和自然环境条件，通过物质技术条件的创造，构成一定的建筑形象。构成建筑形象的因素，包括建筑群体和单体的体形、内部和外部的空间组合、立面构图、细部处理、材料的色彩和质感以及光影和装饰的处理等。如果对这些因素处理得当，就能产生良好的艺术效果，给人以一定的感染力，例如庄严雄伟、朴素大方、轻松愉快、简洁明朗、生动活泼等。

建筑形象并不单纯是一个美观问题，它还常常反映社会和时代的特征，表现出特定时代的生产水平、文化传统、民族风格和社会精神面貌；表现出建筑物一定的性格和内容。例如埃及的金字塔、希腊的神庙、中世纪的教堂、中国古代的宫殿、近代出现的摩天大楼等，它们都有不同的建筑形象，反映着不同的社会文化和时代背景。

三个基本构成要素，满足功能要求是建筑的首要目的；材料、结构、设备等物质技术条件是达到建筑目的的手段；而建筑形象则是建筑功能、技术和艺术内容的综合表现。

1.3.2 建筑高度的计算

1）实行建筑高度控制的地区

建筑高度不应危害公共空间安全、卫生和景观，下列地区应实行建筑高度控制：

（1）对建筑高度有特别要求的地区，应按城市规划要求控制建筑高度。

（2）沿城市道路的建筑物，应根据道路的宽度控制建筑裙楼和主体塔楼的高度。

（3）机场、电台、电信、微波通信、气象台、卫星地面站、军事要塞工程等周围的建筑，当其处在各种技术作业控制区范围内时，应按净空要求控制建筑高度。

（4）当建筑处在国家或地方公布的各级历史文化名城、历史文化保护区、文物保护单位和风景名胜区内时，应实行建筑高度控制。

注：建筑高度控制尚应符合当地城市规划行政主管部门和有关专业部门的规定。

2）建筑高度的计算方法

（1）上述第（3）、（4）款控制区内建筑高度，应按建筑物室外地面至建筑物和构筑物最高点的高度计算。

（2）其他控制区内建筑高度：建筑屋面为坡屋面时，建筑高度应为室外设计地面至檐口与屋脊的平均高度；建筑屋面为平屋面（包括有女儿墙的平屋面）时，建筑高度应为建筑室外设计地面至其屋面面层的高度。下列突出物不计入建筑高度内：局部突出屋面的楼梯间、电梯机房、水箱间等辅助用房占屋顶平面面积不超过1/4者；突出屋面的通风道、烟囱、装饰构件、花架、通信设施等；空调冷却塔等设备。

1.3.3　建筑分类

1）按建筑物的用途分类

建筑分为工业建筑与民用建筑。民用建筑根据使用功能可分为居住建筑和公共建筑。

（1）工业建筑。包括厂房和仓库。厂房指供人们从事各类生产活动的建筑物，可分为通用工业厂房和特殊工业厂房。仓库由贮存物品的库房、运输传送设施（如吊车、电梯、滑梯等）、出入库房的输送管道和设备以及消防设施、管理用房等组成。仓库按贮存物品的性质可分为贮存原材料的、半成品的和成品的仓库；按建筑形式可分为单层仓库、多层仓库、圆筒形仓库等。

（2）居住建筑。主要指供家庭和集体生活起居用的建筑物。包括各种类型的住宅、公寓和宿舍等。

（3）公共建筑。供人们从事各种政治、文化、福利服务等社会活动用的建筑物，如展览馆、医院等。

2）按使用性质分类

公共建筑是供人们政治文化活动、行政办公以及其他商业、生活服务等公共事业所需要的建筑物。各类公共建筑的设置和规模，主要根据城乡总体规划来确定。由于公共建筑通常是城镇或地区中心的组成部分，是广大人民政治文化生活的活动场所，因此公共建筑设计，在满足房屋使用要求的同时，建筑物的形象也要起到丰富城市面貌的作用。公共建筑按使用功能的特点，可分为以下建筑类型：

（1）生活服务性建筑：食堂、菜场、浴室、服务站等。

（2）科研建筑：研究所、科学试验楼等。

（3）医疗建筑：医院、门诊所、疗养院等。

（4）商业建筑：超市、商场等。

（5）行政办公建筑：各种办公楼、写字楼等。

（6）交通建筑：火车站、汽车客运站、航空港、地铁站等。

（7）通信广播建筑：邮电所、广播电台、电视塔等。

（8）体育建筑：体育馆、体育场、游泳池等。

（9）观演建筑：电影院、剧院、杂技场等。

（10）展览建筑：展览馆、博物馆等。

（11）旅馆建筑：各类旅馆、宾馆等。

（12）园林建筑：公园、动（植）物园等。

（13）纪念性建筑：纪念堂、纪念碑等。

（14）文教建筑：学校、图书馆等。

（15）托幼建筑：托儿所、幼儿园等。

3）按建筑高度分类

（1）高层建筑。建筑高度大于27m的住宅建筑和建筑高度大于24m的非单层厂房、仓库和其他民用建筑。

（2）单多层建筑。高层建筑以外的建筑。

（3）超高层建筑。建筑物高度超过100m时，不论住宅或公共建筑均称为超高层建筑。

4）按建筑结构类型分类

（1）砌体结构建筑。用砌体块材（各种砖、砌块、石等）与砂浆砌筑成墙体，用钢筋混凝土楼板和钢筋混凝土屋面板建造的建筑。

（2）混凝土结构建筑。主要承重构件全部采用钢筋混凝土建造的建筑。

（3）钢结构建筑。主要承重构件全部采用钢材建造的建筑。

（4）木结构建筑。承重材料或包括围护材料主要由木材建造的建筑。

5）按抗震设防分类

建筑应根据其使用功能的重要性进行抗震设防，建筑抗震设防分类和设防标准分为甲类、乙类、丙类、丁类四个抗震设防类别。

（1）甲类建筑：应属于重大建筑工程和地震时可能发生严重次生灾害的建筑。

（2）乙类建筑：应属于地震时使用功能不能中止或需尽快恢复的建筑。

（3）丙类建筑：应属于除甲、乙、丁类以外的一般建筑。

（4）丁类建筑：应属于抗震次要建筑。

1.3.4 建筑物分等

建筑物按其性质和耐久程度分为不同的建筑等级。设计时应根据不同的建筑等级，采用不同的标准和定额，选择相应的材料结构。

1）按建筑的耐火程度分级

建筑物的耐火性能标准，主要是由建筑物的重要性和其在使用中的火灾危险性来确定的。例如，具有重大政治意义的建筑物或使用贵重设备的工厂和实验楼，以及使用人数众多的大型公共建筑或使用易燃材料的空间和热加工车间等，都应采用耐火性能较高的建筑材料和结构形式。有些建筑为了保证在3h燃烧时间内不发生结构倒塌，还必须在结构设计中通过耐火计算，以确定构件尺寸与构造等。而一般住宅或金属冷加工的机械车间，则可采用耐火性能相对低一些的建筑材料和结构形式。

建筑物的耐火等级是由建筑材料的燃烧性能和建筑构件最低的耐火极限决定的，普通建筑分为一、二、三、四级。建筑材料的燃烧性能一般分为不燃、难燃、可燃和易燃四级。建筑构件的耐火极限是指对任意建筑构件按时间—温度标准曲线进行耐火试验，从受到火的作用时起，到失去支持能力或完整性被破坏或失去隔热作用时止的时间（用 h 表示）。

划分建筑物耐火等级的方法，一般是以楼板为基准，然后再按构件在结构安全上所处的地位，分级选定适宜的耐火极限，如在一级耐火等级建筑中，支承楼板的梁比楼板重要，可定为 2.00h，而墙体因承受梁的重量而比梁更为重要，则可定为 2.50～3.00h 等。有关建筑防火的详细内容可参考《建筑消防工程学》（第二版）。

2）按建筑物性质及耐久年限分级

建筑物的耐久性一般包括抗冻、抗热、抗蚀、抗腐等方面。

设计使用年限是设计规定的一个时期，在这一时期内，只需正常维修（不需大修）就能完成预定的功能，即房屋建筑在正常设计、正常施工、正常使用和维护情况下所应达到的使用年限。

设计使用年限 100 年的建筑称为 4 类，如纪念性建筑和特别重要的建筑；设计使用年限 50 年的建筑称为 3 类，如普通建筑和构筑物；设计使用年限 25 年的建筑为 2 类；设计使用年限 5 年的建筑称为 1 类，如临时性建筑。民用建筑的设计使用年限应符合表 1-1 的规定。

设计使用年限分类　　　　　　　　　　　　　　　　表 1-1

类　　别	设计使用年限（年）	示　　　例
1	5	临时性建筑
2	25	易于替换结构构件的建筑
3	50	普通建筑和构筑物
4	100	纪念性建筑和特别重要的建筑

3）按破坏产生的后果分等

按破坏产生的后果（危机人的生命、造成经济损失、产生社会影响）严重性，分为三级，见表 1-2。

建筑结构的安全等级　　　　　　　　　　　　　　　　表 1-2

安全等级	破坏后果	建筑物类型
一	很严重	重要的工业与民用建筑
二	严重	一般性建筑
三	一般	次要的建筑物

注：1. 对于特殊的建筑物，其安全等级可根据具体情况另行确定。
　　2. 当按抗震要求设计时，建筑结构的安全等级应符合《建筑抗震设计规范》的规定。

1.4　建筑模数与尺寸

为了实现建筑设计标准化、生产工厂化、施工机械化，由《建筑模数协调标准》GB/T 50002—2013 作为统一与协调建筑尺度的基本标准。

1）建筑模数的概念

模数是选定的标准尺度单位，以作为建筑物、建筑构配件、建筑制品及有关设备尺寸相互协调的基础。模数数列是以选定的模数基数为基础而展开的数值系统，它包括基本模数、扩大模数和分模数。

（1）基本模数。基本模数其数值规定为 100mm，符号为 M，即 1M＝100mm。目前世界上绝大多数国家均采用 100mm 为基本模数数值。

（2）扩大模数。扩大模数是基本模数整数倍的模数尺寸。扩大模数的基数有 6 个，分别是 3M、6M、12M、15M、30M、60M，其相应尺寸为 300mm、600mm、1200mm、1500mm、3000mm、6000mm。

（3）分模数。分模数指整数除基本模数的数值。分模数的基数有 3 个，分别是 (1/10) M、(1/5) M、(1/2) M，其相应尺寸为 10mm、20mm、50mm。

2）定位轴线与定位线

定位轴线是用来确定房屋主要结构或构件的位置及尺寸的基线。定位线是用来确定房屋其他构件的位置尺寸的基线。这些基线中用于平面时称平面定位（轴）线，用于竖向时称为竖向定位（轴）线，定位轴线、定位线之间的距离均应满足模数数列的规定。

3）三种尺寸

在建筑构造设计与施工过程中，存在着三种尺寸：实际尺寸、标志尺寸、构造尺寸。为了保证设计、生产、施工各阶段建筑制品、建筑构配件等有关尺寸之间的统一与协调，必须明确这三种尺寸之间的相互关系。

（1）标志尺寸。标志尺寸用来标注建筑定位线之间的距离（如跨度、柱距、层高等）、建筑构配件以及建筑设备位置界限之间尺寸。

（2）构造尺寸。构造尺寸是建筑构配件、建筑组合件、建筑设备等设备的设计尺寸。一般情况下，标志尺寸减去缝隙等于构造尺寸。

（3）实际尺寸。实际尺寸指建筑构配件、建筑组合体、建筑设备等生产制作后的实际尺寸。实际尺寸与构造尺寸之间存在着受允许偏差幅度加以限制的误差。

复习思考题

1. 建设项目是如何划分的？
2. 建筑工程的基本建设程序是什么？
3. 建设工程管理制度体系包括哪些基本制度？
4. 依据不同的分类条件，建筑可分为哪些类别？
5. 建筑三要素是什么？有何关系？
6. 简述建筑高度的计算方法。

第2章 建筑材料

学习要求

本章对建筑工程建设过程中所涉及的建筑材料进行了简要介绍。要求熟悉砖、瓦、砂、石灰等材料的性质与应用,掌握水泥、混凝土的技术性质,熟练掌握混凝土的强度等级和钢筋的力学性能,了解防水、保温、隔热材料的分类和性能及吸声、隔声材料的使用原理。

重难点知识讲解（扫封底二维码获得本章补充学习资料）

1. 水泥的强度及强度等级。

2. 水泥的凝结时间。

3. 水泥的体积安定性。

4. 混凝土的抗压强度及强度等级。

5. 钢筋的力学性能。

6. 某住宅楼工程项目部,检测直径 20 的三级钢筋的屈服强度实测值 420N/mm²。计算判断该钢筋的屈服强度实测值是否合格,该钢筋的抗拉强度实测值最小多少才合格?

建筑材料是指建筑物中使用的各种材料及制品,包括地基基础、梁、板、柱、墙体、屋面、地面等所有用到的各种材料,它是一切建筑工程的物质基础。正确选择和合理使用建筑材料,对建筑物的安全、实用、美观、耐久及降低造价有着重大的意义。

建筑工程材料有不同的分类方法。如按建筑工程材料的功能与用途分类,可以分为结构材料、防水材料、保温材料、吸声材料、装饰材料、地面材料、屋面材料等;按化学成分分类,可将建筑材料分为无机材料、有机材料和复合材料。见表2-1。

建筑材料分类 表2-1

建筑材料	无机材料	金属材料	黑色金属:钢、铁	
			有色金属:铝、铝合金、铜、铜合金等	
		非金属材料	天然石材:花岗岩、石灰岩、大理岩、砂岩、玄武岩等	
			烧结与熔融制品:烧结砖、陶瓷、玻璃、铸石、岩棉等	
			胶凝材料	水硬性胶凝材料:各种水泥等
				气硬性胶凝材料:石灰、石膏、水玻璃、菱苦土等
			混凝土及砂浆制品等	
			硅酸盐制品等	

续表

建筑材料	有机材料	植物材料：木材、竹材及其制品等
		合成高分子材料：塑料、涂料、胶粘剂、密封材料等
		沥青材料：石油沥青、煤沥青及其制品等
	复合材料	无机材料基复合材料	混凝土、砂浆、钢筋混凝土等
			水泥刨花板、聚苯乙烯泡沫混凝土等
		有机材料基复合材料	沥青混凝土、树脂混凝土、玻璃纤维增强塑料（玻璃钢）等
			胶合板、竹胶板、纤维板等

随着社会生产力和科学技术水平的提高，各种新型建筑材料不断被研制出来，进而推动了建筑结构设计方法和施工工艺的变化，而新的建筑结构设计方法和施工工艺对建筑材料品种和质量提出更高的要求。随着人类的进步和社会的发展，更有效地利用地球有限的资源，全面改善及迅速扩大人类工作与生存空间，发展环保型建筑材料已势在必行。建筑材料在原材料、生产工艺、性能及产品方面也将面临新的挑战和更广阔的发展空间。在原材料方面要充分利用再生资源及工农业废料；在生产工艺方面要大力引进现代技术，改造或淘汰陈旧设备，降低原材料及能源消耗，减少环境污染；在性能方面要力求轻质、高强、耐久及多功能；在产品形式方面要积极发展预制技术，逐步提高构件化、单元化的水平。

掌握各种建筑材料的性能及其适用范围，选取最合适的品种，是工程设计者的主要任务，也是施工人员、管理人员应当了解的。

2.1 材料的基本物理性质

2.1.1 密度、表观密度与堆积密度

1）密度

密度是指材料在绝对密实状态下，单位体积的质量，按下式计算：

$$\rho = \frac{m}{V} \tag{2-1}$$

式中　　ρ——密度，kg/m^3；

　　　　m——材料的质量，kg；

　　　　V——材料在绝对密实状态下的体积，m^3。

绝对密实状态下的体积是指不包括孔隙在内的体积。除了钢材、玻璃等少数材料外，绝大多数材料都有一些孔隙。在测定有孔隙材料的密度时，应把材料磨成细粉，干燥后，用李氏瓶测定其密实体积。材料磨得越细，测得的密度数值就越精确。砖、石材等块状材料的密度即用此法测得。

在测量某些致密材料（如卵石等）的密度时，直接以块状材料为试样，以排液置换法测量其体积。材料中部分与外部不连通的封闭孔隙无法排除，这时所求得的密度为近似密度。

2）表观密度

表观密度是指材料在自然状态下，单位体积的质量，按下式计算：

$$\rho_0 = \frac{m}{V_0} \tag{2-2}$$

式中　ρ_0——表观密度，kg/m^3；

$\quad m$——材料的质量，kg；

$\quad V_0$——材料在自然状态下的体积，或称表观体积，m^3。

材料的表观体积是指包含内部孔隙的体积。当材料孔隙内含有水分时，其质量和体积均将有所变化，故测定表观密度时，需注明其含水情况。一般是指材料在气干状态（长期在空气中干燥）下的表观密度。在烘干状态下的表观密度，称为干表观密度。

3）堆积密度

堆积密度是指粉状或粒状材料，在堆积状态下，单位体积的质量，按下式计算：

$$\rho_0' = \frac{m}{V_0'} \tag{2-3}$$

式中　ρ_0'——材料的堆积密度，kg/m^3；

$\quad m$——材料的质量，kg；

$\quad V_0'$——材料的堆积体积，m^3。

测定散粒材料的堆积密度时，材料的质量是指填充在一定容器内的材料质量，其堆积体积是指所用容器的容积而言。因此，材料的堆积体积包含了颗粒之间的空隙。

常用建筑材料的密度、表观密度和堆积密度见表 2-2。

常用建筑材料的密度、表观密度和堆积密度　　　　　　　　　　表 2-2

材　料	密度 ρ（kg/m^3）	表观密度 ρ_0（kg/m^3）	堆积密度 ρ_0'（kg/m^3）
石灰石	2600	1800～2600	—
花岗石	2800	2500～2900	—
碎石（石灰岩）	2600	—	1400～1700
砂	2600	—	1450～1650
黏土	2600	—	1600～1800
普通黏土砖	2500	1600～1800	—
黏土空心砖	2500	1000～1400	—
水泥	3100	—	1200～1300
普通混凝土	—	2100～2600	—
木材	1550	400～800	—
钢材	7850	7850	—
泡沫塑料	—	20～50	—

2.1.2 材料的密实度与孔隙率

1）密实度

密实度是指材料体积内被固体物质充实的程度，按下式计算：

$$D = \frac{V}{V_0} \tag{2-4}$$

式中　D——材料的密实度；

　　　V——材料在绝对密实状态下的体积，cm^3 或 m^3；

　　　V_0——材料在自然状态下的体积，或称表观体积，cm^3 或 m^3。

2）孔隙率

孔隙率是指材料体积内，孔隙体积所占的比例，用下式表示：

$$P = \frac{V_0 - V}{V_0} \tag{2-5}$$

即　　　　　　　　　　　　$D + P = 1$

或　　　　　　　　　　密实度＋孔隙率＝1

孔隙率的大小直接反映了材料的致密程度。材料内部孔隙的构造，可分为连通的与封闭的两种。连通孔隙不仅彼此贯通且与外界相通，而封闭孔隙则不仅彼此不连通且与外界相隔绝。孔隙按尺寸大小又分为极微细孔隙、细小孔隙和较粗大孔隙。孔隙的大小及其分布对材料的性能影响较大。

2.1.3 材料与水有关的性质

1）亲水性与憎水性

水分与不同固体材料表面之间相互作用的情况是不同的。在材料、水和空气的交点处，沿水滴表面的切线与水和固体接触面所成的夹角（润湿边角）θ 越小，浸润性越好。如果润湿边角 θ 为零，则表示该材料完全被水所浸润；居于中间的数值表示不同程度的浸润。一般认为，当润湿边角 $\theta \leqslant 90°$ 时，如图 2-1（a），水分子之间的内聚力小于水分子与材料分子间的相互吸引力，此种材料称为亲水性

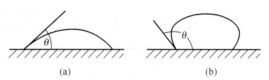

图 2-1　材料浸润边角

（a）亲水性材料；（b）憎水性材料

材料。当 $\theta > 90°$ 时，如图 2-1（b），水分子之间的内聚力大于水分子与材料分子间的吸引力，则材料表面不会被水浸润，此种材料称为憎水性材料。这一概念也可应用到其他液体对固体材料的浸润情况，相应地称为亲液性材料或憎液性材料。

2）含水率

材料中所含水的质量与干燥状态下材料的质量之比，称为材料的含水率，即：

$$\omega = \frac{m_1 - m}{m} \times 100\% \tag{2-6}$$

式中　ω——材料的含水率，%；

　　　m——材料在干燥状态下的质量，g；

　　　m_1——材料在含水状态下的质量，g。

3）吸水性

材料与水接触吸收水分的性质，称为材料的吸水性。当材料吸水饱和时，其含水率称为吸水率。多数情况是按质量计算吸水率，但也有按体积计算吸水率的（吸入水的体积占材料自然状态下体积的百分率）。如果材料具有细微而连通的孔隙，则其吸水率较大；若是封闭孔隙，水分就不容易渗入。粗大的孔隙水分虽然容易渗入，但仅能润湿孔壁表面而不易在孔内存留。所以，封闭或粗大孔隙材料，其吸水率是较低的。

各种材料的吸水率相差很大，如花岗石等致密岩石的吸水率仅为 0.5%～0.7%，普通混凝土为 2%～3%，黏土砖为 8%～20%，而木材或其他轻质材料的吸水率则常大于 100%。

4）吸湿性

材料在潮湿空气中吸收水分的性质称为吸湿性。吸湿作用一般是可逆的，也就是说材料既可吸收空气中的水分，又可向空气中释放水分。

与空气湿度达到平衡时的含水率称为平衡含水率。木材的吸湿性特别明显，它能大量吸收水汽而增加重量，致使材料降低强度和改变尺寸。木门窗在潮湿环境下往往不易开关，就是由于吸湿引起的木材膨胀所致。保温材料如果吸收水分之后，将很大程度地降低其隔热性能。所以要特别注意采取有效的防护措施。

5）耐水性

材料抵抗水的破坏作用的能力称为耐水性。一般材料随着含水量的增加，会减弱其内部的结合力，强度都有不同程度的降低，即使致密的石料也不能完全避免这种影响。例如，花岗石长期浸泡在水中，强度将下降 3%，普通黏土砖和木材所受影响更为显著。材料的耐水性可用软化系数表示：

$$软化系数 = \frac{材料在吸水饱和状态下的抗压强度}{材料在干燥状态下的抗压强度}$$

软化系数的波动范围在 0～1 之间。软化系数的大小，有时成为选择材料的重要依据。受水浸泡或处于潮湿环境的重要建筑物，必须选用软化系数不低于 0.85 的材料建造，通常软化系数大于 0.80 的材料，可以认为是耐水的。

6）抗渗性

材料抵抗压力水渗透的性质称为抗渗性（或不透水性）。材料的抗渗性用渗透系数 K 表示：

$$K = \frac{Qd}{AtH} \tag{2-7}$$

式中 K——渗透系数，cm/h；

      Q——透水量，cm³；

      d——试件厚度，cm；

      A——透水面积，cm²；

      t——时间，h；

      H——静水压力水头，cm。

渗透系数越小的材料表示其抗渗性越好。对于混凝土和砂浆材料，抗渗性常用抗渗等级来表示：

$$P = 10H - 1 \qquad (2\text{-}8)$$

式中　P——抗渗等级；

　　　H——试件开始渗水时的水压力，MPa。

材料抗渗性的好坏与材料的孔隙率和孔隙特征有密切关系。孔隙率很低而且是封闭孔隙的材料具有较高的抗渗性能。对于地下建筑及水工构筑物，因常受到水压力的作用，所以要求材料具有一定的抗渗性，对于防水材料，则要求具有更高的抗渗性。材料抵抗其他液体渗透的性质，也属于抗渗性，如贮油罐则要求材料具有良好的不渗油性。

7) 抗冻性

材料在水饱和状态下，能经受多次冻融循环作用而不破坏，也不严重降低强度的性质，称为材料的抗冻性。

材料的抗冻性用抗冻等级表示。抗冻等级是以规定的试件在规定试验条件下，测得其强度降低不超过规定值，并无明显损坏和剥落时所能经受的冻融循环次数，以此作为抗冻等级，用符号"F_n"表示，其中，n 即为最大冻融循环次数。如 F_{25}、F_{50} 等。

材料抗冻等级的选择是根据结构物的种类、使用条件、气候条件等来决定的。例如烧结普通砖、陶瓷面砖、轻混凝土等墙体材料，一般要求其抗冻等级为 F_{15} 或 F_{25}；用于桥梁和道路的混凝土为 F_{50}、F_{100} 或 F_{200}，而水工混凝土要求高达 F_{500}。

抗冻性良好的材料，对于抵抗大气温度变化、干湿交替等风化作用的能力较强，所以抗冻性常作为考查材料耐久性的一项指标。在设计寒冷地区及寒冷环境（如冷库）的建筑物时，必须考虑材料的抗冻性。处于温暖地区的建筑物，虽无冰冻作用，但为抵抗大气的风化作用，确保建筑物的耐久性，也常对材料提出一定的抗冻性要求。

2.1.4　材料的热工性质

为了保证建筑物具有良好的室内温度，同时能降低建筑物的使用能耗，要求建筑材料必须具有一定的热工性能。建筑材料常用的热工性质有导热性、比热容等。

1) 导热性

当材料两侧存在温度差时，热量将由温度高的一侧通过材料传递到温度低的一侧，材料的这种传导热量的能力，称为导热性。

材料的导热性可用导热系数表示。导热系数的物理意义是：厚度为 1m 的材料，当温度每改变 1K 时，在 1s 时间内通过 1m^2 面积的热量。用公式表示为：

$$\lambda = \frac{Qd}{(t_2 - t_1)AZ} \qquad (2\text{-}9)$$

式中　λ——材料的导热系数，W/（m·K）；

　　　Q——传导的热量，J；

　　　d——材料的厚度，m；

　　　A——材料传热的面积，m^2；

　　　Z——传热时间，s；

　　$(t_2 - t_1)$——材料两侧温度差，K。

材料的导热系数越小，表示其绝热性能越好。各种材料的导热系数差别很大，如泡沫塑料 $\lambda = 0.035$W/（m·K），而大理石 $\lambda = 3.48$W/（m·K）。工程中通常把 $\lambda \leqslant 0.23$W/（m·K）的材料称为绝热材料。

2）比热容

材料比热容的物理意义是指质量 1kg 的材料，在温度每改变 1K 时所吸收或放出的热量。用公式表示为：

$$c = \frac{Q}{m(t_2 - t_1)} \tag{2-10}$$

式中　　Q——材料的吸热或放热量，kJ；

　　　　m——材料的质量，kg；

　　$(t_2 - t_1)$——材料受热或冷却前后的温度差，K；

　　　　c——材料的比热容，kJ/（kg·K）。

材料的导热系数和比热容是设计建筑物围护结构（墙体、屋盖）进行热工计算时的重要参数。设计时应选用导热系数较小而比热容较大的建筑材料，以使建筑物保持室内温度的稳定性。同时，导热系数是热工计算和确定冷藏库绝热层厚度的重要数据。几种典型材料的热工性质指标如表 2-3 所示。由表 2-3 可见，水的比热容最大。因此在冬期混凝土施工中，当需要对原材料进行加热时，应优先对水进行加热。

几种典型材料的热工性质指标　　　　　　表 2-3

材　料	导热系数 λ [W/（m·K）]	比热容 c [kJ/（kg·K）]	材　料	导热系数 λ [W/（m·K）]	比热容 c [kJ/（kg·K）]
铜	370	0.38	松木（横纹）	0.15	1.63
钢	55	0.46	泡沫塑料	0.03	1.30
花岗石	2.9	0.80	冰	2.20	2.05
普通混凝土	1.8	0.88	水	0.60	4.19
烧结普通砖	0.55	0.84	静止空气	0.025	1.00

2.1.5　材料的基本力学性质

建筑材料的力学性质是指材料在外力作用下，抵抗破坏的能力和变形方面的性质，它对合理选用材料非常重要，是建筑材料最重要的技术性质。

1）材料的强度

材料在外力（荷载）作用下抵抗破坏的能力，称为材料的强度。当材料受外力作用时，其内部就产生应力。外力增加，应力相应增大，直至材料内部质点间结合力不足以抵抗所作用的外力时，材料即发生破坏。材料破坏时，应力达极限值，这个极限应力值就是材料的强度，也称极限强度。

根据外力作用形式的不同，材料的强度有抗压强度、抗拉强度、抗弯强度及抗剪强度等，如图 2-2 所示。

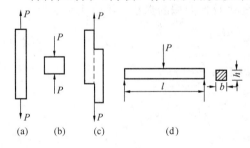

图 2-2　材料受外力作用示意图
(a) 抗拉；(b) 抗压；(c) 抗剪；(d) 抗弯

材料的这些强度是通过静力试验测定的,故总称为静力强度。材料的静力强度是通过标准试件的破坏试验而测得,而且对不同类型材料,试验方法及试件有较大的区别。对比较理想的线弹性材料,材料的抗压、抗拉和抗剪强度的计算公式分别为:

$$抗压、抗拉: \qquad \sigma = \frac{P}{A} \leqslant [\sigma] \qquad (2-11)$$

$$抗剪: \qquad \tau = \frac{P}{A} \leqslant [\tau] \qquad (2-12)$$

式中　$[\sigma]$——材料容许的极限抗压或抗拉强度,MPa;

$\quad\quad$ $[\tau]$——材料容许的极限抗剪强度,MPa;

$\quad\quad$ P——试件破坏时的最大荷载,N;

$\quad\quad$ A——试件受力面积,mm^2;

$\quad\quad$ σ——横截面上的最大正应力;

$\quad\quad$ τ——受剪面上的平均剪应力。

材料的抗弯强度与试件的几何外形及荷载施加的情况有关,强度的计算公式为:

$$\sigma = \frac{M}{W} \leqslant [\sigma] \qquad (2-13)$$

式中　M——计算截面弯矩;

$\quad\quad$ W——材料的抗弯截面模量。

材料的强度与其组成及构造有关,即使材料的组成相同而构造不同,强度也不一样。材料的孔隙率越大,则强度越小。一般表观密度大的材料,其强度也大。晶体结构的材料,其强度还与晶粒粗细有关,其中细晶粒的强度高。玻璃原是脆性材料,抗拉强度很小,但当制成玻璃纤维后,则成了很好的抗拉材料。材料的强度还与其含水状态及温度有关,含有水分的材料,其强度较干燥时为低。一般温度高时,材料的强度将降低,这对沥青混凝土尤为明显。

材料的强度与其测试所用的试件形状、尺寸有关,也与试验时加荷速度及试件表面形状有关。相同材料采用小试件测得的强度较大试件高;加荷速度快者强度值偏高;试件表面不平或表面涂润滑剂时,所测强度值偏低。由此可知,材料的强度是在特定条件下测定的数值。为了使试验结果准确,且具有可比性,各国都制定了统一的材料试验标准,在测定材料强度时,必须严格按规定的试验方法进行。常用建筑材料强度见表 2-4。

常用建筑材料强度(MPa)　　　　　　　　　　表 2-4

材　料	抗　压	抗　拉	材　料	抗　压	抗　拉
石　材	20~100	—	松木(横纹)	30~50	80~120
烧结普通砖	10~30	—	建筑钢材	235~1860	235~1860
普通混凝土	15~80	1.27~3.11	砂浆	2.5~15	—

2) 材料的弹性与塑性

材料在外力作用下产生变形,当外力去除后能完全恢复到原始形状的性质称为弹性。材料的这种可恢复的变形称为弹性变形。弹性变形属可逆变形，其数值大小与外力成正比，这时的比例系数 E 称为材料的弹性模量。材料在弹性变形范围内，E 为常数，其值可用正应力 σ 与应变 ε 之比表示，即

$$E = \frac{\sigma}{\varepsilon} = 常数 \qquad (2\text{-}14)$$

各种材料的弹性模量相差很大，弹性模量是衡量材料抵抗变形能力的一个指标。E 值越大，材料越不易变形，亦即刚度好。弹性模量是结构设计时的重要参数。

材料在外力作用下产生变形，当外力去除后，有部分变形不能恢复，这种性质称为材料的塑性。这种不能恢复的变形称为塑性变形。塑性变形为不可逆变形。

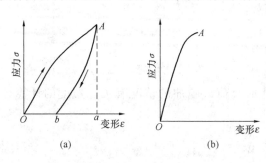

图 2-3　材料的变形曲线

(a) 弹塑性材料；(b) 脆性材料

实际上纯弹性变形的材料是没有的，通常一些材料在受力不大时，表现为弹性变形，而当外力达一定值时，则呈现塑性变形，如低碳钢就是典型的这种材料。另外许多材料在受力时，弹性变形和塑性变形同时发生，这种材料当外力取消后，弹性变形会恢复，而塑性变形不能消失。混凝土就是这类材料的代表。弹塑性材料的变形曲线如图 2-3 (a) 所示，图中 ab 为可恢复的弹性变形，Ob 为不可恢复的塑性变形。

3) 材料的脆性与韧性

材料受外力作用，当外力达一定值时，材料发生突然破坏，且破坏时无明显的塑性变形，这种性质称为脆性，具有这种性质的材料称脆性材料，其变形曲线如图 2-3 (b) 所示。脆性材料的抗压强度远大于其抗拉强度，可高达数倍甚至数十倍，所以脆性材料不能承受振动和冲击荷载，也不宜用作受拉构件，只适于作承压构件。建筑材料中大部分无机非金属材料为脆性材料，如天然岩石、陶瓷、玻璃、普通混凝土等。

材料在冲击或振动荷载作用下，能吸收较大的能量，同时产生较大的变形而不破坏，这种性质称为韧性。在建筑工程中，对于要求承受冲击荷载和有抗震要求的结构，如吊车架、桥梁、路面等所用的材料，均应具有较高的韧性。

4) 材料的硬度与耐磨性

硬度是指材料表面抵抗硬物压入或刻划的能力。测定材料硬度的方法有多种，通常采用的有刻划法和压入法两种，不同材料其硬度的测定方法不同。刻划法常用于测定天然矿物的硬度，按硬度递增顺序分为 10 级，即滑石、石膏、方解石、萤石、磷灰石、正长石、石英、黄玉、刚玉、金刚石。压入法如布氏硬度值是以压痕单位面积上所受压力来表示的，常用于测定钢材、木材和混凝土等建筑材料的硬度。

材料的硬度越大，其耐磨性越好。工程中有时也可用硬度来间接推算材料的

强度。材料的耐磨性与材料的组成成分、结构、强度、硬度等有关。在建筑工程中，对于用作踏步、台阶、地面、路面等的材料，应具有较高的耐磨性。

2.1.6　材料的耐久性

材料的耐久性是指用于建筑物的材料，在环境的多种因素作用下，能经久不变质、不破坏，长久地保持其使用性能的性质。

材料在建筑物使用过程中，除材料内在原因使其组成、构造、性能发生变化以外，还要长期受到使用条件及各种自然因素的作用，这些作用可概括为以下几方面：

（1）物理作用

物理作用包括环境温度、湿度的交替变化，即冷热、干湿、冻融等循环作用。材料在经受这些作用后，将发生膨胀、收缩或产生内应力，长期的反复作用，将使材料逐渐遭到破坏。

（2）化学作用

化学作用包括大气和环境水中的酸、碱、盐等溶液或其他有害物质对材料的侵蚀作用，以及日光、紫外线等对材料的作用。

（3）机械作用

机械作用包括荷载的持续作用，交变荷载对材料引起的疲劳、冲击、磨损、磨耗等。

（4）生物作用

生物作用包括菌类、昆虫等的侵害作用，导致材料发生腐朽、虫蛀等破坏。

耐久性是材料的一项综合性质，各种材料耐久性的具体内容，因其组成和结构不同而异。例如钢材易受氧化而锈蚀；无机非金属材料常因氧化、风化、碳化、溶蚀、冻融、热应力、干湿交替等作用而破坏；有机材料多因腐烂、虫蛀、老化而变质等。

在设计建筑物选用材料时，必须考虑材料的耐久性问题，因为只有采用耐久性良好的建筑材料，才能保证建筑物的耐久性。提高材料的耐久性，对节约建筑材料、保证建筑物长期正常使用、减少维修费用、延长建筑物使用寿命等，均具有十分重要的意义。

2.1.7　材料的装饰性

建筑是技术与艺术相结合的产物，而建筑艺术的发挥，除建筑设计外，在很大程度上取决于建筑材料的装饰性。为了满足这方面的要求，建材行业的工作者们不断研制和生产出形形色色、琳琅满目的装饰材料。

建筑装饰材料主要用作建筑物内、外墙面、柱面，地面及顶棚等处的饰面层，这类材料往往兼具结构、绝热、防潮、防火、吸声、隔声或耐磨等两种以上的功能。因此，采用装饰材料修饰主体结构的面层，不仅能大大改善建筑物的外观艺术形象，使人们获得舒适和美的感受，最大限度地满足人们生理和心理上的各种需要，同时也起到了保护主体结构材料的作用，提高建筑物的耐久性。所以材料的装饰性对于建筑物具有十分重要的作用。近年来，随着人们生活水平的提高，对建筑装修、装饰的要求越来越高，目前一般用于建筑装饰的费用要占建筑总造价的 1/3 以上，高等级的建筑物可能更高，所以材料的装饰性很重要。

材料通常通过以下装饰功能达到美化建筑物的作用。

（1）色彩

色彩最能突出表现建筑物的美，古今中外的建筑物，无一不是利用丰富的色彩来塑造其形象。同时，不同色彩能使人产生不同感觉。暖色调使人感到热烈、兴奋、温暖，冷色调使人感到宁静、幽雅、清凉。为此，建筑装饰材料的色彩可以营造不同的空间环境，满足不同的使用要求。

（2）光泽

光泽是光线在材料表面有方向性的反射。若反射光线分散在各个方向，称漫反射，如与入射光线成对称的集中反射，则称镜面反射。镜面反射是材料产生光泽的主要原因。材料表面的光洁度越高，光线的反射越强，光泽越高。光泽是材料的表面特性之一，也是材料的重要装饰性能。高光泽的材料具有很高的观赏性，同时在灯光的配合下，能对空间环境的装饰效果起到强化、点缀和烘托的作用。

所以许多装饰材料的面层均加工成光滑的表面，如天然大理石和花岗石板材、釉面砖、镜面玻璃、不锈钢钢板等。

生产中判别材料表面的光泽度，可采用光电光泽度计进行测定。

（3）透明性

材料的透明性是由于光线透射材料的结果。能透光又能透视的材料称透明体（如普通平板玻璃），只能透光而不能透视者称为半透明体（如压花玻璃）。由于透明材料具有良好的透光性，故被广泛用作建筑采光和装饰。采用大量透明材料建造的玻璃幕墙建筑，给人以通透明亮、强烈的时代气息之感。

（4）表面质感

表面质感是指材料本身具有的材质特性，或材料表面由人为加工至一定程度而造成的表面视感和触感，如表面粗细、软硬程度、手感冷暖、纹理构造、凹凸不平、图案花纹、明暗色差等。

这些表面质感均会对人们的心理产生影响，如建筑物的勒脚和外墙面采用在质感上感觉厚重的材料（如贴蘑菇石）将给人以稳重的感觉。设计时根据建筑功能要求，恰当地选用各种不同质感的材料，充分发挥材料本身的质感特性。

（5）形状尺寸

材料的形状与尺寸是建筑构造的细部之一。将建筑材料加工成各种形状和不同尺寸的型材，以配合建筑形体和线条，可构筑成风格各异的各种建筑造型，既可满足使用功能要求，又可创造出建筑的艺术美。

2.2　天然石材、烧结砖与砌块

2.2.1　天然石材

天然石材是经过加工或不加工的岩石，是最古老的建筑材料之一。天然石材具有较高的抗压强度，良好的耐久性和耐磨性。天然石材在建筑中主要用作结构材料、装饰材料、混凝土骨料和人造建材的原料。但由于石材脆性强、抗拉强度低、自重大，石结构的抗震性能差，加之岩石的开采加工较困难、价格高等原因，石材作为结构材料，近代已逐步被混凝土材料所代替。但装饰用石材仍十分普遍。随着石材加工水平的不断提高，石材独特的装饰效果得到充分展示，作为高级饰面材料，颇受人们欢迎。许多商场、宾馆等公共建筑均使用石材做墙面、地面装饰材料。天然岩石是经自然风化或人工破碎而得的卵石、碎石、砂，大量用作混凝土的骨料，是混凝土的主要组成材料之一。作为原料使用的天然岩石，如石灰石是生产硅酸盐水泥、石灰的原料，石英岩是生产陶瓷、玻璃的原料等。

1) 岩石的形成与分类

岩石是由各种不同的地质作用所形成的天然矿物的集合体。组成岩石的矿物称岩矿物。由一种矿物构成的岩石称单成岩（如石灰岩），由两种或更多种矿物构成的岩石称复成岩。自然界大部分岩石都是复成岩，如花岗岩是由长石、石英、云母及某些暗色矿物组成。只有少数岩石是单成岩，如白色大理岩，是由方解石或白云石所组成。岩石并无确定的化学成分和物理性质，同一种岩石，产地不同，其矿物组成和结构均有差异，因而其颜色、强度、性能等也均不相同。

天然岩石根据其形成的地质条件可分为岩浆岩、沉积岩和变质岩三大类。

（1）岩浆岩

又称火成岩。它是地壳深处的熔融岩浆上升到地表附近或喷出地表经冷凝而成。岩浆岩是组成地壳的主要岩石，占地壳岩石体积的 64.7%。建筑上常用的花岗石即属于岩浆岩的一种。用花岗石做建筑饰面，给人以庄严肃穆、稳重大方、雄伟壮观的感觉，且耐风化。

（2）沉积岩

石灰岩属于沉积岩的一种，它是由露出地表的各种岩石（母岩）经自然风化、风力搬迁、流水冲移等作用后再沉淀堆积形成的岩石。沉积岩为层状构造，其各层的成分、结构、颜色、层厚等均不相同。与岩浆岩相比，沉积岩的表观密度较小，密实度较差，吸水率较大，强度较低，耐久性也较差。

石灰岩是建筑上用途最广、用量最大的岩石，它不仅是制造石灰和水泥的主要原料，而且是普通混凝土常用的骨料。石灰岩还可砌筑基础、勒脚、墙体、拱、柱、路面、踏步、挡土墙等。其中致密者，经磨光打蜡，可代替大理石板材使用。

（3）变质岩

变质岩是由岩浆岩或沉积岩在地壳运动过程中，受到地壳内部高温、高压的作用，使岩石原料的结构发生变化，产生熔融再结晶而形成的岩石。通常沉积岩变质后，结构较原岩致密，性能变好，而岩浆岩变质后，有时构造不如原岩坚实，性能变差。建筑上常用的变质岩为大理岩、石英岩、片麻岩等。其中大理岩自古以来就被视作一种高级的建筑饰面材料，它在我国资源丰富，几乎遍及各省、区，最有名的是云南大理的大理石。

2) 天然石材的技术性质

（1）物理性质

致密的石材（如花岗石、大理石等），其表观密度接近于其密度，约为 2500～

$3100kg/m^3$；而孔隙率较大的石材（如火山凝灰岩、浮石等），其表观密度约为 $500\sim1700kg/m^3$。

按表观密度大小可分为重石和轻石两类，表观密度大于 $1800kg/m^3$ 的为重石，表观密度小于 $1800kg/m^3$ 的为轻石。重石可用于建筑物的基础、贴面、地面、房屋外墙、桥梁及水工构筑物等；轻石主要用作墙体材料。

吸水性主要与其孔隙率及孔隙特征有关。花岗岩的吸水率通常小于 0.5%。致密的石灰岩，吸水率可小于 1%；而多孔贝壳石灰岩，吸水率高达 15%。石材的吸水性对强度和耐水性有很大影响。石材吸水后会降低颗粒之间的粘结力，使结构减弱，从而使强度降低。石材吸水性还影响到其他一些性质，如导热性、抗冻性等。而耐磨性以单位面积磨耗量表示。石材耐磨性与其组成矿石的硬度、结构、构造特征以及石材的抗压强度和冲击韧性等有关，组成矿物越坚硬、构造越致密以及石材的抗压强度和冲击韧性越高，则石材的耐磨性越好。

抗冻性与其矿物组成、晶粒大小及分布均匀性、天然胶结物的胶结性质等有关。石材在水饱和状态下，经规定次数的反复冻融循环，若无贯穿裂纹且重量损失不超过 5%，强度损失不超过 25% 时，则为符合抗冻性的要求。

耐热性取决于其化学成分及矿物组成。含有石膏的石材，在 $100℃$ 以上时开始破坏；含有碳酸镁的石材，当温度高于 $625℃$ 时会发生破坏；含有碳酸钙的石材，温度达到 $827℃$ 时开始破坏。由石英和其他矿物所组成的结晶石材（如花岗岩等），当温度达到 $700℃$ 以上时，由于石英受热发生膨胀，强度会迅速下降。

导热性主要与其表观密度和结构状态有关。重质石材导热系数可达 $2.91\sim3.49W/(m\cdot K)$。可见，石材建筑的保温及隔热性能较差。

（2）力学性质

抗压强度是划分强度等级的依据。测定砌筑用石材的抗压强度的试件尺寸为 $70mm\times70mm\times70mm$ 的立方体。天然石材的强度等级分为 MU100、MU80、MU60、MU50、MU40、MU30、MU20 七个等级，等级愈高，强度愈高。如 MU60 表示按规定的实验方法在试件达到 $60N/mm^2$ 材料受压破坏。测定装饰石材的抗压强度的试件尺寸为 $50mm\times50mm\times50mm$ 的立方体。

天然岩石的抗拉强度比抗压强度小得多，约为抗压强度的 $1/20\sim1/10$，是典型的脆性材料。这是石材不同于金属材料和木材的重要特性，也是限制其适用范围的重要原因。

3）建筑石材的加工成品

根据建筑工程使用的要求，建筑石材一般可分为料石和毛石。

（1）细料石

通过细加工，外表规则，叠砌面凹入深度不应大于 $10mm$，截面的宽度、高度不宜小于 $200mm$，且不宜小于长度的 $1/4$。

（2）粗料石

规格尺寸同细料石，但叠砌面凹入深度不应大于 $20mm$。

（3）毛料石

外形大致方正，一般不加工或稍加修正，高度不应小于 $200mm$，叠砌面凹入深度不应大于 25mm。

（4）毛石

是指形状不规则的块石，中部厚度不应小于 200mm（图 2-4）。

图 2-4 毛石

料石一般由致密均匀的砂岩、石灰岩、花岗岩等开凿而成，制成条石、方石或拱石，用于建筑物的基础、勒脚、墙体等部位。毛石主要用于砌筑建筑物基础、勒脚、墙身、挡土墙等，还用于铺筑园林中的小径石路，可形成不规则的拼缝图案，增加环境的自然美。

石板主要是用花岗岩和大理岩经机械加工而成。其中剁斧板、机刨板、粗磨板用于墙外曲面、柱面、台阶、勒脚等部位；磨光板材因具有镜面感，色彩鲜艳，光泽动人，主要用于室内墙面、柱面、地面等装饰。

4）建筑装饰常用饰面石材

用于建筑装饰的天然石材品种繁多，但按其基本属性可归为大理石和花岗石两大类。

（1）大理石

结构紧密，抗压强度较高，一般可达 100～150MPa，莫氏硬度 3～4 度，吸水率小，装饰性好，耐磨性好，但硬度不大，抗风化性差，易被酸类侵蚀。大理石较易进行锯解、雕琢和磨光等加工。纯净的大理石为白色，我国常称汉白玉。大理石中一般常含有氧化铁、云母、石墨、蛇纹石等杂质，使大理石常呈现红、黄、棕、黑、绿等各色斑斓纹缕，磨光后极为美丽典雅。白色大理石（汉白玉）洁白如玉，晶莹纯净；纯黑大理石庄重典雅，秀丽大方；彩花大理石色彩绚丽，花纹奇异。对大理石选择使用恰当，可获得极佳的装饰效果。

天然大理石建筑板材根据形状可分为普型板材和异型板材两类。普型板材为正方形和长方形，其他形状的板材为异型板材。国内大理石板材厚度为 20mm。

大理石属碱性石材，因其主要成分是碳酸盐，能抵抗碱的作用，但不耐酸。由于城市空气中常含有二氧化硫，它遇水生成亚硫酸，再变成硫酸，而与岩石中的碳酸盐作用，生成易溶于水的石膏，使表面失去光泽，变成粗糙麻面，而降低其装饰及使用性能。这类大理石不宜用作城市建筑外部饰面材料。但含石英为主的砂岩及石英岩不存在这种问题。

天然大理石板材按板材的规格尺寸偏差、平面度公差、角度公差及外观质量分为优等品（A）、一等品（B）、合格品（C）三个等级。

天然大理石板材的技术要求包括规格尺寸允许偏差、平面度允许公差、角度允许公差、外观质量和物理性能。其中物理性能的要求为：体积密度应不小于 $2.56g/cm^3$，吸水率不大于 0.50%，干燥压缩强度不小于 52MPa，弯曲强度不小于 7MPa，耐磨度不小于 $10cm^{-3}$，镜面板材的镜向光泽值应不低于 70 光泽单位。

天然大理石板材是装饰工程的常用饰面材料。一般用于宾馆、展览馆、剧院、商场、图书馆、机场、车站等工程的室内墙面、柱面、服务台、栏板、电梯间门口等部位。由于其耐磨性相对较差,虽也可用于室内地面,但不宜用于人流较多场所的地面。大理石由于耐酸腐蚀能力较差,除个别品种外,一般只适用于室内。

（2）花岗石

是指由石英、长石及少量云母和暗色矿物(橄榄石类、辉石类、角闪石类及黑云母等)组成全晶质的岩石。它们经研磨、抛光后形成的镜面,呈现出斑点状花纹。

花岗石构造致密、强度高、密度大、吸水率极低、质地坚硬、耐磨,为酸性石材,因此其耐酸、抗风化、耐久性好,使用年限长。但是多数花岗石不抗火,因为它的成分中含有较多的石英(20%～40%),石英在573℃及870℃时发生晶态转变,产生体积膨胀,故火灾时此类花岗石会产生严重开裂而破坏。不耐火,但因此而适宜制作火烧板。

花岗石板材的加工制作比大理石困难得多。

天然花岗石毛光板按厚度偏差、平面度公差、外观质量等,天然花岗石普型板按规格尺寸偏差、平面度公差、角度公差及外观质量等,圆弧板按规格尺寸偏差、直线度公差、线轮廓度公差及外观质量等,分为优等品(A)、一等品(B)、合格品(C)三个等级。

天然花岗石板材的技术要求包括规格尺寸允许偏差、平面度允许公差、角度允许公差、外观质量和物理性能。其中物理力学性能的要求见表 2-5。

天然花岗石建筑板材的物理性能　　　　　　　　　　　　表 2-5

项　目		技术指标		项　目		技术指标	
		一般用途	功能用途			一般用途	功能用途
体积密度（g/cm³）≥		2.56	2.56	弯曲强度（MPa）≥	干燥	8.0	8.3
吸水率（%）≤		0.60	0.40		水饱和		
压缩强度（MPa）≥	干燥	100	131	耐磨性*（1/cm³）≥		25	25
	水饱和						

注：* 使用在地面、楼梯踏步、台面等严重踩踏或磨损部位的花岗石石材应检验此项。

花岗石板材主要应用于大型公共建筑或装饰等级要求较高的室内外装饰工程。花岗石因不易风化,外观色泽可保持百年以上,所以粗面和细面板材常用于室外地面、墙面、柱面、勒脚、基座、台阶;镜面板材主要用于室内地面、墙面、柱面、台面等,特别适宜做大型公共建筑大厅的地面。

5）天然石材的放射性

天然石材的放射性是引起普遍关注的问题。国家标准《建筑材料放射性核素限量》GB 6566—2010 中规定,装修材料(花岗石、建筑陶瓷、石膏制品等)中以天然放射性核素(镭-226、钍-232、钾-40)的放射性比活度及外照射指数的限值分为 A、B、C 三类:A 类产品的产销与使用范围不受限制;B 类产品不可用于 1 类民用建筑的内饰面,但可用于 1 类民用建筑的外饰面及其他一切建筑物的内、外饰面;C 类产品只可用于一切建筑物的外饰面。

放射性水平超过此限值的花岗石和大理石产品，其中的镭、钍等放射元素衰变过程中将产生天然放射性气体氡。氡是一种无色、无味、感官不能觉察的气体，特别是易在通风不良的地方聚集，可导致肺、血液、呼吸道发生病变。

目前国内使用的众多天然石材产品，大部分是符合 A 类产品要求的，但不排除有少量的 B、C 类产品。因此装饰工程中应选用经放射性测试，且发放了放射性产品合格证的产品。此外，在使用过程中，还应经常打开居室门窗，促进室内空气流通，使氡稀释，达到减少污染的目的。

2.2.2 烧结砖

砖是建筑工程中用作墙体的主要建筑材料。用黏土烧结的砖和瓦，是传统建筑材料。它生产方便、价格便宜，最大缺点是要耗用大量耕地且生产耗能高、产生环境污染、自重大、施工效率低、劳动强度大。继续大量使用黏土砖不适合我国国情，目前我国已有许多城市限制使用普通黏土砖。随着现代建筑的发展，大力开发和使用轻质、高强、耐久、多功能、节土、节能、大尺寸、可工业化生产的新型材料非常重要，采用、生产新型的墙体材料上可享受优惠的减、免税政策。

烧结砖按孔洞率分为无孔洞或孔洞率小于 15% 的实心砖（普通砖）；孔洞率等于或大于 15%，孔的尺寸小而数量多的多孔砖；孔洞率等于或大于 15%、孔的尺寸大而数量少的空心砖。按制造工艺分为经焙烧而成的烧结砖；（常压或高压）养护而成的蒸养（压）砖；以自然养护而成的免烧砖等。

1）烧结普通砖

黏土、页岩、煤矸石、粉煤灰等原料的化学组成相近。烧结砖是以这些原料为主，并加入少量添加料，经配料、混合匀化、制坯、干燥、预热、焙烧而成。因此，烧结砖有黏土砖、页岩砖、煤矸石砖、粉煤灰砖等多种。

烧结普通砖的公称尺寸为 240mm×115mm×53mm。黏土砖的表观密度在 1600～1800kg/m³ 之间；吸水率一般为 6%～18%；导热系数约为 0.55W/(m·K)。砖的吸水率与砖的焙烧温度有关，焙烧温度高，砖的孔隙率小、吸水率低、强度高且抗冻融性能好。但砖的吸水率过低，会影响砖的热工性能和砌筑性质。

根据尺寸偏差、外观质量、泛霜和石灰爆裂，烧结普通砖一般分为优等品、一等品和合格品三个产品等级。产品中不允许有欠火砖、酥砖和螺旋纹砖。优等品应无泛霜，合格品不得严重泛霜。泛霜系砖的原料中含有的可溶性盐类，在砖使用过程中，随水分蒸发在砖表面产生盐析，常为白色粉末。严重者会导致粉化剥落。优等品不允许出现最大破坏尺寸大于 2mm 的爆裂区域。合格品允许有一定数目小于 15mm 的爆裂区域，但不允许出现最大破坏尺寸大于 15mm 的爆裂区域。爆裂系石灰引起。砖内存在生石灰时，待砖砌筑后，生石灰吸水消解体积膨胀而使砖开裂，故亦称为石灰爆裂。

烧结普通砖强度等级是通过 10 块样砖的抗压强度试验，根据抗压强度平均值和强度标准值来划分五个等级：MU30、MU25、MU20、MU15、MU10。烧结普通砖具有一定的强度、较好的耐久性，可用于砌筑承重或非承重的内外墙、柱、拱、沟道及基础等。优等品砖可用于清水墙建筑，合格品砖可用于混水墙建筑。中等泛霜的砖不能用于潮湿部位。

2）烧结多孔砖

烧结多孔砖是以黏土、页岩、煤矸石等为主要原料，经焙烧而成。烧结多孔砖为大面有孔的直角六面体，孔多而小，孔洞垂直于受压面。砖的主要规格为：M型190mm×190mm×90mm；P型240mm×115mm×90mm，有MU30、MU25、MU20、MU15和MU10五个强度等级。砖的形状如图2-5所示。

图2-5　烧结普通砖、多孔砖、空心砖

3）烧结空心砖

烧结空心砖是以黏土、页岩、煤矸石等为主要原料，经焙烧而成。烧结空心砖为顶面有孔的直角六面体，孔大而少，孔洞为矩形条孔或其他孔形、平行于大面和条面，在与砂浆的接合面上应设有增加结合力的深度1mm以上的凹线槽。

按烧结空心砖和空心砌块的表观密度分成800、900、1100三个密度级别，每个表观密度级别又根据孔洞及其排列数、尺寸偏差、外观质量、强度等级、物理性能等分为优等品、一等品、合格品三个产品等级（表2-6）。根据抗压强度分为：2.0、3.0、5.0三个强度等级。砖和砌块的规格尺寸（长度×宽度×高度）有两个系列：290mm×190（140）mm×90mm和240mm×180（175）mm×115mm，也可由供需双方商定。砖和砌块的壁厚应大于10mm；肋厚应大于7mm。

烧结空心砖的强度等级（MPa）　　　　　　　　　　　　　表2-6

产品等级	强度等级	大面抗压强度		条面抗压强度	
		平均值，≥	单块最小值，≥	平均值，≥	单块最小值，≥
优等品	5.0	5.0	3.7	3.4	2.3
一等品	3.0	3.0	2.2	2.2	1.4
合格品	2.0	2.0	1.6	1.6	0.9

烧结空心砖的孔洞率一般在35%以上，表观密度在800~1100kg/m³之间。这种砖自重较轻，强度不高，因而多用作非承重墙，如多层建筑内隔墙或框架结构的填充墙等。

多孔砖、空心砖可节省黏土，节省能源，且砖的自重轻、热工性能好，使用多孔砖尤其是空心砖和空心砌块，既可提高建筑施工效率、降低造价，还可减轻墙体自重、改善墙体的热工性能等。烧结普通砖、多孔砖、空心砖见图2-5。

另外，还有灰砂砖、炉渣砖及粉煤灰砖等，常用于非承重外墙等。

2.2.3 砌块

砌块按主规格尺寸可分为小砌块、中砌块和大砌块。目前，我国以中小型砌块使用较多。按其空心率，大小砌块又可分为空心砌块和实心砌块两种。空心率小于25％或无孔洞的砌块为实心砌块；空心率大于或等于25％的砌块为空心砌块。

砌块通常又可按其所用主要原料及生产工艺命名，如水泥混凝土砌块、加气混凝土砌块、粉煤灰砌块、石膏砌块、烧结砌块等。常用的砌块有普通混凝土小型空心砌块、轻骨料混凝土小型空心砌块和蒸压加气混凝土砌块等。

1）普通混凝土小型空心砌块

按国家标准《普通混凝土小型砌块》GB/T 8239—2014 的规定，普通混凝土小型空心砌块出厂检验项目有尺寸偏差、外观质量、最小壁肋厚度和强度等级；空心砌块按其强度等级分为 MU5.0、MU7.5、MU10、MU15、MU20 和 MU25 六个等级；实心砌块按其强度等级分为 MU10、MU15、MU20、MU25、MU30、MU35 和 MU40 七个等级。

砌块的主规格尺寸为 390mm×190mm×190mm。其孔洞设置在受压面，有单排孔、双排孔、三排及四排孔洞。砌块除主规格外，还有若干辅助规格，共同组成砌块基本系列。

普通混凝土小型空心砌块作为烧结砖的替代材料，可用于承重结构和非承重结构。目前主要用于单层和多层工业与民用建筑的内墙和外墙，如果利用砌块的空心配置钢筋，可用于建造高层砌块建筑。

混凝土砌块的吸水率小（一般为14％以下），吸水速度慢，砌筑前不允许浇水，以免发生"走浆"现象，影响砂浆饱满度和砌体的抗剪强度。但在气候特别干燥炎热时，可在砌筑前稍喷水湿润。与烧结砖砌体相比，混凝土砌块墙体较易产生裂缝，应注意在构造上采取抗裂措施。另外，还应注意防止外墙面渗漏，粉刷时做好填缝，并压实、抹平。

2）轻集料混凝土小型空心砌块

轻集料混凝土小型空心砌块主规格尺寸为 390mm×190mm×190mm，按密度划分为 700kg/m³、800kg/m³、900kg/m³、1000kg/m³、1100kg/m³、1200kg/m³、1300kg/m³ 和 1400kg/m³ 八个等级；其强度分为 MU3.5、MU5.0、MU7.5 和 MU10.0 和 MU15 五个等级。同一强度等级砌块的抗压强度和密度等级范围应同时符合规定方为合格。

与普通混凝土小型空心砌块相比，轻集料混凝土小型空心砌块密度较小、热工性能较好，但干缩值较大，使用时更容易产生裂缝，目前主要用于非承重的隔墙和围护墙。

3）蒸压加气混凝土砌块

根据国家标准《蒸压加气混凝土砌块》GB 11968—2006 规定，砌块按干密度分为 B03、B04、B05、B06、B07、B08 共六个级别；按抗压强度分 A1.0、A2.0、

A2.5、A3.5、A5.0、A7.5、A10 七个强度级别；按尺寸偏差与外观质量、干密度、抗压强度和抗冻性分为优等品（A）、合格品（B）两个等级。

加气混凝土砌块保温隔热性能好，用作墙体可降低建筑物供暖、制冷等使用能耗。加气混凝土砌块的表观密度小，一般为黏土砖的 1/3，可减轻结构自重，有利于提高建筑物抗震能力。另外，加气混凝土砌块表面平整、尺寸精确，容易提高墙面平整度。特别是它像木材一般，可锯、刨、钻、钉、施工方便快捷。但由于其吸水导湿缓慢，导致干缩大、易开裂且强度不高，表面易粉化，故需要采取专门措施。例如，砌块在运输、堆存中应防雨防潮，过大墙面应适当在灰缝中布设钢丝网，砌筑砂浆和易性要好，抹面砂浆适当提高灰砂比，墙面增挂一道钢丝网，用于外墙时进行饰面处理或憎水处理等。

蒸压加气混凝土砌块广泛应用于多层建筑物的非承重墙及隔墙，也可用于低层建筑的承重墙。体积密度级别低的砌块还可用于屋面保温。

2.2.4　建筑陶瓷

建筑陶瓷是以黏土为主要原料，经配料、制坯、干燥、焙烧而制成的用于建筑工程的制品。主要品种有陶瓷砖、卫生陶瓷、琉璃制品等。

建筑陶瓷具有色彩鲜艳、图案丰富、坚固耐久、防火防水、耐磨耐蚀、易清洗、维修费用低等优点，是主要的建筑装饰材料之一。

1）陶瓷砖分类

（1）分类方法

依据《陶瓷砖》GB/T 4100—2015，按照陶瓷砖的成型方法和吸水率进行分类，陶瓷砖分类及代号见表 2-7。

陶瓷砖分类及代号　　　　　　　　　　　　　　　表 2-7

		低吸水率（Ⅰ类）		中吸水率（Ⅱ类）		高吸水率（Ⅲ类）
按吸水率（E）分类		$E \leqslant 0.5\%$（瓷质砖）	$0.5\% < E \leqslant 3\%$（炻瓷砖）	$3\% < E \leqslant 6\%$（细炻砖）	$6\% < E \leqslant 10\%$（炻质砖）	$E > 10\%$（陶质砖）
按成型方法分类	挤压砖（A）	AⅠa类	AⅠb类	AⅡa类	AⅡb类	AⅢ类
		精细　　普通	精细　　普通	精细　　普通	精细　　普通	精细　　普通
	干压砖（B）	BⅠa类	BⅠb类	BⅡa类	BⅡb类	BⅢ类*

* BⅢ类仅包括有釉砖。

（2）按成型方法分类

按成型方法分类分为：

① 挤压砖（称为 A 类砖），按尺寸偏差分为精细与普通。

② 干压砖（称为 B 类砖）。

（3）按吸水率（E）分类

按吸水率（E）分为：低吸水率砖（Ⅰ类）、中吸水率砖（Ⅱ类）和高吸水率砖（Ⅲ类）。

① 低吸水率砖（Ⅰ类）

低吸水率砖（Ⅰ类）包括：

低吸水率挤压砖：$E \leqslant 0.5\%$（AⅠa类）和 $0.5\% < E \leqslant 3\%$（AⅠb类）。

低吸水率干压砖：$E \leqslant 0.5\%$（BⅠa类）和 $0.5\% < E \leqslant 3\%$（BⅠb类）。

② 中吸水率砖（Ⅱ类）

中吸水率砖（Ⅱ类）包括：

中吸水率挤压砖：$3\% < E \leqslant 6\%$（AⅡa类）和 $6\% < E \leqslant 10\%$（AⅡb类）。

中吸水率干压砖：$3\% < E \leqslant 6\%$（BⅡa类）和 $6\% < E \leqslant 10\%$（BⅡb类）。

③ 高吸水率砖（Ⅲ类）

高吸水率砖（Ⅲ类）包括：

高吸水率挤压砖：$E > 10\%$（AⅢ类）。

高吸水率干压砖：$E > 10\%$（BⅢ类）。

（4）按应用特性分类

按应用特性可分为釉面室内墙地砖和陶瓷锦砖。

（5）按表面施釉与否分类

按表面施釉与否可分为有釉（GL）砖和无釉（UGL）砖。

陶瓷砖不进行产品等级的划分。

2）常用建筑陶瓷

（1）陶瓷砖

陶瓷砖根据坯体烧结程度、细密性、均匀性及粗糙程度等不同，分为陶质砖、炻质砖、细炻砖、炻瓷砖、瓷质砖五种。

① 陶质内墙面砖

陶质砖主要用于建筑物内墙、柱和其他构件表面的薄片状精陶制品。陶质内墙面砖的结构是由坯体和表面釉彩层两部分组成的。

陶质内墙面砖按釉面颜色可分为单色（包括白色）釉面砖、花色釉面砖、装饰釉面砖、图案砖和字画砖；按其正面形状可分为正方形、长方形和异形配件；陶质砖的厚度为 4~5mm，长宽为 75~350mm，常用的产品尺寸有 150mm×150mm、300mm×200mm 等。陶质内墙面砖的质量应满足《陶瓷砖》GB/T 4100—2015 要求。

陶质内墙面砖的特点是：色彩繁多，镶拼图案丰富，表面平整光滑，不易污染、耐水、耐蚀，易清洗，耐急冷急热。但陶质砖的抗干湿交替能力和抗冻性较差。

陶质内墙面砖主要用于浴室、厨房、厕所的墙面、台面及试验室桌面；也可用于砌筑水槽、便池。另外，经专门绘画、设计的釉面砖还可以镶成壁画，以此来提高装饰效果。

② 陶瓷墙地砖

陶瓷墙地砖是指用于建筑墙面、柱面、地面等处的粗炻、细炻、炻瓷、瓷质板状陶瓷制品。陶瓷墙地砖按表面是否施釉分为施釉墙地砖（简称彩釉砖）和无釉陶瓷墙地砖；按其正面形状可分为正方形、长方形和异形产品；其表面有光滑、粗糙或凹凸花纹之分，有光泽与无光泽质感之分。其背面为了便于和基层粘贴牢固制有背纹。陶瓷墙地砖的厚度为 8～12mm，长宽范围为 60～400mm，常用的规格有 100mm×100mm、150mm×150mm、300mm×150mm 等。陶瓷墙地砖、劈离砖（挤压成型时双砖背联坯体，烧成后再劈离成 2 块砖）等挤压成型陶瓷砖的质量应符合《陶瓷砖》GB/T 4100—2015 的要求。

陶瓷墙地砖的特点是色彩鲜艳、表面平整（其中用于地面的主要有红、黄、蓝、绿色，且表面光泽差，多无釉，有的带凹凸花纹），可拼成各种图案，有的还可仿天然石材的色泽和质感。墙面砖吸水率不大于 10%（寒冷地区用于室外的面砖，其吸水率应小于 3%），抗冻，强度高，耐磨耐蚀，防火防水，易清洗，不褪色，耐急冷急热。但也有造价偏高、工效低、自重大等不足。

陶瓷墙地砖主要用于装饰等级要求较高的建筑内外墙、柱面及室内外通道、走廊、门厅、展厅、浴室、厕所、厨房及人流出入频繁的站台、商场等民用及公共场所的地面，也可用于工作台面及耐腐蚀工程的衬面等。

（2）陶瓷锦砖

陶瓷锦砖（也称陶瓷马赛克）是用优质瓷土烧制而成的厚为 3～4mm，形状各异的小块薄片（面积不大于 55cm²）陶瓷材料，多属瓷质，因其有多种颜色和多种形状图案故称锦砖。

陶瓷锦砖在出厂时，按一定的花色与图案将各单块锦砖正面铺贴在一定规格尺寸的牛皮纸上，每张大小约为 300mm×300mm。单块小砖有正方、长方和其他形状。陶瓷马赛克按表面性质分为有釉、无釉两种；按颜色分为单色、混色和拼花三种，按尺寸允许偏差、外观质量均可分为优等品、合格品和不合格品。其吸水率、耐磨性、线性热膨胀系数、抗热震性、抗釉裂性、抗冻性、耐污染性、耐化学腐蚀性等性能及产品质量应满足《陶瓷马赛克》JC/T 456—2015 的规定。

陶瓷锦砖的特点是：颜色多样，图案丰富，质地坚硬，其体积密度为 2500～2600kg/m³，抗压强度为 150～200MPa，莫氏硬度为 6～7，吸水率不大于 0.2%（有釉锦砖不大于 1.0%），适用于 −40～100℃ 的环境，且耐酸耐碱，耐火耐磨，抗冻抗渗，防滑易洗，永不褪色。

陶瓷锦砖主要用于建筑外墙面及室内地面，起保护与装饰作用。与墙地砖相比，具有耐久、砖块薄、自重轻、造价较低等优点。用于装饰地面时，由于表面缝格较多，使用一段时间后，缝格内污染严重且清理麻烦，因而卫生间、厨房地面，特别是较讲究的宾馆等公共场所，近年来已逐步被大尺寸的墙地砖代替。

（3）陶瓷卫生产品

根据《卫生陶瓷》GB 6952—2015，卫生陶瓷按吸水率分为瓷质卫生陶瓷和炻陶质卫生陶瓷。瓷质卫生陶瓷产品的吸水率 $E \leqslant 0.5\%$；炻陶质卫生陶瓷产品的吸水率 $0.5\% < E \leqslant 15.0\%$。便器按照用水量多少分为普通型和节水型。

陶瓷卫生产品具有质地洁白、色泽柔和、釉面光亮、细腻、造型美观、性能良好等特点。常用的陶瓷卫生产品主要有：洗面器、浴缸和大小便器等。

陶瓷卫生产品的技术要求分为一般技术要求（外观质量、最大允许变形、尺寸、吸水率、抗裂性）、功能要求（便器的用水量、冲洗功能；洗面器、洗涤槽和净身器的溢流功能；耐荷重性；坐便器的冲水噪声）和便器配套性技术要求（冲水装置配套性、坐便器坐圈和盖配套性、连接密封性要求）。

① 陶瓷卫生产品的主要技术指标是吸水率，它直接影响到洁具的清洗性和耐污性。

② 耐急冷急热要求必须达到标准要求。

③ 便器的名义用水量限定了各种产品的用水上限，其中坐便器节水型和普通型的用水量（便器用水量是指一个冲水周期所用的水量）分别不大于 5.0L 和 6.4L；蹲便器普通型单冲式≤8.0L；双冲式≤6.4L，节水型≤6.0L；小便器节水型和普通型的用水量分别不大于 3.0L 和 4.0L。实际用水量不应大于名义用水量。

④ 卫生洁具要有光滑的表面，不易沾染污垢，易清洁。便器与水箱配件应成套供应。

⑤ 便器安装要注意排污口安装距离（下排式便器排污口中心至完成墙的距离；后排式便器排污口中心至完成地面的距离）。

⑥ 水龙头合金材料中的铅含量愈低愈好（有的产品铅含量已降到 0.5% 以下）。

（4）琉璃制品

琉璃制品是以难熔黏土作原料，经成型、素烧，表面涂琉璃釉料后，再经烧制而成的制品。其釉料以石英、铅丹为主要原料，加入着色剂而成。釉色有金、黄、蓝、绿、紫等颜色。

琉璃制品是我国独有的建筑装饰材料。多用于园林建筑中，故有园林陶瓷之称。其产品有琉璃瓦、琉璃砖、琉璃兽及各种室内陈设工艺品等。

琉璃制品色彩绚丽、表面光滑，不易污染，质地坚硬，使用耐久。产品质量应符合《建筑琉璃制品》JC/T 765—2015 的规定。

2.3 无机气硬性胶凝材料

建筑上用来将散粒材料（如砂、石子等）或块状材料（如砖、石块等）粘结成为整体的材料，统称为胶凝材料。胶凝材料按其化学成分可分为无机胶凝材料和有机胶凝材料两大类，前者如水泥、石灰、石膏等，后者如沥青、树脂等，其中无机胶凝材料在建筑工程中应用更加广泛。无机胶凝材料按其硬化条件的不同又分为气硬性和水硬性两类。

所谓气硬性胶凝材料是指只能在空气中硬化，也只能在空气中保持或继续发展其强度的胶凝材料，如石膏、石灰等。水硬性胶凝材料是指不仅能在空气中硬化，而且能更好地在水中硬化，并保持和继续发展其强度的胶凝材料，如各种水泥。所以气硬性胶凝材料只适用于地上或干燥环境，不宜用于潮湿环境，更不可用于水中，而水硬性胶凝材料既适用于地上环境，也可用于地下或水中环境。

2.3.1 建筑石膏

生产建筑石膏的原料主要是天然二水石膏，也可采用化工石膏。天然二水石膏（$CaSO_4 \cdot 2H_2O$）又称生石膏。以石膏作为原材料，可制成多种石膏胶凝材料，建筑中使用最多的石膏胶凝材料是建筑石膏，其次是高强石膏，此外还有硬石膏水泥等。建筑石膏属气硬性胶凝材料。随着高层建筑的发展，它的用量正逐年增多，在建筑材料中的地位也越将重要。

1）建筑石膏的特性

（1）凝结硬化快。建筑石膏与适量的水相混合后，很快就失去塑性而凝结硬化成为固体。

（2）凝结硬化后空隙大、强度低。抗压强度 3～5MPa，但能满足隔墙和饰面的要求。高强石膏硬化后抗压强度可达 10～40MPa。通常建筑石膏在贮存三个月后强度将降低 30%，故在贮存及运输期间应防止受潮。

（3）防火性能良好。建筑石膏硬化后的主要成分是带有两个结晶水分子的二水石膏，当其遇火时，二水石膏脱出结晶水，结晶水吸收热量蒸发时，在制品表面形成水蒸气幕，有效地阻止火的蔓延。制品厚度越大，防火性能越好。

（4）建筑石膏硬化时体积略有膨胀。一般膨胀 0.05%～0.15%，这种微膨胀性可使硬化体表面光滑饱满，干燥时不开裂，且能使制品造型棱角很清晰，有利于制造复杂图案花型的石膏装饰件。

（5）耐水性和抗冻性差。建筑石膏硬化体的吸湿性强，吸收的水分会减弱石膏晶粒间的结合力，使强度显著降低；若长期浸水，还会因二水石膏晶体逐渐溶解而导致破坏。石膏制品吸水饱和后受冻，会因孔隙中水分结晶膨胀而破坏。所以，石膏制品的耐水性和抗冻性较差，不宜用于潮湿部位。在建筑石膏中加入适量水泥、粉煤灰、磨细的粒化高炉矿渣以及各种有机防水剂，可提高制品的耐水性。

（6）装饰性好且可加工性能好。石膏硬化制品表面细腻平整，洁白，具有雅静感。硬化体的可加工性能好，可锯、可钉、可刨，便于施工。

2）建筑石膏的应用

建筑石膏广泛用于配制石膏抹面灰浆和制作各种石膏制品。高强石膏适用于强度要求较高的抹灰工程和石膏制品。在建筑石膏中掺入防水剂可用于湿度较高的环境中，加入有机材料如聚乙烯醇水溶液、聚醋酸乙烯乳液等，可配成粘结剂，其特点是无收缩性。

建筑石膏制品的种类较多，我国目前生产的主要有石膏砌块、纸面石膏板、空心石膏条板、纤维石膏板、装饰石膏制品等。

（1）纸面石膏板

是以建筑石膏为主要原料，掺入纤维、外加剂（发泡剂、缓凝剂等）和适量的轻质填料等，加水拌成料浆，浇筑在行进中的纸面上，成型后再覆以上层面纸。料浆经过凝固形成芯材，经切断、烘干则使芯材与护面纸牢固地结合在一起。

纸面石膏板有普通纸面石膏板、耐水纸面石膏板和耐火纸面石膏板三类。普通纸面石膏板是以重磅纸为护面纸。耐水纸面石膏板采用耐水的护面纸，并在建筑石膏料浆中掺入适量防水外加剂制成耐水芯材。耐火纸面石膏板的芯材是在建筑石膏料浆中掺入适量无机耐火纤维增强材料后制作而成。耐火纸面石膏板的主要技术要求是在高温明火下燃烧时，能在一定时间内保持不断裂。

普通、耐水、耐火三类纸面石膏板，按棱边形状有矩形、45°倒角形、楔形、半圆形和圆形五种产品，产品的规格尺寸：长度有 1800mm、2100mm、2400mm、2700mm、3000mm、3300mm、3600mm 等规格；宽度有 900mm、1200mm 两种；厚度为 9mm、12mm、15mm 三种。此外，普通纸面石膏板还有 18mm 厚的产品，耐火纸面石膏板还有 18mm、21mm、25mm 厚的产品。

普通纸面石膏板可用作室内吊顶和内隔墙，可钉在金属、木材或石膏龙骨上，也可直接粘贴在砖墙上。耐水纸面石膏板主要用于厨房、卫生间等潮湿场合。耐火纸面石膏板适用于耐火性能要求高的室内隔墙、吊顶和装饰用板。

纸面石膏板由于原料来源广，加工设备简单，生产能耗低、周期短，故它将是我国今后重点发展的新型轻质墙体材料之一。纸面石膏板与龙骨组成轻质墙体，有两层板隔墙和四层板隔墙两种，这种墙体最适合于做多层或高层建筑的分室墙。

（2）石膏空心条板

生产方法与普通混凝土空心板类似。尺寸规格为：宽 450～600mm，厚 50～100mm，长 2700～3000mm，孔数 7～9，孔洞率 30%～40%。生产时常加入纤维材料或轻质填料，以提高板的抗折强度和减轻自重。这种板多用于民用住宅的分室墙。

（3）纤维石膏板

将玻璃纤维、纸筋或矿棉等纤维材料与建筑石膏等混合制成无纸面的纤维石膏板，它的抗弯强度和弹性模量都高于纸面石膏板。纤维石膏板主要用作建筑物的内隔墙、吊顶以及预制石膏板复合墙板。

（4）装饰石膏制品

是以建筑石膏为主要原料，掺入适量纤维增强材料和外加剂，与水搅拌成均匀的料浆，经浇筑成型、干燥后制成，主要用作室内吊顶，也可用作内墙面板。装饰石膏板包括平板、孔板、浮雕板、防潮平板、防潮孔板和防潮浮雕板等品种。

嵌装式装饰石膏板在板材背面四边加厚，并带有嵌装企口可制成嵌装式装饰石膏板，其板材正面可为平面、穿孔或浮雕图案。以具有一定数量穿透孔洞的嵌装式装饰石膏板为面板，在其背面加复合吸声材料就成为嵌装式吸声石膏板，它是一种既能吸声又有装饰效果的多功能板材，嵌装式装饰石膏板主要用作吊顶材料，施工安装十分方便，特别适用于影剧院、大礼堂及展览厅等观众比较集中又要求具有雅静感的公共场所。

艺术装饰石膏制品主要包括浮雕艺术石膏角线、线板、角花、灯圈、壁炉、罗马柱、灯座、雕塑等。这些制品均系采用优质建筑石膏为基料，配以纤维增强材料、胶粘剂等，与水拌制成料浆，经注模成型、硬化、干燥而成。这类石膏装饰件用于室内顶棚和墙面，将高雅而豪华的气派带入居室和厅堂。

2.3.2 建筑石灰

石灰是以碳酸钙为主要成分的石灰石（$CaCO_3$）、白垩等为原料，在低于烧结温度下煅烧所得的产物，其主要成分是氧化钙（CaO）。建筑石灰常简称为石灰，实际上它是具有不同化学成分和物理形态的生石灰、消石灰、水硬性石灰的统称。由于生产石灰的原料石灰石分布很广，生产工艺简单，成本低廉，所以在建筑上历来应用很广。

1) 石灰的种类

根据成品的加工方法不同，石灰有以下四种成品。

(1) 生石灰。由石灰石煅烧成的白色疏松结构的块状物。

(2) 生石灰粉。由块状生石灰磨细而成。主要成分为 CaO。

(3) 消石灰粉。将生石灰用适量水经消化和干燥而成的粉末，主要成分为 $Ca(OH)_2$，也称熟石灰。

(4) 石灰膏。将块状生石灰用过量水（约为生石灰体积的 3～4 倍）消化，或将消石灰粉和水拌和，所得达一定稠度的膏状物，主要成分为 $Ca(OH)_2$ 和水。

2) 生石灰的水化

又称熟化或消化，它是指生石灰与水发生水化反应，生成 $Ca(OH)_2$ 的过程。

生石灰水化反应的特点如下：

(1) 反应可逆

在常温下反应向右进行。在 547℃，反应向左进行，即 $Ca(OH)_2$ 分解为 CaO 和 H_2O。

(2) 水化热大，水化速率快

生石灰的消化反应为放热反应，消化时不但水化热大而且放热速率也快。每千克生石灰消化放热 1160kJ，它在最初 1h，放出的热量几乎是同质量硅酸盐水泥 1 天放热量的 9 倍，28 天放热量的 3 倍。

(3) 水化过程中体积增大

块状生石灰消化过程中其外观体积可增大 1.5～2 倍，这一性质易在工程中造成事故，应予重视。但也可加以利用，即由于水化时体积增大，造成膨胀压力，致使石灰块自动分散成粉末，故可用此法将块状生石灰加工成消石灰粉。

3) 石灰浆的硬化

石灰浆体在空气中逐渐硬化，是由下面两个同时进行的过程来完成：

(1) 结晶作用。游离水分蒸发，氢氧化钙逐渐从饱和溶液中结晶析出。

(2) 碳化作用。氢氧化钙与空气中的 CO_2 和水化合生成 $CaCO_3$，释出水分并被蒸发。

4) 建筑石灰的特性与技术要求

(1) 保水性与可塑性好

生石灰消化为石灰浆时，能形成颗粒极细呈胶体分散状态的氢氧化钙粒子，表面吸附一层厚的水膜，使颗粒间的摩擦力减小，因而其可塑性好。利用这一性质，将其掺入水泥砂浆中，配制成混合砂浆，可显著提高砂浆的和易性。

(2) 硬化缓慢

石灰浆的硬化只能在空气中进行，由于空气中 CO_2 含量少，使碳化作用进行缓慢，加之已硬化的表层对内部的硬化起阻碍作用，所以石灰浆的硬化过程较长。

(3) 硬化后强度低

生石灰消化时的理论需水量为生石灰质量的 32.13%，但为了使石灰浆具有一定的可塑性便于应用，同时考虑到一部分水因消化时水化热大而被蒸发掉，故实际消化用水量很大，多余水分在硬化后蒸发，留下大量孔隙，使硬化石灰体密实度小，强度低。

（4）硬化时体积收缩大

由于石灰浆中存在大量的游离水，硬化时大量水分蒸发，导致内部毛细管失水紧缩，引起显著的体积收缩变形，使硬化石灰体产生裂纹，故石灰浆不宜单独使用，通常工程施工时常掺入一定量的骨料（砂子）或纤维材料（麻刀、纸筋等）。

（5）耐水性差

由于石灰浆硬化慢、强度低，当其受潮后，其中尚未碳化的$Ca(OH)_2$易产生溶解，硬化石灰体遇水会产生溃散，故石灰不宜用于潮湿环境。

5）建筑石灰的应用

（1）用于建筑室内粉刷

（2）大量用于拌制建筑砂浆

消石灰浆和消石灰粉可以单独或与水泥一起配制成砂浆，前者称石灰砂浆，后者称混合砂浆。石灰砂浆可用作砖墙和混凝土基层的抹灰，混合砂浆则用于砌筑，也常用于抹灰。

（3）配制三合土和灰土

三合土是采用生石灰粉（或消石灰粉）、黏土和砂子按1：2：3的比例，再加水拌和夯实而成。灰土是用生石灰粉和黏土按1：2～4的比例，再加水拌和夯实而成。三合土和灰土在强力夯打之下，密实度大大提高，而且可能是黏土中的少量活性氧化硅和氧化铝与石灰粉水化产物$Ca(OH)_2$作用，生成了水硬性矿物，因而具有一定抗压强度、耐水性和相当高的抗渗能力。三合土和灰土主要用于建筑物的基础、路面或地面的垫层。

（4）加固含水的软土地基

生石灰块可直接用来加固含水的软土地基（称为石灰桩）。它是在桩孔内灌入生石灰块，利用生石灰吸水熟化时体积膨胀的性能产生膨胀压力，从而使地基加固。

（5）磨制生石灰粉

目前，建筑工程中大量采用磨细生石灰来代替石灰膏和消石灰粉配制灰土或砂浆，或直接用于制造硅酸盐制品。由于磨细生石灰具有很高的细度，表面积极大，水化时加水量亦随之增大，水化反应速度可提高30～50倍，水化时体积膨胀均匀，避免了产生局部膨胀过大现象，所以可不经预先消化而直接应用，不仅提高了工效，而且节约了场地，改善了环境；同时，将石灰的熟化过程与硬化过程合二为一，熟化过程中所放热量又可加速硬化过程；另外，改善了石灰硬化缓慢的缺点，并可提高石灰浆体硬化后的密实度、强度和抗水性。石灰中的过烧石灰和欠烧石灰被磨细，也提高了石灰的质量和利用率。

（6）制造静态破碎剂和膨胀剂

利用过烧石灰水化慢且同时伴随体积膨胀的特性，可用它来配制静态破碎剂和膨胀剂。这是一种非爆炸性破碎剂，适用于混凝土和钢筋混凝土构筑物的拆除，以及对岩石（花岗石、大理石等）的破碎和割断。

2.4　水泥

水泥呈粉末状，与水混合后，经物理化学作用能由可塑性浆体变成坚硬的石状体，并能将散粒状材料胶结成为整体，所以水泥是一种良好的矿物胶凝材料。水泥浆体不但能在空气中硬化，还能更好地在水中硬化、保持并继续增长其强度，故水泥属于水硬性胶凝材料。

水泥是最重要的建筑材料之一，在建筑、道路、水利和国防等工程中应用广泛，常用来制造各种形式的混凝土、钢筋混凝土、预应力混凝土构件和建筑物，也常用于配制砂浆，以及用作灌浆材料等。

随着基本建设发展的需要，水泥品种越来越多。按化学成分，水泥可分为硅酸盐水泥、铝酸盐水泥、硫铝酸盐水泥、铁铝酸盐水泥等系列，其中以硅酸盐系列水泥应用最广。

硅酸盐水泥按其性能和用途不同，又可分为通用硅酸盐水泥、专用水泥和特性水泥三大类。

通用硅酸盐水泥是以硅酸盐水泥熟料和适量的石膏及规定的混合材料制成的水硬性胶凝材料。硅酸盐水泥熟料由主要含 CaO、SiO_2、Al_2O_3、Fe_2O_3 的原料，按适当比例磨成细粉烧至部分熔融所得以硅酸钙为主要矿物成分的水硬性胶凝物质。其中硅酸钙矿物不小于 66%，氧化钙和氧化硅质量比不小于 2.0。

通用硅酸盐水泥按混合材料的品种和掺量分为硅酸盐水泥、普通硅酸盐水泥、矿渣硅酸盐水泥、火山灰质硅酸盐水泥、粉煤灰硅酸盐水泥和复合硅酸盐水泥。各品种的组分和代号应符合表 2-8 的规定。

通用硅酸盐水泥各品种的组分和代号表　（单位：%）　　表 2-8

品　　种	代号	组　　分				
		熟料＋石膏	粒化高炉矿渣	火山灰质混合材料	粉煤灰	石灰石
硅酸盐水泥	P·I	100	—	—	—	—
	P·II	≥95	≤5	—	—	—
		≥95	—	—	—	≤5
普通硅酸盐水泥	P·O	≥80 且＜95	>5 且≤20			
矿渣硅酸盐水泥	P·S·A	≥50 且＜80	>20 且≤50	—	—	—
	P·S·B	≥30 且＜50	>50 且≤70	—	—	—
火山灰质硅酸盐水泥	P·P	≥60 且＜80	—	>20 且≤40	—	—
粉煤灰硅酸盐水泥	P·F	≥60 且＜80	—	—	>20 且≤40	—
复合硅酸盐水泥	P·C	≥50 且＜80	>20 且≤50			
本组分材料均应符合国家有关规范的要求						

通用硅酸盐水泥广泛应用于一般建筑工程，专用水泥是指专门用途的水泥，如砌筑水泥、道路水泥等。特性水泥则是指某种性能比较突出的水泥，如快硬硅酸盐水泥、白色硅酸盐水泥、抗硫酸盐硅酸盐水泥、低热硅酸盐水泥、硅酸盐膨胀水泥等。

2.4.1 硅酸盐水泥的生产及凝结硬化过程

(1) 生产过程

硅酸盐水泥是通用水泥中的一个基本品种,其主要原料是石灰质原料和黏土质原料。石灰质原料主要提供 CaO,它可以采用石灰石和贝壳等,其中多用石灰石。黏土质原料主要提供 SiO_2、Al_2O_3 及少量 Fe_2O_3,它可以采用黏土、黄土、页岩石、泥岩石、粉砂岩石等。其中以黏土与黄土用的最广。为满足成分的要求还常用校正原料,例如用铁矿粉等原料补充氧化铁的含量,以砂岩石等硅质原料增加二氧化硅的成分等。

硅酸盐水泥的生产过程分为制备生料、煅烧熟料、粉磨水泥等三个阶段,简称两磨一烧,如图 2-6 所示。

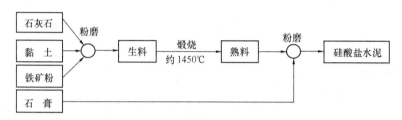

图 2-6 硅酸盐水泥主要生产流程

(2) 凝结硬化过程

一般认为可分为早、中、后三个时期,如图 2-7 所示。

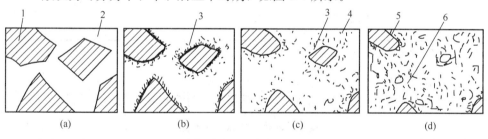

图 2-7 水泥凝结硬化过程示意图

(a) 分散在水中未水化的水泥颗粒;(b) 在水泥颗粒表面形成的水化物膜层;
(c) 膜层长大并互相连接;(d) 水化物进一步发展,填充毛细孔(硬化)
1—水泥颗粒;2—水分;3—凝胶;4—晶体;
5—水泥颗粒的未水化内核;6—毛细孔

2.4.2 通用硅酸盐水泥的主要技术性质

根据国家标准《通用硅酸盐水泥》GB 175—2007,对通用硅酸盐水泥的主要技术性质要求如下:

(1) 强度及强度等级

水泥的强度是评定其质量的重要指标。国家标准规定,采用《水泥胶砂强度检验方法(ISO 法)》GB/T 17671—1999 测定水泥强度,该法是将水泥和中国 ISO 标准砂按质量以 1:3 混合,用 0.5 的水灰比按规定的方法制成 40mm×40mm×160mm 的试件,在标准温度(20±1)℃的水中养护,分别测定其 3d 和 28d 的抗折强度和抗压强度。水泥按 3d 强度又可分为普通型和早强型两种类型,其中有代号

R 者为早强型水泥。强度不符合规定者为不合格品。

不同品种不同强度等级的通用硅酸盐水泥，其不同龄期的强度应符合表 2-9 的规定。

通用硅酸盐水泥的强度要求　（单位：MPa）　　　　　表 2-9

品　　种	强度等级	抗压强度		抗折强度	
		3d	28d	3d	28d
硅酸盐水泥	42.5	≥17.0	≥42.5	≥3.5	≥6.5
	42.5R	≥22.0		≥4.0	
	52.5	≥23.0	≥52.5	≥4.0	≥7.0
	52.5R	≥27.0		≥5.0	
	62.5	≥28.0	≥62.5	≥5.0	≥8.0
	62.5R	≥32.0		≥5.5	
普通硅酸盐水泥	42.5	≥17.0	≥42.5	≥3.5	≥6.5
	42.5R	≥22.0		≥4.0	
	52.5	≥23.0	≥52.5	≥4.0	≥7.0
	52.5R	≥27.0		≥5.0	
矿渣硅酸盐水泥 火山灰质硅酸盐水泥 粉煤灰硅酸盐水泥 复合硅酸盐水泥	32.5	≥10.0	≥32.5	≥2.5	≥5.5
	32.5R	≥15.0		≥3.5	
	42.5	≥15.0	≥42.5	≥3.5	≥6.5
	42.5R	≥19.0		≥4.0	
	52.5	≥21.0	≥52.5	≥4.0	≥7.0
	52.5R	≥23.0		≥4.5	

注：复合硅酸盐水泥无 32.5 级品种。

（2）化学指标

化学指标应符合表 2-10 的规定。化学指标不符合规定者为不合格品。

通用水泥的化学指标　（单位：%）　　　　　表 2-10

品　　种	代号	不溶物（质量分数）	烧失量（质量分数）	三氧化硫（质量分数）	氧化镁（质量分数）	氯离子（质量分数）
硅酸盐水泥	P·I	≤0.75	≤3.0	≤3.5	≤5.0[a]	≤0.06[c]
	P·II	≤1.50	≤3.5			
普通硅酸盐水泥	P·O	—	≤5.0			
矿渣硅酸盐水泥	P·S·A	—	—	≤4.0	≤6.0[b]	
	P·S·B	—	—		—	
火山灰质硅酸盐水泥	P·P	—	—	≤3.5	≤6.0[b]	
粉煤灰硅酸盐水泥	P·F	—	—			
复合硅酸盐水泥	P·C	—	—			

注：a 如果水泥压蒸试验合格，则水泥中氧化镁的含量（质量分数）允许放宽至 6.0%。

　　b 如果水泥中氧化镁的含量（质量分数）大于 6.0% 时，需进行水泥压蒸安定性试验并合格。

　　c 当有更低要求时，该指标由买卖双方协商确定。

（3）凝结时间

水泥的凝结时间有初凝与终凝之分。自加水起至水泥浆开始失去塑性、流动性减小所需要的时间，称为初凝时间。自加水起至水泥浆完全失去塑性、开始有一定结构强度所需的时间，称为终凝时间。国家标准规定：硅酸盐水泥初凝不小于 45min，终凝不大于 390min；普通硅酸盐水泥、矿渣硅酸盐水泥、火山灰质硅酸盐水泥、粉煤灰硅酸盐水泥和复合硅酸盐水泥初凝不小于 45min，终凝不大于 600min。凝结时间不符合规定者为不合格品。

规定水泥的凝结时间在施工中具有重要的意义。初凝不宜过快是为了保证有足够的时间在初凝之前完成混凝土成型等各工序的操作；终凝不宜过迟是为了使混凝土在浇捣完毕后能尽早凝结硬化，产生强度，以利于下一道工序的及早进行。

（4）体积安定性

水泥的体积安定性是指水泥在凝结硬化过程中体积变化的均匀性。水泥硬化后产生不均匀的体积变化即体积安定性不良，水泥体积安定性不良会使水泥制品、混凝土构件产生膨胀性裂缝，降低建筑物质量，甚至引起严重工程事故。因此，水泥的体积安定性检验必须合格，体积安定性不合格的水泥为不合格品。

（5）其他技术要求

其他技术要求包括标准稠度用水量、水泥的细度及化学指标。水泥的细度属于选择性指标。国家标准规定，硅酸盐水泥和普通硅酸盐水泥的细度以比表面积表示，其比表面积不小于 $300m^2/kg$；其他四类常用水泥的细度以筛余表示，其 $80\mu m$ 方孔筛筛余不大于 10% 或 $45\mu m$ 方孔筛筛余不大于 30%。通用硅酸盐水泥的化学指标有不溶物、烧失量、三氧化硫、氧化镁、氯离子和碱含量。碱含量属于选择性指标，水泥中碱含量以 $Na_2O+0.658K_2O$ 计算值来表示。水泥中的碱含量高时，如果配制混凝土的骨料具有碱活性，可能产生碱骨料反应，导致混凝土因不均匀膨胀而破坏。因此，若使用活性骨料，用户要求提供低碱水泥时，则水泥中的碱含量应不大于 0.6% 或由买卖双方协商确定。

2.4.3 常用水泥的特性及应用

六大常用水泥的主要特性见表 2-11。

常用水泥的主要特性　　　　　　　　　　表 2-11

	硅酸盐水泥	普通硅酸盐水泥（普通水泥）	矿渣水泥	火山灰水泥	粉煤灰水泥	复合水泥
主要特性	①凝结硬化快、早期强度高②水化热大③抗冻性好④耐热性差⑤耐蚀性差⑥干缩性较小	①凝结硬化较快、早期强度较高②水化热较大③抗冻性较好④耐热性较差⑤耐蚀性较差⑥干缩性较小	①凝结硬化慢、早期强度低，后期强度增长较快②水化热较小③抗冻性差④耐热性好⑤耐蚀性较好⑥干缩性较大⑦泌水性大、抗渗性差	①凝结硬化慢、早期强度低，后期强度增长较快②水化热较小③抗冻性差④耐热性较差⑤耐蚀性较好⑥干缩性较大⑦抗渗性较好	①凝结硬化慢、早期强度低，后期强度增长较快②水化热较小③抗冻性差④耐热性较差⑤耐蚀性较好⑥干缩性较小⑦抗裂性较高	①凝结硬化慢、早期强度低，后期强度增长较快②水化热较小③抗冻性差④耐蚀性较好⑤其他性能与所掺入的两种或两种以上混合材料的种类、掺量有关

混凝土工程根据使用场合、条件的不同，可选择不同种类的水泥，可参考表 2-12。

常用水泥的适用范围　　　　　　　　表 2-12

混凝土工程特点及所处环境条件		优先选用	可以选用	不宜选用
普通混凝土	在一般气候环境中的混凝土	普通水泥	矿渣水泥、火山灰水泥、粉煤灰水泥、复合水泥	
	在干燥环境中的混凝土	普通水泥	矿渣水泥	火山灰水泥、粉煤灰水泥
	在高湿度环境中或长期处于水中的混凝土	矿渣水泥、火山灰水泥、粉煤灰水泥、复合水泥	普通水泥	
	厚大体积的混凝土	矿渣水泥、火山灰水泥、粉煤灰水泥、复合水泥	普通水泥	硅酸盐水泥
有特殊要求的混凝土	要求快硬、高强（＞C40）的混凝土	硅酸盐水泥	普通水泥	矿渣水泥、火山灰水泥、粉煤灰水泥、复合水泥
	严寒地区的露天混凝土、寒冷地区处于水位升降范围内的混凝土	普通水泥	矿渣水泥	火山灰水泥、粉煤灰水泥
	严寒地区处于水位升降范围内的混凝土	普通水泥（强度等级＞42.5）		火山灰水泥、矿渣水泥、粉煤灰水泥、复合水泥
	有抗渗要求的混凝土	普通水泥、火山灰水泥		矿渣水泥
	有耐磨性要求的混凝土	硅酸盐水泥、普通水泥	矿渣水泥	火山灰水泥、粉煤灰水泥
	受侵蚀性介质作用的混凝土	矿渣水泥、火山灰水泥、粉煤灰水泥、复合水泥		硅酸盐水泥、普通水泥

2.4.4　其他特性水泥

（1）白水泥与彩色硅酸盐水泥

白色和彩色硅酸盐水泥在装饰工程中常用来配制彩色水泥浆，配制装饰混凝土，配制各种彩色砂浆用于装饰抹灰，以及制造各种色彩的水刷石、人造大理石及水磨石等制品。

（2）快硬高强水泥

主要用于配制早强混凝土，适用于紧急抢修工程和低温施工工程。

（3）膨胀水泥

适用于补偿混凝土收缩的结构工程，作防渗层或防渗混凝土，填灌构件的接缝和管道接头，结构的加固及修补，固结机器底座及地脚螺栓等。

2.4.5 常用水泥的包装及标志

水泥可以散装或袋装，袋装水泥每袋净含量为 50kg，且应不少于标志质量的 99%；随机抽取 20 袋总质量（含包装袋）应不少于 1000kg。水泥包装袋上应清楚标明：执行标准、水泥品种、代号、强度等级、生产者名称、生产许可证标志（QS）及编号、出厂编号、包装日期、净含量。包装袋两侧应根据水泥的品种采用不同的颜色印刷水泥名称和强度等级，硅酸盐水泥和普通硅酸盐水泥采用红色，矿渣硅酸盐水泥采用绿色；火山灰质硅酸盐水泥、粉煤灰硅酸盐水泥和复合硅酸盐水泥采用黑色或蓝色。散装发运时应提交与袋装标志相同内容的卡片。

2.5 建筑砂浆

建筑砂浆在建筑工程中是常用的建筑材料，它用途广泛、用量较大。建筑砂浆一般可分为砌筑砂浆和抹面砂浆两类。在砌体结构中，砌筑砂浆可将单块的黏土砖、石材或砌块胶结起来，构成砌体。砂浆还用于砖墙勾缝和填充大型墙板的接缝；墙面、地面及梁柱的表面都需用砂浆抹面，起到保护结构以及装饰作用；镶贴大理石、水磨石、贴面砖、瓷砖、马赛克等都需用砂浆。此外，还有隔热、吸声、防水、防腐等特殊用途的砂浆，以及专门用于装饰的砂浆。

2.5.1 砂浆的组成材料

（1）胶凝材料

建筑砂浆常用的胶凝材料有水泥、石灰、石膏等。建筑砂浆按所用胶凝材料的不同，可分为水泥砂浆、石灰砂浆、水泥石灰混合砂浆等。在选用时应根据使用环境、用途等合理选择。在干燥条件下使用的砂浆既可选用气硬性胶凝材料（石灰、石膏），也可选用水硬性胶凝材料（水泥）；若在潮湿环境或水中使用的砂浆，则必须选用水泥作为胶凝材料。

水泥是砂浆中主要的胶凝材料，普通水泥、矿渣水泥、火山灰水泥等常用品种的水泥都可用来配制砂浆。要根据砂浆的用途不同，合理地选择水泥品种。砌筑砂浆用水泥的强度等级应根据设计要求进行选择。为合理利用资源、节约材料，在配制砂浆时要尽量选低强度等级水泥或砌筑水泥。水泥砂浆采用的水泥，其强度等级不宜大于 32.5 级；水泥混合砂浆采用的水泥，其强度等级不宜大于 42.5 级。

对于特殊用途的砂浆，要选用相应的特种水泥，例如接头、接缝、结构加固、修补裂缝等，应采用膨胀水泥。有时为了改善砂浆的和易性、节约水泥，还常在砂浆中掺入适量的石灰或黏土制成石灰砂浆、混合砂浆（水泥石灰砂浆、石灰黏土砂浆）等。

（2）砂

配制砂浆用砂应符合国家规定技术性质要求和质量标准，以选用洁净的中砂为宜。由于砂浆层较薄，对砂子的最大粒径应有所限制。用于毛石砌体的砂浆，其砂的最大粒径应小于砂浆层厚度的 1/5～1/4；对砖砌体，砂的粒径不宜大于 2.5mm；对于光滑的抹面及勾缝砂浆则应采用细砂。

砂中的黏土杂质含量对砂浆的强度、变形性、稠度及耐久性影响较大，必须有所限制。强度等级为 M5 以上砂浆用砂，其黏土杂质含量不得超过 5％；M5 以下的砂浆，其黏土杂质不得超过 10％。

（3）塑化剂

当采用高强度等级水泥配制低强度砂浆时，由于水泥强度等级过高，致使水泥用量过少，而砂用量过多，砂浆常会产生分层泌水（表面积水）现象，造成和易性不良。如遇上述情况，为了改善其和易性，可在水泥砂浆中掺入适量的石灰膏、黏土膏、粉煤灰或松香皂（微沫剂）等塑化剂。

在砂浆中掺入石灰质或黏土质塑化剂时，必须事先制成膏浆后再掺入。但掺入符合细度要求的生石灰粉或粉煤灰时，可直接加入砂浆搅拌机中，与其他组成材料搅拌均匀，以改善砂浆的和易性。

微沫剂是用松香与氢氧化钠熬制而成的，是一种憎水性表面活性剂。它在砂浆中可产生大量微小气泡，减小水泥颗粒和砂粒之间的摩擦力，改善砂浆的和易性。微沫剂的掺量一般为水泥用量的 0.005％～0.01％。

（4）水

拌制砂浆要求使用不含有害物质的洁净水，凡可饮用的水，均可拌制砂浆。不得使用污水拌制砂浆。

2.5.2　砂浆的技术性质

新拌的砂浆主要要求具有良好的和易性。和易性良好的砂浆容易铺抹成均匀的薄层，且能与砖石底面紧密粘结，这样既便于施工操作又能保证工程质量。砂浆和易性包括流动性和保水性两方面性能。硬化后砂浆应具有所需的强度和对底面的粘结力，而且应具有适应变形的能力。

（1）流动性

砂浆的流动性也称稠度，是指在自重或外力作用下流动的性能。施工时，砂浆要能很好地铺成均匀薄层，以及泵送砂浆，均要求砂浆具有一定的流动性。

稠度是以砂浆稠度测定仪的圆锥体沉入砂浆内的深度（单位为 mm）表示。圆锥沉入深度越大，砂浆的流动性越大。

砂浆稠度的选择与砌体材料的种类、施工条件及气候条件等有关。对于吸水性强的砌体材料和高温干燥的天气，要求砂浆稠度要大些；反之，对于密实不吸水的砌体材料和湿冷天气，砂浆稠度可小些。

影响砂浆稠度的因素有：所用胶凝材料种类及数量；用水量；掺合料的种类与数量；砂的形状、粗细与级配；外加剂的种类与掺量；搅拌时间。

（2）保水性

砂浆能够保持水分的能力称为保水性，即新拌砂浆在运输、停放、使用过程中与水分不致分离的性质。保水性差的砂浆容易产生分层、泌水或使流动性降低。砂浆失水后，会影响水泥正常硬化，从而降低砌体的质量。

影响砂浆保水性的因素与材料组成有关。若砂及水的用量过多，而胶凝材料及掺合料不足，或是砂粒过粗，都将导致保水性不良。因此，注意砂浆组成材料的适当比例，才能获得良好的保水性。

（3）强度

砂浆硬化后应具有足够的强度，根据边长为 7.07cm 的立方体试块，在标准养护条件下，用标准试验方法测得 28d 龄期的抗压强度值（单位为 MPa）确定。水泥砂浆及预拌砌筑砂浆强度等级可分为 7 级：M5、M7.5、M10、M15、M20、M25、M30。水泥混合砂浆分为 4 级：M5、M7.5、M10、M15。重要的砌体要采用 M10 以上的砂浆。砌筑砂浆首先要根据工程类别及砌体部位的设计要求来选择强度，然后再确定其配合比，同时还需保证砂浆有良好的和易性。砂浆配合比，一般情况可查阅有关手册或资料来选择。如需计算，应先确定各项材料的用量，再加适量的水搅拌达到施工所需的稠度。

（4）粘结力

砂浆必须有足够的粘结力才能把砖石材料粘结为坚固的整体。砂浆的抗压强度越高，其粘结力一般也越大。此外，砂浆的粘结力与砖石表面状况、清洁程度、湿润情况以及施工养护条件等都有关系。所以，在砌砖之前，要求把砖浇水润湿，这样，可以提高砂浆与砖之间的粘结力，保证砌体的质量。

凡用于建筑物或建筑构件表面的砂浆，可统称为抹面砂浆。根据抹面砂浆功能的不同，一般可分为普通抹面砂浆、装饰砂浆、防水砂浆和具有某些特殊功能的砂浆（如绝热、防辐射、耐酸砂浆等）。对抹面砂浆要求具有良好的和易性、较高的粘结力、不开裂、不脱落等性能。抹面砂浆应用非常广泛，它的功用是保护墙体、地面，以提高防潮、抗风化、防腐蚀的能力，增强耐久性，以及使表面平整美观。

抹面砂浆通常分为两层或三层进行施工。对保水性要求比砌筑砂浆更高，胶凝材料用量也较多。砖墙的底层抹灰，多用石灰砂浆或石灰炉灰砂浆。板条墙或顶棚的底层抹灰，多用麻刀或纸筋石灰灰浆。混凝土墙、梁、柱、顶板等底层抹灰，多用水泥石灰混合砂浆，中间层抹灰起找平作用，多用混合砂浆或石灰砂浆。面层的砂浆要求表面平滑，所用砂粒较细（最大粒径 1.25mm），多用混合砂浆或麻刀石灰灰浆。在容易碰撞或潮湿的地方，如墙裙、踢脚板、地面、雨罩、窗台、水池及水井等处，多用 1∶2.5 水泥砂浆。

2.6 混凝土

混凝土是由胶凝材料、粗细骨料与水按一定比例，经过搅拌、捣实、养护、硬化而成的一种人造石材。混凝土有时还掺入化学外加剂以改造混凝土的性能，如达到减水、早强、调凝、抗冻、膨胀、防锈等要求。建筑工程中使用最广泛的是用水泥做胶凝材料的混凝土。由水泥和普通砂、石配制而成的混凝土称为普通混凝土。

混凝土材料具有原料广泛、制作简单、造型方便、性能良好、耐久性强、防火性能好及造价低等优点，因此应用非常广泛。但这种材料也存在抗拉强度低、质量大等缺点，而钢筋混凝土和预应力钢筋混凝土较好地弥补了抗拉强度低的问题。

现代的混凝土正向着轻质、高强、多功能方向发展。采用轻骨料配制混凝土，

51

表观密度仅为 800～1400kg/m³，其强度可达 30MPa。这种混凝土既能减轻自重，又能改善热工性能，采用高强度混凝土，可以达到减小结构构件的截面、节约混凝土和降低建筑物自重以及增加建筑的净使用空间的目的。

2.6.1　混凝土组成材料及质量要求

1）混凝土组成材料

在混凝土中，砂、石起骨架作用，称为骨料。水泥与水形成水泥浆，水泥浆包裹在骨料表面并填充其空隙。在硬化前，水泥浆起润滑作用，赋予拌合物一定和易性，且便于施工。水泥浆硬化后，则将骨料胶结成一个坚实的整体。混凝土的结构如图 2-8 所示。

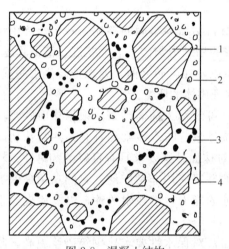

图 2-8　混凝土结构

1—石子；2—砂；3—水泥浆；4—气孔

（1）水泥

配制混凝土一般可采用硅酸盐水泥、普通硅酸盐水泥、矿渣硅酸盐水泥、火山灰质硅酸盐水泥和粉煤灰硅酸盐水泥。必要时可采用快硬硅酸盐水泥或其他水泥。采用何种水泥，应根据混凝土工程特点和所处的环境条件，参照表 2-12 选用。

水泥强度等级的选择应与混凝土的设计强度等级相适应。原则上是配制高强度等级混凝土，选用高强度等级水泥。配制低强度等级混凝土，选用低强度等级水泥。如必须用高强度等级水泥配制低强度混凝土时，会使水泥用量偏少，影响和易性及密实度，所以应掺入一定数量的混合材料。如必须用低强度等级水泥配制高强度等级混凝土时，会使水泥用量过多，不经济，而且会影响混凝土其他性质。

（2）细骨料

粒径在 0.16～5mm 之间的骨料为细骨料（砂）。一般采用天然砂，它是岩石风化后所形成的大小不等、由不同矿物散粒组成的混合物，一般有河砂、海砂、山砂。普通混凝土用砂多为河砂。河砂是由岩石风化后经河水冲刷而成。河砂的特征是颗粒光滑、无棱角。山区所产的砂粒为山砂，是由岩石风化而成，特征是多棱角。沿海地区的砂称为海砂，海砂中含有氯盐对钢筋有锈蚀作用。

砂子的粗细颗粒要搭配合理，不同颗粒等级搭配称为级配。因此，混凝土用砂要符合理想的级配。砂子的粗细程度还可以用细度模数来表示。一般细度模数 3.1～3.7 称为粗砂，2.3～3.0 的为中砂，1.6～2.2 的称为细砂，0.7～1.5 称为特细砂。配制混凝土的细骨料要求清洁不含杂质，以保证混凝土的质量。

氯离子超标会对钢筋产生腐蚀作用，在一定年限之后钢筋逐步锈蚀，进而导致混凝土开裂。没有钢筋支撑，素混凝土将导致建筑不能够承受拉力、承载力下降，从而造成安全隐患。因此《混凝土质量控制标准》GB 50164—2011 规定：钢筋混凝土和预应力混凝土用砂的氯离子含量分别不应大于 0.06% 和 0.02%。混凝土用海砂应经过净化处理。混凝土用海砂氯离子含量不应大于 0.03%，海砂不得用于预应力混凝土。

（3）粗骨料

粒径大于 5mm 的骨料，通常为石子。石子又有碎石和卵石之分。天然岩石经过人工破碎筛分而成的称为碎石，经过河水冲刷而成的为卵石。碎石的特征是多棱角，表面粗糙，与水泥粘结较好；而卵石则表面圆滑，无棱角，与水泥粘结不太好，但流动性较好，对泵送混凝土较有利。在水泥和水用量相同的情况下，用碎石拌制的混凝土强度较高，但流动性差，而卵石拌制的混凝土流动性好，但强度较低。石子中各种粒径分布的范围称为粒级。粒级又分为连续粒级和单粒级两种。建筑上常用的有 5～10mm、6～15mm、5～20mm、5～30mm、6～40mm 等五种连续粒级。单粒级石子主要用于按比例组合成级配良好的骨料。要根据结构的薄厚及钢筋疏密的程度确定粗骨料的粒级。

（4）水

混凝土拌合用水要求洁净，不含有害杂质。凡是能饮用的自来水或清洁的天然水都能拌制混凝土。酸性水、含硫酸盐或氯化物以及遭受污染的水和海水都不宜拌合混凝土。

2）对粗细骨料的质量要求

为了保证混凝土质量，并且不耗用过多的水泥，对粗细骨料要有一定的质量要求。

（1）级配

为了保证混凝土的密实性，并尽量节约水泥，要求骨料的粗细颗粒比例适当，使骨料间的空隙最小，所有颗粒的总表面积并不太大。这就可以减少填充空隙和包裹颗粒所需要的水泥浆，以达到节约水泥的目的。

（2）含泥量

砂石中如含泥土太多，将严重影响混凝土的强度和耐久性。含泥量对不同强度等级的混凝土的影响程度不同，对高强度混凝土的影响大，骨料的含泥量应控制得更严些；而对低强度混凝土的控制则可稍许放宽些。

（3）有害杂质含量

骨料中的有害杂质包括有机质、硫化物、硫酸盐、氯盐及云母等物质。骨料中如含有这些有害杂质，将对混凝土的凝结、硬化、耐久性以及对钢筋等都有不良影响。所以骨料中的有害杂质含量要控制。

（4）粗骨料中针片状颗粒含量

理想粗骨料（石子）的长、宽、厚三个方向的尺寸应该比较相近，以保证混凝土的各项性能良好。粗骨料中针片状颗粒本身容易折断，可使混凝土拌合物的工作性能变坏，如果含量过多，则影响混凝土的强度及水泥用量。

骨料中含泥量、有害杂质及针片状颗粒含量等的限量在有关标准中都有规定。

（5）粗骨料的强度

为了保证混凝土的强度，要求石子的强度高于混凝土强度至少 1.5 倍。石子强度可以用原始石材切割成立方体试件进行抗压试验。以上方法比较麻烦，一般情况多用压碎指标来检验石子的强度。压碎指标是指石子在刚性的标准圆筒内，在规定压力下被压碎颗粒的百分率，被压碎颗粒越多表示石子强度越低。

2.6.2 新拌混凝土的性质

新拌混凝土的性质应有较好的和易性。和易性是指混凝土拌合物易于施工操作（拌合、运输、浇筑、捣实），并能获得质量均匀、成型密实的性能。和易性包括有流动性、黏聚性和保水性，其中流动性为主要方面。

1）和易性

（1）流动性

是指混凝土拌合物是否容易流动的性质。流动性可用坍落度表示。坍落度测定方法是将混凝土拌合物装入标准坍落筒内，提起坍落筒，拌合物由于自重即会坍落，坍落尺寸（mm）就称坍落度。坍落度越大，表示流动性越大。对于干硬性拌合物，需测其维勃稠度，维勃稠度用维勃稠度仪测定。该仪器利用振动原理，测定时将拌合物按规定方法装入仪器。拌合物振动密实所需的秒数称为维勃稠度。振实所需秒数越多，表示拌和物的稠度越大。测定坍落度和维勃稠度的实验装置如图 2-9 所示。

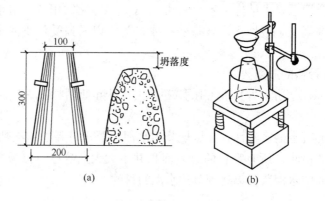

图 2-9 新拌混凝土试验方法示意

（a）坍落度试验；（b）维勃稠度试验

混凝土拌合物流动性的选择要根据结构截面大小、钢筋疏密等情况来确定。在容易浇灌密实的结构部位，可选择流动性低的拌合物；浇灌比较困难的部位，选用流动性大的拌合物。如果拌合物需用泵送，则需要更大的流动性。

（2）黏聚性和保水性

关于混凝土拌合物的黏聚性和保水性，主要是要求拌合物组成材料之间有一定黏聚力，不致产生离析，分层和泌水现象。

2）影响混凝土和易性的主要因素

影响混凝土和易性的主要因素有水泥的比率、水灰比、砂率、水泥的品种、骨料的性质、外加剂、温度和时间等。为了改善和易性，可采取降低砂率、改善骨料级配、尽量采用较粗的砂石、适当增加水泥用量、使用外加剂等措施。

2.6.3 硬化后混凝土性质

1）强度

混凝土的强度与水泥强度等级、水灰比有很大关系，骨料的性质、级配，混凝土成型方法、硬化时的环境条件及混凝土的龄期等不同程度地影响混凝土的强度。试件的大小、形状，试验方法和加载速率也影响混凝土的强度。因此各国对各种单向受力下的混凝土强度都规定了统一的标准试验方法。

混凝土的抗压强度有立方体抗压强度和强度等级两种。

（1）混凝土的抗压强度

①混凝土的立方体抗压强度和强度等级。立方体试件的强度比较稳定，制作及试验比较方便，所以我国把立方体强度值作为混凝土的强度基本指标，并把立方体抗压强度作为在统一试验方法下评定混凝土强度的标准，也是衡量混凝土各种力学指标的代表值。我国国家标准《混凝土物理力学性能试验方法标准》GB/T 50081—2019规定以边长为 150mm 的立方体为标准试件，标准立方体试件在（20±2）℃的温度和相对湿度 95％以上的潮湿空气中养护 28d，试件的承压面不涂润滑剂，按照标准试验方法测得的抗压强度作为混凝土的立方体抗压强度，单位为 N/mm² 或 MPa。

《混凝土结构设计规范》GB 50010—2010 规定混凝土强度等级应按立方体抗压强度标准值确定，用符号 $f_{cu,k}$ 表示，即用上述标准试验方法测得的具有 95％保证率的立方体抗压强度作为混凝土的强度等级。《混凝土结构设计规范》规定的混凝土强度等级有 C15、C20、C25、C30、C35、C40、C45、C50、C55、C60、C65、C70、C75 和 C80，共 14 个等级。例如 C30 表示立方体抗压强度标准值为 $30N/mm^2 \leqslant f_{cu,k} < 35N/mm^2$。其中 C50～C80 属高强度混凝土范畴。混凝土强度等级是混凝土结构设计、施工质量控制和工程验收的重要依据。

《混凝土结构设计规范》规定，素混凝土结构的混凝土强度等级不应低于 C15；钢筋混凝土结构的混凝土强度等级不应低于 C20；当采用强度级别 400MPa 及以上的钢筋时，混凝土强度等级不应低于 C25；承受重复荷载的钢筋混凝土构件，混凝土强度等级不应低于 C30；预应力凝土结构的混凝土强度等级不宜低于 C40，且不应低于 C30。

加载速度对立方体强度也有影响，加载速度越快，测得的强度越高。通常规定混凝土强度等级低于 C30 时，加载速度取为每秒钟（0.3～0.5）N/mm²；混凝土强度等级高于或等于 C30 时，取每秒钟（0.5～0.8）N/mm²。

混凝土的立方体强度还与成型后的龄期有关，混凝土的立方体抗压强度随着成型后混凝土的龄期逐渐增长，开始时增长速度较快，后来逐渐缓慢，强度增长过程往往要延续几年，在潮湿环境中往往延续更长。

由于试件的尺寸效应，当采用边长为 $200 \times 200 \times 200$（mm）或边长 $100 \times 100 \times 100$（mm）的立方体试件时，按《混凝土结构工程施工质量验收规范》GB 50204—2015 规定，需将试件抗压强度实测值乘以换算系数，转换成标准试件的立方体抗压强度标准值，换算系数见表 2-13。

混凝土试件尺寸及强度的尺寸换算系数　　　　　　　　表 2-13

骨料最大粒径（mm）	试件尺寸（mm×mm×mm）	换算系数
≤31.5	100×100×100	0.95
≤40	150×150×150	1.00
≤63	200×200×200	1.05

②混凝土的棱柱体轴心抗压强度。混凝土的抗压强度与试件的形状有关，采用棱柱体比立方体能更好地反映混凝土结构的实际受力状态。用混凝土棱柱体试件测得的抗压强度称轴心抗压强度。

我国《混凝土物理力学性能试验方法标准》GB/T 50081—2019规定以150mm×150mm×300mm的棱柱体作为混凝土轴心抗压强度试验的标准试件。棱柱体试件与立方体试件的制作条件相同。试验表明，在立方体抗压强度$f_{cu} = 10 \sim 55$MPa的范围内，轴心抗压强度$f_c = (0.70 \sim 0.80)f_{cu}$。结构设计中，混凝土受压构件的计算采用混凝土的轴心抗压强度，更加符合工程实际。

（2）混凝土的轴心抗拉强度

抗拉强度是混凝土的基本力学指标之一，也可用它间接地衡量混凝土的冲切强度等其他力学性能。轴心抗拉强度只有立方抗压强度的1/10～1/20，混凝土强度等级愈高，这个比值愈小。

混凝土的棱柱体轴心抗压强度、轴心抗拉强度的标准值、设计值都可以依据立方抗压强度得到。

2）混凝土的长期性和耐久性

混凝土的耐久性是指混凝土抵抗环境介质作用并长期保持其良好的使用性能和外观完整性的能力。它是一个综合性概念，包括抗渗、抗冻、抗侵蚀、抗碳化、早期抗裂等性能，这些性能均决定着混凝土经久耐用的程度，故称为耐久性。相关内容可参见《混凝土质量控制标准》GB 50164—2011。

（1）抗水渗透性。混凝土的抗渗性直接影响到混凝土的抗冻性和抗侵蚀性。混凝土的抗渗性用抗渗等级表示，分P6、P8、P10、P12、＞P12共五个等级。如P6表示能抵抗0.6MPa的静水压力而水渗水。混凝土的抗渗性主要与其密实度及内部孔隙的大小和构造有关。

（2）抗冻性能。混凝土的抗冻性用抗冻等级表示，分F50、F100、F150、F200，F250、F300、F350、F400和＞F400共九个等级。

（3）抗侵蚀性。当混凝土所处环境中含有侵蚀性介质时，要求混凝土具有抗侵蚀能力。侵蚀性介质包括硫酸盐、镁盐、碳酸盐、一般酸、强碱、海水等。抗硫酸盐等级可划分为：KS30、KS60、KS90、KS120、KS150、＞KS150共六个等级。

（4）抗碳化性能。混凝土的碳化是环境中的二氧化碳与水泥石中的氢氧化钙作用，生成碳酸钙和水。碳化使混凝土的碱度降低，削弱混凝土对钢筋的保护作用，可能导致钢筋锈蚀；碳化显著增加混凝土的收缩，使混凝土抗压强度增大，但可能产生细微裂缝，而使混凝土抗拉强度、抗折强度降低。混凝土抗碳化性能等级可划分为：T-Ⅰ、T-Ⅱ、T-Ⅲ、T-Ⅳ与T-Ⅴ共五个等级。

（5）早期抗裂性。混凝土早期抗裂性能等级根据单位面积上的总开裂面积C（mm²/m²）可划分为：L-Ⅰ、L-Ⅱ、L-Ⅲ、L-Ⅳ与L-Ⅴ共五个等级。

3）混凝土的变形性能

混凝土的变形主要分为两大类：非荷载变形和荷载变形。非荷载变形指物理化学因素引起的变形，包括：化学收缩、碳化收缩、干湿变形、温度变形等。荷载作用下的变形可分为短期作用下的变形与长期作用下的变形——徐变。

（1）混凝土受压时的应力—应变关系

一次短期加载是指荷载从零开始单调增加至试件破坏，也称单调加载。我国采用棱柱体试件测定一次短期加载下混凝土受压应力-应变曲线比较。图2-10为实测不同等级的混凝土受压应力—应变曲线比较。可以看到，这条曲线包括上升段和下降段两部分。从图中可以看出，受力不大时，混凝土近于弹性，较高应力状态时则呈明显的弹塑性。高等级的混凝土比低等级的混凝土强度高但变形能力差，即脆性大。

（2）荷载长期作用下混凝土的变形性能

结构或材料承受的荷载或应力不变，而应变或变形随时间增长的现象称为徐变。混凝土的徐变特性主要与时间参数有关。徐变开始增长较快，以后逐渐减慢，经过较长时间后就逐渐趋于稳定（图 2-11）。

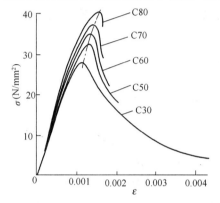

图 2-10 不同强度混凝土
应力-应变曲线比较

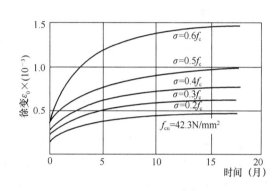

图 2-11 压应力与徐变的关系

徐变对混凝土结构和构件的工作性能有很大的影响。由于混凝土的徐变，会使构件的变形增加，在钢筋混凝土截面中引起应力重分布。

2.6.4 混凝土外加剂

混凝土外加剂是在混凝土拌合前或拌合时掺入的，掺入量一般不大于水泥质量的 5%（特殊情况除外），并能按要求改善混凝土性能的物质。混凝土外加剂能起到很好的改性作用，因此外加剂得到了广泛的应用。混凝土外加剂种类繁多，功能多样，按其主要使用功能分为以下四类：

（1）改善混凝土拌合物流变性能的外加剂。包括各种减水剂、引气剂和泵送剂等。

（2）调节混凝土凝结时间、硬化性能的外加剂。包括缓凝剂、早强剂和速凝剂等。

（3）改善混凝土耐久性的外加剂。包括引气剂、防水剂和阻锈剂等。

（4）改善混凝土其他性能的外加剂。包括膨胀剂、防冻剂、着色剂、防水剂和泵送剂等。

目前建筑工程中应用较多和较成熟的外加剂有减水剂、早强剂、缓凝剂、引气剂、膨胀剂、防冻剂等。

1）普通减水剂及高效减水剂

减水剂是一种水溶性有机的或有机与无机复合的材料。减水剂对水泥颗粒有很好的分散作用，掺入混凝土中明显地改善其和易性。如果保持坍落度不变，可减少用水量和提高混凝土强度；若保持强度不变，则可节省水泥。

普通减水剂主要成分为木质素磺酸盐。常用的木质素磺酸钙减水剂是以亚硫酸盐蒸煮木材所得的废液为原料，经发酵提取酒精后而制成的干粉，简称木钙。其掺量为水泥质量的 0.2%～0.3%。在水泥用量与坍落度基本一致的情况下，可减少用水量 10% 左右，提高混凝土强度 10%～25%；如保持坍落度和强度不变，一般可节省水泥 5%～10%。

高效减水剂又称超塑化剂，其主要成分为萘磺酸盐甲醛缩合物、三聚氰胺甲醛混合物、木质素磺酸盐等。其掺入量为水泥质量的 0.5%～1.5%，减水率可达 15%～20%，可提高强度 20%～40%，或节约水泥 10%～15%，一般适用于配置早强、高强混凝土或流态混凝土。

2）早强剂及早强减水剂

早强剂的作用是提高混凝土早期强度。在有早强要求或在低温施工的混凝土工程中可使用早强剂，以便提早脱模、缩短养护周期、加快施工进度。早强剂有如下品种：

（1）氯盐

氯盐早强剂主要是氯化钠和氯化钙，对凝结时间、放热速度、水化物的生成及早期强度都有较大作用，但对后期强度有所降低。其最大缺点是对钢筋有锈蚀作用。我国规范规定，氯盐掺入量不得超过水泥质量的 2%，在无钢筋混凝土中掺入量不得超过水泥质量的 3%，在预应力钢筋混凝土中一般不允许掺加氯盐。

（2）硫酸钠

混凝土中掺入硫酸钠可提高早期强度 100%～200%，其掺量为水泥质量的 1%～2%。硫酸钠中有时会含有氯化物，应防止对钢筋的锈蚀作用。

（3）三乙醇胺

很少作为早强剂单独使用，一般与其他早强剂复合使用效果良好。掺有醇胺的混凝土容易产生干缩和在载荷作用下的收缩（徐变）。

早强减水剂是早强剂与减水剂复合使用的。它既有早强作用，又能弥补早强剂降低后期强度的缺点。常用的早强剂是硫酸钠，常用的减水剂有木钙、萘磺酸盐等。

3）引气剂

引气剂可在混凝土中形成大量细微的而互不连通均匀分布的气泡，因此，可提高混凝土的和易性和抗冻性，同时也能减少泌水和离析现象，并能提高抗硫酸盐侵蚀作用。

引气剂的主要成分为表面活性剂，常用的引气剂为松香热聚物、烷基苯磺酸钠等。引气剂掺量为 0.01%～0.1%。混凝土掺入引气剂能很好地改善和易性和耐久性，但由于含气量增加，使其强度有所降低，因此混凝土的含气量以 3%～6% 为最适宜。混凝土中掺入引气剂能够显著改善混凝土的耐久性和新拌混凝土的流变性能，适用于泵送混凝土、防水混凝土和大流动性混凝土。

4）速凝剂

速凝剂是使混凝土迅速凝结的外加剂。速凝剂可促使水泥中铝酸三钙迅速水化，并在溶液中析出水化物使水泥浆迅速凝固。

速凝剂的主要成分为碳酸钠、铝酸钠等。常用的速凝剂是将矾土、纯碱和石灰石煅烧成铝氧熟料，再与生石灰、纯碱按比例配料，经细磨而成。速凝剂掺量一般为 2.5%～4%，1h 强度可达 0.6MPa，8h 强度可达 4MPa。掺速凝剂的混凝土早期强度较高，但 28d 强度有所降低。速凝剂常用于紧急工程的快速施工或喷射混凝土。

5）缓凝剂

缓凝剂能延缓混凝土的凝结时间，早期强度发展较慢，但不会降低后期强度。缓凝剂的主要成分为多羟基化合物、羟基羧酸盐及其衍生物、高糖木质素磺酸盐，掺量为 0.1%～0.6%，使用较多的是糖钙。用量较少时可用硼酸或柠檬酸等。缓凝剂适用于高温天气连续浇灌的混凝土时，可避免接缝，滑模施工控制混凝土的凝结时间，以及远距离运输商品混凝土等。

6）加气剂

加气剂又称发泡剂，它在拌和混凝土的发生反应时放出氢、氧等气体。混凝土凝固后形成大量气孔从而减轻混凝土质量，常用的加气剂有过氧化氢、铝粉等。掺量要根据制品的孔隙率和生产工艺条件而定。铝粉是生产加气混凝土最常用的加气剂。

加气混凝土具有重量轻、保温性能好、良好的耐火性能与不散发有害气体、具有可加工性、良好的吸声性能等特性。加气的目的主要是达到轻质保温，一般用于墙体材料，对强度要求不高。

2.6.5 混凝土应用注意事项

混凝土可以根据工程设计的要求，浇制成任意形状的构件，但必须保证浇灌后混凝土有相当的密实性和均匀性，才能保证工程的质量。如果浇灌后的混凝土出现麻面、孔洞、露筋等现象，将会严重影响构件的承载能力和耐久能力。因此，必须从原材料和施工工艺等各方面进行控制，才能保证混凝土的质量。其注意事项如下：

（1）选用的材料要符合有关标准规定的技术要求；要严格控制配合比和水灰比。要充分搅拌，使混凝土拌合物均匀，并且有适宜的流动性。

（2）使混凝土拌合物在运输和浇灌过程中不产生离析和分层，否则会形成蜂窝麻面。要注意浇灌顺序，尽量连续浇灌，减少施工缝；必要的施工缝要经过处理后才可继续浇灌混凝土。

（3）浇灌后，混凝土要振捣密实，尤其在边角及钢筋密集的部位要加强振捣，以保证其密实性。同时，要求模板严密，防止发生漏浆。

（4）要注意混凝土的养护，混凝土的强度增长需要在潮湿环境下进行，一般在混凝土终凝后就应按时浇水或盖以潮湿覆盖物进行养护。早期的养护尤为重要，如果混凝土早期失水，会造成不能弥补的强度下降。

（5）在气温高（夏季）、气温低（冬期）和雨期等特殊情况下施工，要采取相应的技术措施。气温高时，要防止混凝土凝结过快，造成施工困难，可在混凝土中掺加缓凝剂延缓凝结时间。冬期施工时，可采用热拌、加热、蓄热、保温等冬期施工方法，或在混凝土中掺加防冻剂，以保证其强度增长。

（6）为了保证工程中混凝土的质量，必须同时进行混凝土的质量控制与检验工作。要有相应的实验数据来证明工程中混凝土是否已达到设计要求。如果发现问题，必须采取有效的补救措施，直至拆除重做。

2.7　建筑钢材

建筑钢材是指用于钢结构的各种材料（如圆钢、角钢、工字钢等）、钢板、钢管和用于钢筋混凝土中的各种钢筋、钢丝等。钢材具有强度高、有一定的塑性和韧性、有承受冲击和振动载荷的能力、可以焊接和铆接、便于装配等特点。因此，在建筑工程中大量使用钢材作为结构材料。建筑钢材可分为钢结构用钢、钢筋混凝土结构用钢和建筑装饰用钢制品。

2.7.1　钢材的主要钢种

混凝土结构中使用的钢材按化学成分，可分为碳素钢和普通合金钢两大类。碳素钢除含有铁元素外还含有少量的碳、硅、锰、硫、磷等元素。根据含碳量的多少，碳素钢又可分为低碳钢（含碳量＜0.25％）、中碳钢（含碳量 0.25％～0.6％）和高碳钢（含碳量 0.6％～1.4％），含碳量越高强度越高，但是塑性和可焊性会降低。普通低合金钢除碳素钢中已有的成分外，再加入少量的硅、锰、钛、矾、铬等合金元素，加入这些元素后可以有效地提高钢材的强度和改善钢材的其他性能。目前我国普通低合金钢按加入元素的种类有以下几种体系：锰系（20MnSi、25MnSi）、硅矾系（40Si2MnV、45SiMnV）、硅钛系（45Si2MnTi）、硅锰系（40Si2Mn、48Si2Mn）和硅铬系（45Si2Cr）。

根据钢中有害杂质硫、磷的多少，工业用钢可分为普通钢、优质钢、高级优质钢和特级优质钢。根据用途的不同，工业用钢常分为结构钢、工具钢和特殊性能钢。

建筑钢材的主要钢种有碳素结构钢、优质碳素结构钢和低合金高强度结构钢。

国家标准《碳素结构钢》GB/T 700—2006 规定，碳素结构钢的牌号由代表屈服强度的字母 Q、屈服强度数值、质量等级符号、脱氧方法符号 4 个部分按顺序组成。其中，质量等级以磷、硫杂质含量由多到少，分别用 A、B、C、D 表示，D 级钢质量最好，为优质钢；脱氧方法符号的含义为：F—沸腾钢，Z—镇静钢，TZ—特殊镇静钢，牌号中符号 Z 和 TZ 可以省略。例如，Q235-AF 表示屈服强度为 235MPa 的 A 级沸腾钢。除常用的 Q235 外，碳素结构钢的牌号还有 Q195、Q215 和 Q275。碳素结构钢为一般结构钢和工程用钢，适于生产各种型钢、钢板、钢筋、钢丝等。

优质碳素结构钢钢材按冶金质量等级分为优质钢、高级优质钢（牌号后加"A"）和特级优质钢（牌号后加"E"）。优质碳素结构钢一般用于生产预应力混凝土用钢丝、钢绞线、锚具，以及高强度螺栓、重要结构的钢铸件等。低合金高强度结构钢的牌号与碳素结构钢类似，不过其质量等级分为 A、B、C、D、E 五级，牌号有 Q295、Q345、Q390、Q420、Q460 几种。主要用于轧制各种型钢、钢板、钢管及钢筋，广泛用于钢结构和钢筋混凝土结构中，特别适用于各种重型结构、高层结构、大跨度结构及桥梁工程等。

2.7.2　建筑钢材的力学性能

建筑钢材的主要性能包括力学性能和工艺性能。其中力学性能是钢材最重要的使用性能，包括拉伸性能、冲击性能、疲劳性能等。工艺性能表示钢材在各种加工过程中的行为，包括弯曲性能和焊接性能。

1）强度与变形性能

钢材的强度和变形性能可以用拉伸试验得到的应力—应变曲线来说明。

应力：
$$\sigma = \frac{P}{A} \tag{2-15}$$

式中　P——轴力；

　　　A——截面面积。

钢筋颈缩现象示意图

应变：
$$\varepsilon = \frac{\Delta l}{l_0} \tag{2-16}$$

式中　Δl——伸长量。

伸长率：
$$\delta = \frac{l_1 - l_0}{l_0} \times 100\% \tag{2-17}$$

式中　l_1——拉伸断裂时的长度；

　　　l_0——试件原长。

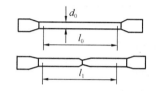

对中低强度钢材，破坏时试件出现明显的颈缩，应力—应变曲线有明显的屈服平台，伸长率较大。对

图 2-12　拉断前后的试件

高强度的钢材，则试件断口平齐，应力—应变曲线没有明显的屈服平台（见图 2-12、图 2-13），但抗拉强度 σ_b 较大，呈脆性破坏。

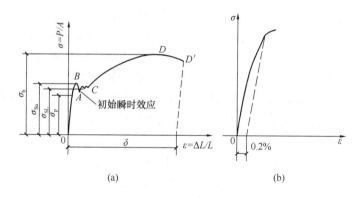

图 2-13　钢材的应力-应变曲线

（a）有明显屈服阶段的钢材；（b）无明显屈服阶段的钢材

2）拉伸性能

钢筋的应力—应变曲线有的有明显的屈服阶段，例如热轧低碳钢和普通热轧低合金钢所制成的钢筋，对有明显屈服阶段的钢筋，在计算承载力时以屈服点作为钢筋强度限值；对没有明显屈服阶段或屈服点的钢筋，一般将对应于塑性应变为 0.2% 时的应力定为屈服强度，并用 $\sigma_{0.2}$ 表示，如图 2-13 所示。

反映建筑钢材拉伸性能的指标包括屈服强度、抗拉强度和伸长率。屈服强度是结构设计中钢材强度的取值依据。抗拉强度与屈服强度之比称为强屈比，是评价钢材使用可靠性的一个参数。强屈比越大，钢材受力超过屈服点工作时的可靠性越大，安全性越高，但强屈比过大，钢材强度利用率偏低，浪费材料。

　　钢材在受力破坏前可以经受永久变形的性能，称为塑性。在工程应用中，钢材的塑性指标通常用伸长率表示。伸长率是钢材发生断裂时所能承受永久变形的能力。伸长率越大，说明钢材的塑性越大。试件拉断后标距长度的增量与原标距长度之比的百分比即为断后伸长率。对常用的热轧钢筋而言，还有一个最大力总伸长率的指标要求。热轧钢筋的力学和工艺性能见表 2-14。

热轧钢筋的力学和工艺性能　　　　　　　　　　表 2-14

牌 号	符 号	公称直径 d (mm)	屈服强度标准值 f_{yk} (N/mm^2)	极限强度标准值 f_{stk} (N/mm^2)	抗拉强度设计值 f_y (N/mm^2)	抗压强度设计值 f'_y (N/mm^2)	最大力总伸长率最小值 δ_{gt} (%)
HPB300	Φ	6～14	300	420	270	270	10.0
HRB335	Φ	6～14	335	455	300	300	7.5
HRB400 HRBF400 RRB400	ΦＦ ΦＲ	6～50	400	540	360	360	7.5 7.5 5.0
HRB500 HRBF500	Φ ΦＦ	6～50	500	630	435	435	7.5

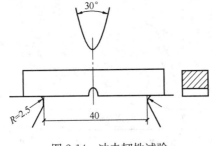

图 2-14　冲击韧性试验

3）冲击性能

　　冲击性能是指钢材抵抗冲击载荷的能力。冲击性能的指标是通过标准试件的弯曲冲击韧性试验确定的（图 2-14），以摆锤打击试件，于刻记处将其打断，试件单位面积上所消耗的功，即为钢材的冲击韧性值，用冲击韧性 a_k（J/mm^2）表示。a_k 值越大，冲击韧性越好。

　　钢的化学成分及冶炼、加工质量对冲击性能都有明显的影响。试验表明，冲击韧性随温度降低而下降，这种性质称为钢材的冷脆性。钢材脆性临界温度越低，其低温冲击性能越好。所以在负温下使用的结构，应当选用脆性临界温度比使用温度低的钢材。

4）疲劳性能

　　受交变荷载反复作用时，钢材在应力远低于其屈服强度的情况下突然发生脆性断裂破坏的现象，称为疲劳破坏。疲劳破坏是在低应力状态下突然发生的，所以危害极大，往往造成灾难性的事故。钢材的疲劳极限与其抗拉强度有关，一般抗拉强度高，其疲劳极限也较高。

5）冷弯性能

　　冷弯性能是指钢材在常温下承受弯曲变形的能力，是建筑钢材的重要工艺性能，对钢材弯曲和弯钩有影响。

　　钢材的冷弯性能指标，用试件在常温下所能承受的弯曲程度表示。弯曲程度是通过试件被弯曲的角度和弯芯直径对试件的厚度（或直径）的比值区分的。

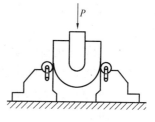

图 2-15 冷弯试验

冷弯试验是通过试件弯曲处的塑性变形实现的，如图 2-15 所示。它和伸长率一样，表明钢材在静荷下的塑性。但冷弯是钢材处于不利变形条件下的塑性，而伸长率则是反映钢材在均匀变形下的塑性。故冷弯试验是一种比较严格的检验，能揭示钢材是否存在内部组织不均匀、内应力和夹杂物等缺陷。在拉应力试验中，这些缺陷常因塑性变形导致应力重新分布而得不到反应。

2.7.3 常用的建筑钢材

1）钢筋混凝土结构用钢

现行标准《混凝土结构设计规范》GB 50010—2010（2015 年版）规定，用于钢筋混凝土结构的国产普通钢筋可使用热轧钢筋。热轧钢筋是低碳钢、普通低合金钢在高温状态下轧制而成。热轧钢筋为软钢，其应力应变曲线有明显的屈服点和屈服阶段，断裂时有"颈缩"现象，伸长率比较大。热轧钢筋根据其力学指标的高低，分为 HPB300 级（Ⅰ级）、HRBF335（Ⅱ级）、HRB400（Ⅲ级）、HRBF400（Ⅲ级）、RRB400 级（Ⅲ级）、HRB500（Ⅳ级）、HRBF500（Ⅳ级）四个级别。Ⅰ级钢筋强度最低，Ⅳ级钢筋强度最高。

图 2-16 钢筋外形与断面图

钢筋混凝土的结构中使用的钢筋可以分为柔性钢筋及劲性钢筋。常用的普通钢筋统称为柔性钢筋，其外形有光圆和带肋两类，带肋钢筋又分为等高肋和月牙肋两种。Ⅰ级钢筋是光圆钢筋，Ⅱ级、Ⅲ级、Ⅳ级钢筋是带肋的，统称为变形钢筋，如图 2-16 所示。钢筋的外形通常为光圆，也有在表面刻痕的。柔性钢筋可绑轧或焊接成钢筋骨架或钢筋网，分别用于梁、柱或板、壳结构中。劲性钢筋是由各种型钢、钢轨或者用型钢与钢筋焊接成的骨架。劲性钢筋本身刚度很大，施工时模板及混凝土的重力可以由劲性钢筋本身来承担，因此能加速并简化支模工作，承载能力也比较大。

钢筋混凝土结构中的纵向受力钢筋可采用 HRB400、HRB500、HRBF400、HRBF500、HRB335、RRB400、HPB300 钢筋，梁、柱和斜撑构件的纵向受力普通钢筋宜采用 HRB400、HRB500、HRBF400、HRBF500 钢筋。箍筋宜采用 HRB400、HRBF400、HRB335、HPB300、HRB500、HRBF500 钢筋。预应力钢筋宜采用预应力钢丝、钢绞线和预应力螺纹钢筋。RRB400 钢筋不宜用作重要部位的受力钢筋，不应用于直接承受疲劳荷载的构件。

对有抗震设防要求的结构，其纵向受力钢筋的性能应满足设计要求；当设计无具体要求时，对按一、二、三级抗震等级设计的框架和斜撑构件（含梯段）中的纵向受力钢筋应采用 HRB400E、HRBF400E、HRB500E、HRBF500E。该类钢筋除应满足以下（1）、（2）、（3）的要求外，其他要求与相对应的已有牌号钢筋相同。

（1）钢筋的抗拉强度实测值与屈服强度实测值的比值不应小于 1.25；

（2）钢筋的屈服强度实测值与屈服强度标准值的比值不应大于 1.30；

（3）钢筋的最大力下总伸长率不应小于 9%。

国家标准还规定，热轧带肋钢筋应在其表面轧上牌号标志，还可依次轧上经注册的厂名（或商标）和公称直径毫米数字。钢筋牌号以阿拉伯数字或阿拉伯数字加英文字母表示，HRB335、HRB400、HRB500 分别以 3、4、5 表示，HRBF400、HRBF500 分别以 C4、C5 表示。厂名以汉语拼音字头表示。公称直径毫米数以阿拉伯数字表示。对公称直径不大于 10mm 的钢筋，可不轧制标志，可采用挂标牌方法。

2）钢结构用钢

钢结构用钢主要是热轧成形的钢板和型钢等。薄壁轻型钢结构中主要采用薄壁型钢、圆钢和小角钢。钢材所用的母材主要是普通碳素结构钢及低合金高强度结构钢。

钢结构常用的热轧型钢有：工字钢、H 型钢、T 型钢、槽钢、等边角钢、不等边角钢等。型钢是钢结构中采用的主要钢材。

钢板材包括钢板、花纹钢板、建筑用压型钢板和彩色涂层钢板等。钢板规格表示方法为宽度×厚度×长度（单位为 mm）。钢板分厚板（厚度>4mm）和薄板（厚度≤4mm）两种。

厚板主要用于结构，薄板主要用于屋面板、楼板和墙板等。在钢结构中，单块钢板一般较少使用，而是用几块板组合成工字形、箱形等结构形式来承受荷载。

钢结构的钢材应符合下列规定：

（1）钢材的屈服强度实测值与抗拉强度实测值的比值不应大于 0.85；

（2）钢材应有明显的屈服台阶，且伸长率不应小于 20%；

（3）钢材应有良好的焊接性和合格的冲击韧性。

3）建筑装饰用钢材制品

现代建筑装饰工程中，钢材制品得到广泛应用。常用的主要有不锈钢钢板和钢管、彩色不锈钢板、彩色涂层钢板和彩色涂层压型钢板，以及镀锌钢卷帘门板及轻钢龙骨等。

（1）不锈钢及其制品

不锈钢是指含铬量在 12% 以上的铁基合金钢。铬的含量越高，钢的抗腐蚀性越好。建筑装饰工程中使用的是要求具有较好的耐大气和水蒸气侵蚀性的普通不锈钢。用于建筑装饰的不锈钢材主要有薄板（厚度小于 2mm）和用薄板加工制成的管材、型材等。

（2）轻钢龙骨

轻钢龙骨是以镀锌钢带或薄钢板由特制轧机经多道工艺轧制而成，断面有 U 形、C 形、T 形和 L 形。主要用于装配各种类型的石膏板、钙塑板、吸声板等，用作室内隔墙和吊顶的龙骨支架。与木龙骨相比，具有强度高、防火、耐潮、便于施工安装等特点。

轻钢龙骨主要分为吊顶龙骨（代号 D）和墙体龙骨（代号 Q）两大类。吊顶龙骨又分为主龙骨（承载龙骨）、次龙骨（覆面龙骨）。墙体龙骨分为竖龙骨、横龙骨和通贯龙骨等。

2.7.4 混凝土结构对钢筋性能的要求

（1）钢筋的强度

所谓钢筋强度是指钢筋的屈服强度及极限强度。钢筋的屈服强度是设计计算时的主要依据（对无明显流幅的钢筋，取它的条件屈服点）。采用高强度钢筋可以节约钢材，取得较好的经济效果。改变钢材的化学成分，生产新的钢种可以提高钢筋的强度。另外，对钢筋进行冷加工也可以提高钢筋的屈服强度。使用冷拔和冷拉钢筋时应符合专门规程的规定。

（2）钢筋的塑性

要求钢材有一定的塑性是为了使钢筋在断裂前有足够的变形，在钢筋混凝土结构中，能给出构件将要破坏的预告信号，同时要保证钢筋冷弯的要求，通过试验检验钢材承受弯曲变形的能力以间接反映钢筋的塑性性能。钢筋的伸长率和冷弯性能是施工单位验收钢筋塑性是否合格的主要指标。

（3）钢筋的可焊性

可焊性是评定钢筋焊接后的接头性能的指标。可焊性好，即要求在一定的工艺条件下钢筋焊接后不产生裂纹及过大的变形。

（4）钢筋的耐火性

热轧钢筋的耐火性能最好，冷轧钢筋其次，预应力钢筋最差。结构设计时应注意混凝土保护层厚度满足对构件耐火极限的要求。

（5）钢筋与混凝土的粘结力

为了保证钢筋与混凝土共同工作，要求钢筋与混凝土之间必须有足够的粘结力。钢筋表面的形状是影响粘结力的重要因素。

2.8 防水材料

建筑防水主要指建筑物防水，一般分为构造防水和材料防水。构造防水是依靠材料（混凝土）的自身密实性及某些构造措施来达到建筑物防水的目的；材料防水是依靠不同的防水材料，经过施工形成整体的防水层，附着在建筑物的迎水面或背水面而达到建筑物防水的目的。

材料防水依据不同的材料又分为刚性防水和柔性防水。刚性防水是采用钢筋混凝土材料进行防水，如钢筋混凝土水池；柔性防水采用的是柔性防水材料，主要包括各种防水卷材、防水涂料、密封材料和堵漏灌浆材料等。柔性防水材料是建筑防水材料的主要产品，是化学建材产品的重要组成部分，在建筑防水工程应用中占主导地位，是维护建筑物防水功能所采用的重要材料。这里主要讨论化学建材类的建筑防水材料。

2.8.1 防水卷材

1）防水卷材的主要性能

防水卷材的主要性能包括：

（1）防水性：常用不透水性、抗渗透性等指标表示。

（2）机械力学性能：常用拉力、拉伸强度和断裂伸长率等表示。

（3）温度稳定性：常用耐热度，耐热性、脆性温度等指标表示。

（4）大气稳定性：常用耐老化性、老化后性能保持率等指标表示。

（5）柔韧性：常用柔度、低温弯折性、柔性等指标表示。

2）防水卷材的分类

防水卷材在我国建筑防水材料的应用中处于主导地位，广泛用于屋面、地下和特殊构筑物的防水，是一种面广量大的防水材料。防水卷材主要包括沥青防水卷材、高聚物改性沥青防水卷材和高聚物防水卷材三大系列。

沥青防水卷材是传统的防水材料，成本较低，但拉伸强度和延伸率低，温度稳定性较差，高温易流淌，低温易脆裂，耐老化性较差，使用年限较短，属于低档防水卷材，基本淘汰。

高聚物改性沥青防水卷材和高聚物防水卷材是新型防水材料，各项性能较沥青防水卷材优异，能显著提高防水功能，延长使用寿命，工程应用非常广泛。高聚物改性沥青防水卷材按照改性材料的不同分为：弹性体改性沥青防水卷材、塑性体改性沥青防水卷材和其他改性沥青防水卷材；高聚物防水卷材按基本原料种类的不同分为：橡胶类防水卷材、树脂类防水卷材和橡塑共混防水卷材。

（1）高聚物改性沥青防水卷材

高聚物改性沥青防水卷材是指以聚酯毡、玻纤毡、纺织物材料中的一种或两种复合为胎基，浸涂高分子聚合物改性石油沥青后，再覆以隔离材料或饰面材料而制成的长条片状可卷曲的防水材料。

高聚物改性沥青防水卷材是新型建筑防水卷材的重要组成部分。利用高聚物改性后的石油沥青作涂盖材料，改善了沥青的感温性，有了良好的耐高低温性能，提高了憎水性、粘结性、延伸性、韧性、耐老化性能和耐腐蚀性，具有优异的防水功能。高聚物改性沥青防水卷材作为建筑防水材料的主导产品已被广泛应用于建筑各领域。

高聚物改性沥青防水卷材主要有弹性体（SBS）改性沥青防水卷材、塑性体（APP）改性沥青防水卷材、沥青复合胎柔性防水卷材、自粘橡胶改性沥青防水卷材、改性沥青聚乙烯胎防水卷材以及道桥用改性沥青防水卷材等。其中，SBS 卷材适用于工业与民用建筑的屋面及地下防水工程，尤其适用于较低气温环境的建筑防水。APP 卷材适用于工业与民用建筑的屋面及地下防水工程，以及道路、桥梁等工程的防水，尤其适用于较高气温环境的建筑防水。

SBS 防水卷材是近年来生产的一种弹性体改性沥青防水卷材，是以聚酯毡、玻纤毡、玻纤增强聚酯毡为胎基，以苯乙烯—丁二烯—苯乙烯（SBS）热塑性弹性体作石油沥青改性剂，两面覆以隔离材料所制成的防水卷材。按胎基分为聚酯毡（PY）、玻纤毡（G）、玻纤增强聚酯毡（PYG）三类。表面隔离材料分为上表面隔离材料和下表面隔离材料，按上表面隔离材料分为聚乙烯膜（PE）、细砂（S）、矿物粒料（M）三种，下表面隔离材料有细砂（S）、聚乙烯膜（PE），同时规定了细砂粒径不超过 0.60mm。表面隔离材料不得采用聚酯膜（PET）和耐高温聚乙烯膜。按材料性能分为Ⅰ型和Ⅱ型。产品按名称、型号、胎基、上表面材料、下表面材料、厚度、面积和本标准编号顺序标记。示例：10m² 面积、3mm 厚上表面为矿物粒料、下表面为聚乙烯膜聚酯毡Ⅰ型弹性体改性沥青防水卷材标记为：SBS Ⅰ PY M PE 3 10 GB 18242—2008。《弹性体改性沥青防水卷材》GB 18242—2008 规定的单位面积质量、面积及厚度应符合表 2-15 的规定，材料性能应符合表 2-16 的规定。

单位面积质量、面积及厚度　　　　　　　　　　　表 2-15

规格(公称厚度)/mm		3			4			5		
上表面材料		PE	S	M	PE	S	M	PE	S	M
下表面材料		PE	PE、S		PE	PE、S		PE	PE、S	
面积/(m²/卷)	公称面积	10、15			10、7.5			7.5		
	偏差	±0.10			±0.10			±0.10		
单位面积质量/(kg/m²)≥		3.3	3.5	4.0	4.3	4.5	5.0	5.3	5.5	6.0
厚度/mm	平均值≥	3.0			4.0			5.0		
	最小单值	2.7			3.7			4.7		

SBS 材料性能　　　　　　　　　　表 2-16

序号	项目			指标				
				Ⅰ		Ⅱ		
				PY	G	PY	G	PYG
1	可溶物含量/(g/m²) ≥		3mm	2100				—
			4mm	2900				—
			5mm	3500				
			试验现象	—	胎基不燃	—	胎基不燃	—
2	耐热性		℃	90		105		
			≤mm	2				
			试验现象	无流淌、滴落				
3	低温柔性/℃			—20		—25		
				无裂缝				
4	不透水性 30min			0.3MPa	0.2MPa	0.3MPa		
5	拉力	最大峰拉力/(N/50mm)≥		500	350	800	500	900
		次高峰拉力/(N/50mm)≥		—	—	—	—	800
		试验现象		拉伸过程中，试件中部无沥青涂盖层开裂或与胎基分离现象				
6	延伸率	最大峰时延伸率/%≥		30		40		—
		第二峰时延伸率/%≥		—	—	—	—	15
7	浸水后质量增加/% ≤	PE、S		1.0				
		M		2.0				

续表

序号	项　目		指　标				
			I		II		
			PY	G	PY	G	PYG
8	热老化	拉力保持率/%≥	90				
		延伸率保持率/%≥	80				
		低温柔性/℃	−15		−20		
			无裂缝				
		尺寸变化率/%≤	0.7	—	0.7	—	0.3
		质量损失/%≤	1.0				
9	渗油性	张数≤	2				
10	接缝剥离强度/(N/mm)≥		1.5				
11	钉杆撕裂强度[a]/N≥		—				300
12	矿物粒料粘附性[b]/g≤		2.0				
13	卷材下表面沥青涂盖层厚度[c]/mm≥		1.0				
14	人工气候加速老化	外观	无滑动、流淌、滴落				
		拉力保持率/%≥	80				
		低温柔性/℃	−15		−20		
			无裂缝				

注：[a] 仅适用于单层机械固定施工方式卷材。
　　[b] 仅适用于矿物粒料表面的卷材。
　　[c] 仅适用于热熔施工的卷材。

（2）高聚物防水卷材

高聚物防水卷材，亦称高分子防水卷材，是以合成橡胶、合成树脂或者两者共混体系为基料，加入适量的各种助剂、填充料等，经过混炼、塑炼、压延或挤出成型、硫化、定型等加工工艺制成的片状可卷曲的防水材料。

高聚物防水卷材品种较多，一般基于原料组成及性能分为：橡胶类、树脂类和橡塑共混。常见的三元乙丙、聚氯乙烯、氯化聚乙烯、氯化聚乙烯—橡胶共混及三元丁橡胶防水卷材都属于高聚物防水卷材。

三元乙丙橡胶防水卷材是以三元乙丙橡胶为主体制成，是目前耐老化性能最好的一种卷材，使用寿命可达 50 年。它的耐候性、耐臭氧性、耐热性和低温柔性超过氯丁与丁基橡胶，比塑料优越得多。它还具有质量轻、抗拉强度高、延伸率大和耐酸碱腐蚀等特点。它对煤焦油不敏感，但遇机油时将产生溶胀。

三元乙丙橡胶防水卷材国内产品的主要技术性能如表 2-17 所示。

三元乙丙橡胶防水卷材的主要技术性能　　　　　　　　　　表 2-17

指标名称	一等品	合格品
拉伸强度（MPa）≥	8.0	7.0

指标名称	一等品	合格品
断裂伸长率（%）≥	450	450
撕裂强度（N/cm）≥	280	245
脆性温度（℃）≤	−45	−40
不透水性（MPa），保持 30min	0.3	0.1

三元乙丙橡胶防水卷材的适用范围非常广，可用于屋面、厨房、卫生间等防水工程；也可用于桥梁、隧道、地下室、蓄水池、电站水库、排灌渠道和污水处理等需要防水的部位。

三元乙丙橡胶卷材防水性能虽然很好，但工程造价较贵，目前在我国属高档防水材料。但从综合经济分析，应用经济效益还是十分显著的。目前在美国、日本等国家，其用量占合成高分子防水卷材总量的 60%～70%。

2.8.2 防水涂料

防水涂料是指常温下为液体，涂覆后经干燥或固化形成连续的能达到防水目的的弹性涂膜的柔性材料。

防水涂料按照使用部位可分为：屋面防水涂料、地下防水涂料和道桥防水涂料。也可按照成型类别分为：挥发型、反应型和反应挥发型。防水涂料分为聚氨酯防水涂料、丙烯酸脂防水涂料、JS 聚合物水泥基防水涂料、水泥基渗透结晶型防水涂料等。

防水涂料特别适用于各种复杂、不规则部位的防水，能形成无接缝的完整防水膜。涂布的防水涂料既是防水层的主体，又是胶粘剂，因而施工质量容易保证，维修也较简单。防水涂料广泛适用于屋面防水工程、地下室防水工程和地面防潮、防渗等。

1）聚氨酯防水涂料

为双组分型，其中甲组分为含异氰酸基（—NCO）的聚氨酯预聚物，乙组分由含多羟基（—HO）或氨基（—NH₂）的固化剂及填充剂、增韧剂、防霉剂和稀释剂等组成。甲、乙两组分按一定比例配合拌匀涂于基层后，在常温下即能交联固化，形成具有柔韧性、富有弹性、耐水、抗裂的整体防水厚质涂层。

聚氨酯防水涂膜固化时无体积收缩，它具有优异的耐候、耐油、耐臭氧、不燃烧等特性。涂膜具有橡胶般的弹性，故延伸性好，抗拉强度及抗撕裂强度也较高。使用温度范围宽，为−30～+80℃。耐久性好，当涂膜厚为 1.5～2.0mm 时，耐用年限在 10 年以上。聚氨酯涂料对材料具有良好的附着力，因此与各种基材如混凝土、砖、岩石、木材、金属、玻璃及橡胶等均能粘结牢固，且施工操作较简便。

聚氨酯防水涂料以其优异的性能在建筑防水涂料中占有重要地位，素有"液体橡胶"的美誉。使用聚氨酯防水涂料进行防水工程施工，涂刷后形成的防水涂膜耐水、耐碱、耐久性优异，粘结良好，柔韧性强。例如北京长城饭店的屋面防水，即采用了这种防水涂料，其防水效果很好。聚氨酯涂料施工时需首先进行基层表面处理，然后涂布底胶，待底胶固化后再行涂刷聚氨酯防水层，一般刷两遍，第二遍的涂刷方向应与第一遍垂直，以确保防水施工质量。最后可在第二遍涂层尚未固化前，撒上少量干净石碴，以对防水层起保护作用。也可在施工第二遍涂料时，随刷随贴一层玻璃布，以增强防水效果。

2）丙烯酸酯防水涂料

是以丙烯酸酯共聚乳液为基料而配制成的水乳型涂料，其涂膜具有一定的柔韧性和耐候性。由于丙烯酸酯色浅，故易配制成多种颜色的防水涂料。

我国目前的建筑屋面防水层黑色的居多，这种黑色屋面夏天吸收太阳热多，从而显著降低了建筑物屋盖的绝热效果，而且随着高层建筑的日益增多，黑色屋面有损城市景观。为此，国外已大量采用浅色和彩色的屋面防水涂料，这可大大改善屋面的绝热和美观效果，尤其对于那些造型奇特的屋面，如球形屋面、落地拱形屋面、壳形屋面等，采用彩色防水涂料将更显时代装饰感。

3）其他防水涂料

JS 聚合物水泥基防水涂料具有较高的断裂伸长率和拉伸强度，优异的耐水、耐碱、耐候、耐老化性能，使用寿命长等特点。

水泥基渗透结晶型防水涂料是一种刚性防水材料，具有独特的呼吸、防腐、耐老化、保护钢筋能力，环保、无毒、无公害，施工简单、节省人工等特点。

2.8.3 建筑密封材料

密封材料是指能适应接缝位移达到气密性、水密性目的而嵌入建筑接缝中的定型和非定型的材料。

建筑密封材料分为定型和非定型密封材料两大类型。定型密封材料是具有一定形状和尺寸的密封材料，包括各种止水带、止水条、密封条等，非定型密封材料是指密封膏、密封胶、密封剂等黏稠状的密封材料。

建筑密封材料按照应用部位可分为：玻璃幕墙密封胶、结构密封胶、中空玻璃密封胶、窗用密封胶、石材接缝密封胶。一般按照主要成分进行分类，建筑密封材料分为：丙烯酸类、硅酮类、改性硅酮类、聚硫类、聚氨酯类、改性沥青类、丁基类等。

1）聚氨酯密封膏

一般用双组分配制，甲组分是含有异氰酸基的预聚体，乙组分含有多羟基的固化剂与增塑剂、填充剂、稀释剂等。使用时，将甲乙两组分按比例混合，经固化反应成弹性体。

聚氨酯密封膏的弹性、粘结性及耐气候老化性能特别好，与混凝土的粘结性也很好，同时不需要打底。所以聚氨酯密封材料可以作屋面、墙面的水平或垂直接缝。尤其适用于游泳池工程。它还是公路及机场跑道的补缝、接缝的好材料，也可用于玻璃、金属材料的嵌缝。

聚氨酯密封膏的流变性、低温柔性、拉伸粘结性和拉伸-压缩循环性能等，应符合部颁标准《聚氨酯建筑密封胶》JC/T 482—2003 的规定。

2）硅酮密封膏

是以聚硅氧烷为主要成分的单组分和双组分室温固化型的建筑密封材料。目前大多为单组分系统，它以氧烷聚合物为主体，加入化剂、硫化促进剂以及增强填料组成。硅酮密封膏具有优异的耐热、耐寒性和良好的耐候性；与各种材料都有较好的粘结性能；耐拉伸-压缩疲劳性强，耐水性好。

根据《硅酮和改性硅酮建筑密封胶》GB/T 14683—2017 的规定，硅酮建筑密封胶分为 F 类和 G 类两种类别。其中，F 类为建筑接缝用密封胶，适用于预制混凝土墙板、水泥板、大理石板的外墙接缝，混凝土和金属框架的粘结，卫生间和公路接缝的防水密封等；G 类为镶装玻璃用密封胶，主要用于镶嵌玻璃和建筑门、窗的密封。

硅酮密封胶的流动性、低温柔性、定伸性能和拉伸压缩循环性能应符合 GB/T 14683—2013 的有关规定。

单组分硅酮密封胶是在隔绝空气的条件下将各组分混合均匀后装于密闭包装筒中；施工后，密封胶借助空气中的水分进行交联反应，形成橡胶弹性体。

2.9 保温绝热材料

绝热材料和吸声材料都是功能性材料。建筑物选用适当的绝热材料，不仅能满足人们居住环境的要求，而且有着明显的建筑节能效果。采用吸声材料，可以保持室内良好的声环境和减少噪声污染。绝热材料和吸声材料的应用，对提高人们的生活质量有重要作用。因此，我国有关的建筑设计规范中对建筑的保温隔热以及吸声隔声等都有明确规定。

建筑上常用保温绝热材料按化学成分可分为有机和无机两大类，按材料的构造可分为纤维状、松散粒状和多孔组织材料三种，通常可制成板、片、卷材或管壳等多种形式的制品。一般来说，无机保温绝热材料的表观密度较大，但不易腐朽，不会燃烧，有的能耐高温。有机保温材料质轻，保温性能好，但耐热性较差。

2.9.1 多孔性保温隔热材料

近年来，我国因保温材料引发的火灾时有发生，人员生命和财产的巨大损失触目惊心。现行标准《建筑设计防火规范》GB 50016—2014（2018 年版）分别对建筑外墙内保温材料、外墙外保温无空腔及外墙外保温有空腔等作出了明确规定。涉及人员密集场所的建筑、老年人照料设施及超过一定高度的民用建筑，应采用不燃材料做保温层，难燃材料与可燃材料在一定条件下可以使用。目前普遍使用的保温材料主要有酚醛树脂、挤塑聚苯板等。聚苯板、聚氨酯泡沫的燃烧性能等级较低，限制使用。

1）酚醛树脂保温板

酚醛树脂保温板由酚醛泡沫树脂制成，酚醛泡沫树脂是一种新型不燃、防火、低烟、抗高温形变保温材料，它是由酚醛树脂加入发泡剂、固化剂及其他助剂制成的闭孔硬质泡沫塑料。它克服了原有泡沫塑料型保温材料易燃、多烟、遇热变形的缺点，保留了原有泡沫塑料型保温材料质轻、施工方便等特点。

酚醛泡沫树脂保温板具有良好的保温隔热性能，其导热系数约为 0.023W/(m·K)，远远低于目前市场上常用的无机、有机外墙保温产品，可以达到更高的节能效果。

酚醛树脂保温板可以达到国家防火标准 A 级，从根本上杜绝外保温火灾发生的可能性，使用温度范围为 $-250℃\sim+150℃$，酚醛泡沫树脂保温板在高温下不熔滴、不软化、发烟量低，不扩散火焰，耐火焰穿透，防火性能出色，并且具有良好的保温节能效果，将优异的防火性能与良好的节能效果集于一身，适合于外墙外保温，是目前推广使用的外保温材料。

酚醛泡沫树脂保温板不仅可以用于传统外墙外保温系统，也可以与饰面层复合制作保温装饰一体化板，还可以用于构筑传统 EPS/XPS/PU 外墙保温系统防火隔离带，用作幕墙内的防火保温隔热材料、防火门内隔热材料，以及低温或高温场合的防火保温隔热材料。

2）聚苯乙烯保温板

聚苯乙烯泡沫塑料分为模塑聚苯乙烯泡沫保温板（简称聚苯板，又称 EPS 板）和挤塑聚苯乙烯泡沫保温板（简称挤塑板，又名 XPS 板）两种。XPS 以聚苯乙烯树脂为原料，经由特殊工艺连续挤出发泡成型的硬质泡沫保温板材。与 EPS 板材比，XPS 板是第三代硬质发泡保温材料，从工艺上它克服 EPS 板繁杂的生产工艺，具有 EPS 板无法替代的优越性能。XPS 板较好的燃烧等级为 B1 级，曾经广泛应用于墙体保温与屋顶的保温，现多用于隔热、防潮、低温储藏、地面等方面。

XPS 内部为独立的密闭式气泡结构，是具有热导率低、高抗压、防潮、不透气、不吸水、质轻、耐腐蚀、使用寿命长等优点。XPS 导热系数为 0.028W/（m·K），具有良好的隔热保温性能，同时兼有稳定的化学结构、物理结构（确保保温性能的持久和稳定）和低线性膨胀率等特性，是目前优秀的建筑绝热材料之一。XPS 变形下的抗压强度为 $150\sim700$kPa，不易破碎、安装轻便，切割容易，用作屋顶保温不影响结构的承重能力。

2.9.2　纤维状保温隔热材料

这类材料主要是以矿棉、石棉、玻璃棉及植物纤维等为主要原料，制成板、筒、毡等形状的制品，广泛用于住宅建筑和热工设备、管道等的保温。这类保温材料通常也是良好的吸声材料。

1）石棉及其制品

石棉是一种天然矿物纤维，主要化学成分是含水硅酸镁，具有耐火、耐热、耐酸碱、绝热、防腐、隔声及绝缘等特性。常制成石棉粉、石棉纸板、石棉毡等制品，用于建筑工程的高效能保温及防火覆盖等。

2）矿棉及其制品

矿棉一般包括矿渣棉和岩石棉。矿渣棉所用原料有高炉硬矿渣、铜矿渣等，并加一些调节原料（钙质和硅质原料）；岩棉的主要原料为天然岩石（白云石、花岗石、玄武石等）。上述原料经熔融后，用喷吹法或离心法制成细纤维。矿棉具有轻质、不燃、绝热和电绝缘等性能，且原料来源广，成本较低。可制成矿棉板、矿棉毡及管壳等，可用作建筑物的墙壁、屋顶、顶棚等处的保温和吸声材料，以及热力管道的保温材料。

3）玻璃棉及其制品

玻璃棉是用玻璃原料或碎玻璃经熔融后制成纤维状材料，包括短棉和超细棉两种。短棉的表观密度为 $100\sim150kg/m^3$，导热系数 $\lambda=0.035\sim0.058W/(m\cdot K)$，价格与矿棉相近。可制成沥青玻璃棉毡、板及酚醛玻璃棉毡、板等制品，广泛用在温度较低的热力设备和房屋建筑中的保温，同时它还是良好的吸声材料。超细棉直径在 4mm 左右，表观密度可小至 $18kg/m^3$，$\lambda=0.028\sim0.037W/(m\cdot K)$，保温性能更为优良。

4）植物纤维复合板

植物纤维复合板是植物纤维为主要材料加入胶结料和填料而制成。如木丝板是以木材下脚料制成木丝，加入硅酸钠溶液及普通硅酸盐水泥混合，经成型、冷压、养护、干燥而制成。甘蔗板是以甘蔗渣为原料，经过蒸制、加压、干燥等工序制成的一种轻质、吸声、保温材料。

2.9.3 散粒状保温隔热材料

1）膨胀蛭石及其制品

蛭石是一种天然矿物，经 $850\sim1000℃$ 煅烧，体积急剧膨胀（可膨胀 $5\sim20$ 倍）而成为松散颗粒，其堆积密度为 $80\sim200kg/m^3$，导热系数 $\lambda=0.046\sim0.07W/(m\cdot K)$，可在 $1000\sim1100℃$ 下使用，用于填充墙壁、楼板及平屋顶，保温效果佳。但因其吸水性大，使用时应注意防潮。

膨胀蛭石也可与水泥、水玻璃等胶凝材料配合，制成砖、板、管壳等用于围护结构及管道保温。水泥膨胀蛭石其堆积密度为 $300\sim500kg/m^3$，$\lambda=0.08\sim0.10W/(m\cdot K)$，耐热温度可达 $600℃$。

水玻璃膨胀蛭石制品由膨胀蛭石、水玻璃和适量氟硅酸钠配制而成，其表观密度为 $300\sim400kg/m^3$，$\lambda=0.079\sim0.084W/(m\cdot K)$，耐热温度可达 $900℃$。

2）膨胀珍珠岩及其制品

膨胀珍珠岩是由天然珍珠岩、黑曜岩或松脂岩为原料，经煅烧体积急剧膨胀（约 20 倍）而得蜂窝状白色或灰白色松散颗料。堆积密度为 $40\sim300kg/m^3$，$\lambda=0.025\sim0.048W/(m\cdot K)$，耐热 $800℃$，为高效能保温保冷填充材料。

膨胀珍珠岩制品是以膨胀珍珠岩为骨料，配以适量胶凝材料，经拌和、成型、养护（或干燥、焙烧）后而制成的板、砖、管等产品。目前国内主要产品有水泥膨胀珍珠岩制品、水玻璃膨胀珍珠岩制品、磷酸盐膨胀珍珠岩制品及沥青膨胀珍珠岩制品等。

2.9.4 其他保温隔热材料

1）软木板

软木也叫栓木。软木板是用栓皮、栎树皮或黄菠萝树皮为原料，经破碎后与皮胶溶液拌和，再加压成型，在干燥室中干燥一昼夜而制成。软木板具有表观密度小，导热性低，抗渗和防腐性能高等特点。常用热沥青错缝粘贴，用于冷藏库隔热。

2）中空玻璃

中空玻璃是由两层或两层以上平板玻璃或钢化玻璃、吸热玻璃及热反射玻璃，以高强度气密性的密封材料将玻璃周边加以密封，而玻璃之间一般留有 $10\sim30mm$ 的空间并充入干燥空气而制成。如中间空气层厚度为 10mm 的中空玻璃，其导热系数为 0.100W/（m·K），而普通玻璃的导热系数为 0.756W/（m·K）。

2.10　吸声材料与隔声材料

2.10.1　材料吸声的原理

声音起源于物体的振动，它迫使邻近的空气跟着振动而成为声波，并在空气介质中向四周传播。声音沿发射的方向最响，称为声音的方向性。

声音在传播过程中，一部分由于声能随着距离的增大而扩散，另一部分则因空气分子的吸收而减弱。声能的这种减弱现象，在室外空旷处颇为明显，但在室内如果房间的体积并不太大，上述的这种声能减弱就不起主要作用，而重要的是室内墙壁、顶棚、地板等材料表面对声能的吸收。

当声波遇到材料表面时，一部分被反射，另一部分穿透材料，其余的部分则传递给材料，在材料的孔隙中引起空气分子与孔壁的摩擦和黏滞阻力，其间相当一部分声能转化为热能而被吸收掉。这些被吸收的能量（E）（包括部分穿透材料的声能在内）与传递给材料的全部声能（E_0）之比，是评定材料吸声性能好坏的主要指标，称为吸声系数（α），用公式表示为：

$$\alpha = E/E_0 \tag{2-18}$$

吸声系数与声音的频率及声音的入射方向有关。因此吸声系数用声音从各方向入射的吸收平均值表示，并应指出是对哪一频率的吸收。通常采用六个频率：125、250、500、1000、2000、4000Hz。任何材料对声音都能吸收，只是吸收程度有很大的不同。通常将对上述六个频率的平均吸声系数 α 大于 0.2 的材料，称为吸声材料。

吸声材料大多为疏松多孔的材料，如矿渣棉、毡子等，其吸声机理是声波深入材料的孔隙，孔隙多为内部互相贯通的开口孔，受到空气分子摩擦和黏滞阻力，以及使细小纤维作机械振动，从而使声能转变为热能。这类多孔性吸声材料的吸声系数，一般从低频到高频逐渐增大，故对高频和中频的声音吸收效果较好。

2.10.2　影响多孔性材料吸声性能的因素及结构形式

多孔性吸声材料是比较常用的一种吸声材料。多孔性吸声材料的吸声性能与材料的表观密度和内部构造有关。在建筑装修中，吸声材料的厚度、材料背后的空气层以及材料的表面状况也对吸声性能产生影响。

（1）材料表观密度和构造的影响

多孔材料表观密度增加，意味着微孔减少，能使低频吸声效果有所提高，但高频吸声性能却下降。材料孔隙率高、孔隙细小，吸声性能较好，孔隙过大，效果较差。但过多的封闭微孔，对吸声并不一定有利。

（2）材料厚度的影响

多孔材料的低频吸声系数，一般随着厚度的增加而提高，但厚度对高频影响不显著。材料的厚度增加到一定程度后，吸声效果的变化就不明显。所以为提高材料吸声性能而无限制地增加厚度是不适宜的。

（3）背后空气层的影响

大部分吸声材料都是周边固定在龙骨上，安装在离墙面5～15mm处。材料背后空气层的作用相当于增加了材料的厚度，吸声效能一般随空气层厚度增加而提高。当材料离墙面的安装距离（即空气层厚度）等于1/4波长的奇数倍时，可获得最大的吸声系数。根据这个原理，借调整材料背后空气层厚度的办法，可达到提高吸声效果的目的。

（4）表面特征的影响

吸声材料表面的空洞和开口孔隙对吸声是有利的。当材料吸湿或表面喷涂油漆、孔口充水或堵塞，会大大降低吸声材料的吸声效果。

多孔性吸声材料与绝热材料都是多孔性材料，但在材料孔隙特征有着很大差别。绝热材料一般具有封闭的互不连通的气孔，这种气孔愈多则保温绝热效果愈好；而对于吸声材料，则具有开放的互相连通的气孔，这种气孔愈多，则其吸声性能愈好。

2.10.3　隔声材料

声波传播到材料或结构时，因材料或结构吸收会失去一部分声能，透过材料的声能总是小于作用于材料或结构的声能，这样，材料或结构起到了隔声作用，材料的隔声能力可通过材料对声波的透射系数 τ 来衡量：

$$\tau = E_\tau / E_0 \tag{2-19}$$

式中　τ——声波透射系数；

　　E_τ——透过材料的声能；

　　E_0——入射总声能。

材料的透射系数越小，说明材料的隔声性能越好，但工程上常用构件的隔声量 R（单位：dB）来表示构件对空气声隔绝能力，它与透射系数的关系是

$$R = -10\lg\tau \tag{2-20}$$

式中　R——构件的隔声量，dB。

同一材料或结构对不同频率的入射声波有不同隔声量。

声波在材料或结构中的传递基本途径有两种。一是经由空气直接传播，或者是声波使材料或构件产生振动，使声音传至另一空间中去；二是由于机械振动或撞击使材料或构件振动发声。前者称为空气声，后者称为结构声（固体声）。

对于不同的声波传播途径的隔绝可采取不同的措施，选择适当的隔声材料或结构。隔声结构的分类见表2-18。

对空气声的隔声而言，墙或板传声的大小，主要取决于其单位面积质量，质量越大，越不易振动，则隔声效果越好，因此，应选择密实、沉重的材料（如黏土砖、钢板、钢筋混凝土等）作为隔声材料。而吸声性能好的材料，一般为轻质、疏松、多孔的材料，不能简单地就把它们作为隔声材料来使用。

对结构声隔声最有效的措施是以弹性材料作为楼板面层，直接减弱撞击能量；在楼板基层与面层间加弹性垫层材料形成浮筑层，减弱撞击产生的振动；在楼板基层下设置弹性吊顶，减弱楼板振动向下辐射的声能。常用的弹性材料有厚地毯、橡胶板、塑料板、软木地板等；常用弹性垫层材料有矿棉毡、玻璃棉毡、橡胶板等，也有用锯末、甘蔗渣板、软质纤维板，但其耐久性和防潮性差。隔声吊顶材

料有板条吊顶、纤维板吊顶、石膏板吊顶等。

隔 声 的 分 类　　　　　表 2-18

分　类		提高隔声的措施
空气声隔绝	单层墙空气声隔绝	1. 提高墙体的单位面积质量和厚度 2. 墙与墙接头不存在缝隙 3. 粘贴或涂抹阻尼材料
	双层墙的空气声隔绝	1. 采用双层分离式隔墙 2. 提高墙体的单位面积质量 3. 粘贴或涂抹阻尼材料
	轻型墙的空气声隔绝	1. 轻型材料与多孔或松软吸声材料多层复合 2. 各层材料质量不等，避免非结构谐振 3. 加大双层墙间的空气层厚度
	门窗的空气声隔绝	1. 采用多层门窗 2. 设置铲口，采用密封条等材料填充缝隙
结构声隔绝	撞击声的隔绝	1. 面层增加弹性层 2. 采用浮筑楼面 3. 增加吊顶

复习思考题

1. 烧结砖按孔洞率的大小可分为哪几种？

2. 建筑石膏的特性有哪些？

3. 建筑石灰的特性有哪些？

4. 水泥的强度及强度等级是什么？

5. 什么是水泥的凝结时间，有什么工程意义？

6. 简述建筑砂浆的技术性质有哪些？

7. 简述混凝土的组成材料，混凝土的强度等级是什么？

8. 建筑钢材的主要性能包括力学性能和工艺性能，二者分别包括什么性能？

9. 对有抗震设防要求的结构，当设计无具体要求时，钢筋应满足什么力学指标？

10. SBS 卷材与 APP 卷材分别适用于什么场所？

第3章　建筑工程识图

学习要求

　　通过本章内容的学习，要求了解建筑工程施工图纸的识图方法和步骤，熟练识读建筑施工图和结构施工图，掌握梁、柱钢筋的平法标注方法，了解建筑设备布置设计要求，做到熟悉识读给水排水、供暖、电气等建筑设备施工图。

重难点知识讲解（扫封底二维码获得本章补充学习资料）

　　1. 标高。

　　2. 楼梯详图的识读。

　　3. 钢筋混凝土结构中配置的钢筋。

　　4. 梁的集中标注与原位标注。

　　5. 柱的平法标注。

　　6. 建筑室内消火栓的设置要求。

　　根据正投影原理及建筑工程施工图的规定画法，把一幢房屋的全貌及各个细微局部完整地表达出来，这就是建筑工程施工图。建筑工程施工图是表达设计思想、指导工程施工的重要技术文件。本章着重介绍建筑工程各专业施工图的用途、图示内容和表达方法，为阅读和绘制房屋建筑施工图打下一定的基础。

3.1　建筑工程制图的基本知识

3.1.1　施工图的产生

　　一个建筑工程项目，从项目建议书到最终建成，必须经过一系列的过程。建筑工程施工图的产生过程，是建筑工程从计划到建成过程中的一个重要环节。

　　建筑工程施工图是由设计单位根据设计任务书的要求、有关的设计规范、计算数据及建筑艺术等多方面因素设计绘制而成的。根据建筑工程的复杂程度，其设计过程分两阶段设计和三阶段设计两种。一般情况都按两阶段进行设计，对于较大的或技术上较复杂、设计要求高的工程，才按照三阶段进行设计。

　　两阶段设计包括初步设计和施工图设计两个阶段。

　　初步设计的主要任务是根据建设单位提出的设计任务和要求，进行调查研究、搜集资料，提出设计方案，其内容包括必要的工程图纸、设计概算和设计说明等。初步设计的工程图纸和有关文件只是作为提供方案研究和审批之用，不能作为施工的依据。

　　施工图设计的主要任务是满足工程项目具体技术要求，提供一切准确可靠的施工依据，其内容包括工程施工所有专业的基本图、详图及其说明书、计算书等。

此外还应有整个工程的施工预算书。整套施工图纸是设计人员的最终技术成果，是施工单位进行施工的依据。所以施工图设计的图纸必须详细完整、前后统一、尺寸齐全、正确无误，符合国家建筑制图标准。

当工程项目比较复杂，许多工程技术问题和各工种之间的协调问题在初步设计阶段无法确定时，就需要在初步设计和施工图设计之间插入一个技术设计阶段，形成三阶段设计。技术设计的主要任务是在初步设计的基础上，进一步确定各专业间的具体技术问题，使各专业之间取得统一，达到相互配合协调。在技术设计阶段各专业均需绘制出相应的技术图纸，写出有关设计说明和初步计算，为第三阶段施工图设计提供比较详细的资料。

3.1.2　民用建筑构造组成和各部分的作用

建筑物是由许多部分组成的，它们在不同的位置上发挥着不同的作用。民用建筑一般由基础、墙体（柱）、楼板层、地坪、屋顶、楼梯和门窗等几大部分构成的，如图 3-1 所示。

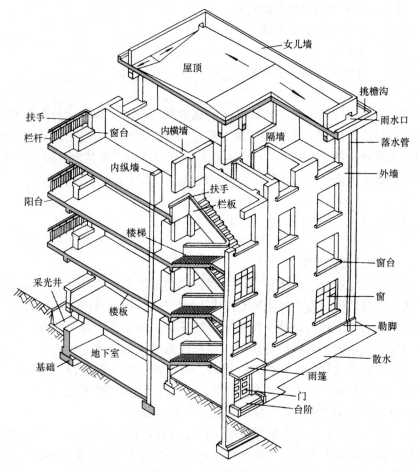

图 3-1　民用建筑的构造组成

（1）基础。基础是房屋的重要组成部分，是建筑地面以下建筑物底部与地基接触的承重构件，它承受建筑物上部结构传递下来的全部荷载，并把这些荷载连同基础的自重一起传到地基上。因此，基础必须固定、稳定、可靠。

（2）墙（或柱）。墙是建筑物的竖向构件，其作用是承重、围护、分隔及美化室内空间。作为承重构件，墙承受着由屋顶或楼板层传来的荷载，并将其传给基础；作为围护构件，外墙抵御着自然界各种不利因素对室内的侵袭；作为分隔构件，内墙起着分隔建筑内部空间的作用；同时，墙体对建筑物的室内外环境还起着美化和装饰作用。

砌体结构的墙体既是建筑物的承重构件，也可以是建筑物的围护构件。框架结构的柱是承重构件，而墙仅是分隔空间或抵抗风、雨、雪的围护构件。

柱也是建筑物的竖向构件，主要用作承重构件，作用是承受屋顶和楼板层传来的荷载并传给基础。柱与墙的区别在于其高度尺寸远大于自身的长宽尺寸，截面面积较小，受力比较集中。

（3）楼板层。楼板层是楼房建筑中水平方向的承重构件。楼板将整个建筑物分成若干层，它承受着人、家具以及设备的荷载，并将这些荷载传递给墙或柱，它应该有足够的强度和刚度。楼板作为分隔构件，沿竖向将建筑物分隔成若干楼层，以扩大建筑面积。对卫生间、厨房等房间应具有防水、防潮能力。

（4）地坪。地坪是房间与土层相接触的水平部分，它承受着底层房间中人和家具等荷载，不同性质的房间应该具有不同的功能，如：防潮、防滑、耐磨、保温等。

（5）屋顶。屋顶是建筑物顶部水平的围护构件和承重构件。它抵御着自然界对建筑物的影响，承受着建筑物顶部的荷载，并将荷载传给墙体或柱。屋顶必须具有足够的强度和刚度，并具有防水、保温、隔热等性能。

（6）楼梯。建筑物中的垂直交通工具，作为人们上下楼和发生事故时的紧急疏散之用。楼梯也有承重作用，但不是基本承重构件。

（7）门窗。门主要用来通行和紧急疏散，窗主要用来采光和通风。开门以沟通内外联系，开窗以沟通人和大自然的联系。处于外墙上的门和窗属于围护构件。

（8）附属部分。民用建筑中除了上述构件外，还有一些附属部分，如阳台、雨篷、台阶等。

以上构件中，由基础、墙或柱、楼板层、屋顶四种构件共同构成房屋的承重结构。作为建筑物的骨架体系，它们对整个房屋的坚固耐久影响极大。

外墙、门窗、屋顶等又构成了房屋的外围护结构。外围护结构对保证建筑室内空间的环境质量和建筑的外形美观起着不可忽视的作用。

3.1.3 建筑平面图、立面图、剖面图的形成

1）建筑平面图的形成

假想用一水平剖切平面，沿着房屋各层窗台上方 10cm 处将房屋切开，移去剖切平面以上部分，向下所作的水平投影图，称为建筑平面图，简称平面图，如图 3-2 所示。

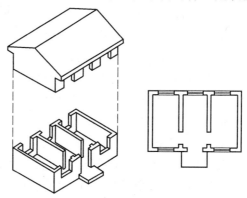

图 3-2　建筑平面图的形成

剖切平面沿房屋底层门、窗洞口剖切，所得到的平面图称为一层平面图。依此类推。通常应画出各层平面图（称二、三……层平面图），当有些楼层平面布置相同，或者只有局部不同时，也可只画一个共同的平面图（称为标准层平面图），对于局部不同的地方，则另画局部平面图。

平面图是放线、砌筑墙体、安装门窗、做室内装修及编制预算、备料等的基本依据。

2）建筑立面图的形成

建筑立面图是投影面平行于建筑物各个外墙面的正投影图，如图 3-3 所示。

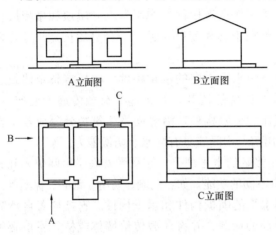

图 3-3　建筑立面图的形成

建筑立面图是用来表示建筑物的外貌，并表明外墙装饰要求的图样。

对有定位轴线的建筑物，宜根据两端定位轴线编注立面图名称（如①～⑩立面图、②～⑤立面图），无定位轴线的建筑物，可按平面图各面的方向确定名称（如南立面图、东立面图）。也有按建筑物立面的主次，把建筑物主要入口面或反映建筑物外貌主要特征的立面称为正立面图，从而确定背立面图和左、右侧立面图。

3）建筑剖面图的形成

假想用一个垂直剖切平面把建筑剖开，移去靠近观察者的部分，对留下部分作正投影所得到的正投影图，称为建筑剖面图，简称剖面图，如图 3-4 所示。

建筑剖面图用来表达建筑物内部垂直方向的高度、楼层分层情况及简要的结构形式和构造方式。它与建筑平面图、立面图相配合，是建筑施工图中不可缺少的重要图样之一。

剖面图的剖切位置应选择在内部结构和构造比较复杂或

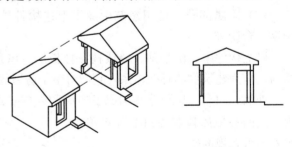

图 3-4　建筑剖面图的形成

有代表性的部位，其数量应根据建筑的复杂程度和施工实际需要而定。两层以上的楼房一般至少要有一个通过楼梯间剖切的剖面图。剖面图的剖切位置和剖视方向，应在一层平面图中绘出。

4）建筑详图

建筑形体较大，所以建筑平、剖、立面图一般采用较小的比例绘制。各工种的施工图一般又包括基本图和详图两部分。基本图表示全局性的内容。施工图中的各图样，主要是用正投影法绘制的视图和剖面图。一般情况下由于图幅限制，平面图、立面图和剖面图等图样，需分别单独画出。

在基本图上难以表示清楚建筑物某些部位的详细情况，根据施工需要，必须另外绘制比例较大的图样，将某些建筑构配件（如门、窗、楼梯、阳台、雨水管等）及一些构造节点（如檐口、窗台、勒脚、明沟等）的形状、尺寸、材料、做法详细表达出来。所以还需要配以较大比例的详图。由此可见，建筑详图是建筑细部的施工图，是建筑平、剖、立面图等基本图纸的补充和深化，是建筑工程的细部施工、建筑构配件的制作及编制预算的依据。

把某些建筑详图进行归类，形成标准化的做法，就逐渐形成了各地的标准图。如各省标准图集（简称辽标、豫标等）、国家标准图集（简称国标）、中南标、华东标、西南标、华北与西北标。

3.1.4 施工图的分类和编排顺序

建筑施工图是直接用来为施工服务的图样，能够明确无误地反映出拟建房屋的内外形状、大小、结构形式、装饰、设备等方面的内容，以及构配件的做法与用料等。

1）施工图的分类

建筑工程施工图按照专业分工的不同，可分为建筑施工图、结构施工图和设备施工图。

建筑施工图包括建筑总平面图、各层平面图、各个立面图、必要的剖面图和建筑施工详图及设计说明书等。

结构施工图包括基础平面图、基础详图、结构平面图、楼梯结构图和结构构件详图及设计说明书等。

设备施工图包括给水排水、供暖通风、建筑电气等专业的施工图，各设备施工图一般包括平面图、系统图和施工详图及设计说明书等。其中，建筑电气施工图包括动力、照明、电视、网络及电话等施工图。

2）施工图的编排顺序

一套简单的建筑施工图就有二十张左右的图纸，一套大型复杂建筑物的图纸几十张、上百张甚至会有几百张之多。因此，为了便于看图，易于查找，就应把这些图纸按顺序编排。

建筑工程施工图一般的编排顺序是：封面、图纸目录、施工总说明、总平面图、建筑施工图、结构施工图、给水排水施工图、供暖通风施工图、电气施工图等。如果是以某专业工种为主体的工程，则应该突出该专业的施工图而另外编排。

各专业的施工图，应按图纸内容的主次关系系统地排列。例如基本图在前、详图在后；总体图在前、局部图在后；主要部分在前、次要部分在后；布置图在前、构件图在后；先施工的图在前、后施工的图在后等。

3.1.5 施工图的一般规定

1）索引符号与详图符号

（1）索引符号

图中某一局部或构件，如需另见详图，应以索引符号索引，如图 3-5 所示。索引符号是由直径为 10mm 的圆和水平直径组成，圆及水平直径均应以细实线绘制，如图 3-5（a）所示。索引符号应按下列规定编写：

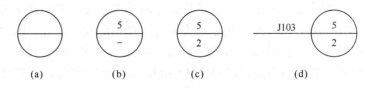

图 3-5　索引符号

①索引处的详图，如与被索引的详图在同一张图纸内。应在索引符号的上半圆中用阿拉伯数字注明该详图的编号，并在下半圆中间画一段水平细实线，如图3-5（b）所示。

②索引处的详图，如与被索引的详图不在同一张图内，应在索引符号的上半圆中用阿拉伯数字注明该详图的编号，在索引符号的下半圆中用阿拉伯数字注明该详图所在图纸的编号，如图 3-5（c）所示，数字较多时，可加文字标注。

③索引处的详图，如采用标准图，应在索引符号水平直径的延长线上加注该标准图册的编号，如图 3-5（d）所示。

④索引符号如用于索引剖视详图，应在被剖切的部位绘制剖切位置线，并以引出线引出索引符号，引出线所在的一侧应为投射方向，如图 3-6 所示。

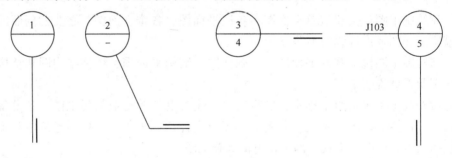

图 3-6　用于索引剖面详图的索引符号

⑤零件、钢筋、杆件、设备等的编号，用直径为 4~6mm（同一图样应保持一致）的细实线圆表示，其编号应用阿拉伯数字按顺序编写。

（2）详图符号

详图的位置和编号，应该以详图符号表示。详图符号的圆应以直径为 14mm 粗实线绘制。详图应按下列规定编号：

①详图与被索引图的图样不在同一张图纸内，应用细实线在详图符号内画一水平直径，在上半圆中注明详图编号，在下半圆中注明被索引的图纸的编号，如图 3-7（a）所示。

②与被索引的图样同在一张图纸内时，应在详图符号内用阿拉伯数字注明详图的编号，如图 3-7（b）所示。

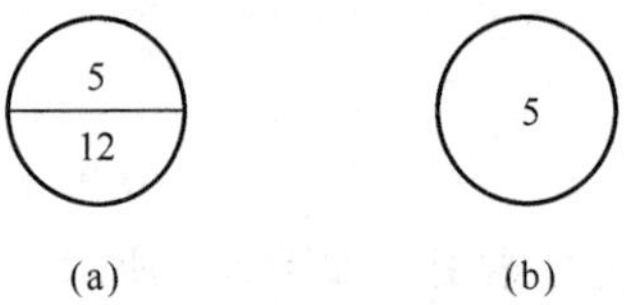

2）引出线

（1）引出线以细实线绘制，宜采用水平方向的直线，或经下述角度再折为水平线，与水平方向呈 30°、45°、60°、90°的直线。文字说明宜注写在水平

（a）　　　　（b）

图 3-7　索引详图

线的上方，也可注写在水平线的端部，索引详图的引出线应与水平直线相连接，如图 3-8（a）所示。

（2）同时引出几个相同部分的引出线，宜互相平行，也可画成集中于一点的放射线，如图 3-8（b）所示。

（3）多层构造或多层管道公用引出线，应通过引出的各层。文字说明宜注写在水平线的上方。或注写在水

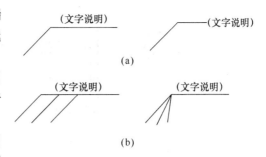

图 3-8　引出线及共用引出线

平面的端部，说明顺序应由上至下。并应与被说明的层次相互一致。如层次为横向排列，则由上至下的说明顺序应与由左至右的层次相互一致，如图 3-9 所示。

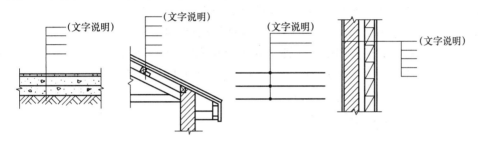

图 3-9　多层构造引出线

3）指北针和风玫瑰图

（1）指北针的形状如图 3-10（a）所示，其圆的直径宜为 24mm，用细实线绘制；指针尾部的宽度宜为 3mm，指针头部应注"北"或"N"字。需用较大直径绘制指北针时，指针尾部宽度宜为直径的 1/8。

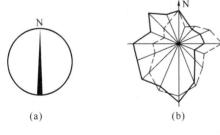

（a）　　　　　（b）

图 3-10　指北针符号和风向频率玫瑰图

（2）风向频率玫瑰图，俗称风向图，如图 3-10（b）所示，是在罗盘方位图上根据多年平均统计的各个方向吹风次数的百分数值而绘制的图形。有箭头的方向为北向。风吹方向是指从外吹向中心，实线表示全年风向频率，虚线表示按 6、7、8 三个月统计的夏季风向频率。最大风频方向即为该地区的主导风向，又名盛行风向。夏季的盛行风向对环境影响较大，污染源切忌位于盛行风向的上方。

4）定位轴线

定位轴线是设计人员人为定义的，有利于设计、施工等工作表达交流方便的辅助工具，是定位、施工放线的依据。一般先由建筑专业定义，结构、设备专业要与建筑专业保持一致。定位轴线不影响建筑物的大小、形状、位置、相互关系等内容。同时定位轴线的定义各设计单位有自己的习惯。

定位轴线一般应编号，编号应注写在轴线端部的圆内。圆应用细实线绘制，直径为 8~10mm。定位轴线圆的圆心，应在定位轴线的延长线上或延长线的折线

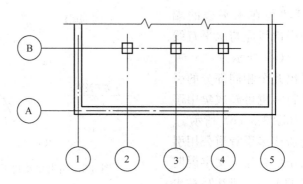

图 3-11　定位轴线的编写顺序

上。平面图上，定位轴线的编号，宜标注在图样的下方与左侧。横向编号应用阿拉伯数字，从左至右顺序编写，竖向编号应用大写拉丁字母，从下至上顺序编写，如图 3-11 所示。拉丁字母的 I、O、Z 不得用做轴线的编号。

组合较复杂的平面图中定位轴线也可采用分区编号，如图3-12所示，编号的注写形式应为"分区号—该分区编号"。分区号采用阿拉伯数字或大写拉丁字母表示。

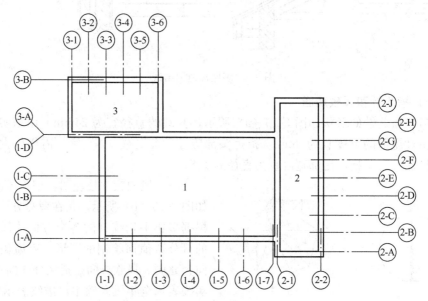

图 3-12　定位轴线的分区编号

附加定位轴线的编号，应以分数形式表示，并应按下列规定编写：

两根轴线间的附加轴线，应以分母表示前一轴线的编号，分子表示附加轴线的编号，编号宜用阿拉伯数字顺序编写，如图 3-13（a）所示，表示 2 号轴线之后附加的第一根轴线。

一个详图适用于几根轴线时，应同时注明各有关轴线的编号，如图 3-13（b）、图 3-13（c）、图 3-13（d）所示。通用详图中的定位轴线，应只画圆，不注写轴线编号。

5）尺寸标注

图样上的尺寸，包括尺寸界线、尺寸线、尺寸起止符号和尺寸数字，如图 3-14 所示。

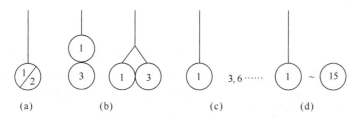

图 3-13　附加定位轴线与详图的轴线编号

（a）表示 2 号轴线之后附加的第一根轴线；（b）用于 2 根轴线；
（c）用于 3 根或 3 根以上轴线；（d）用于 3 根以上连续轴线

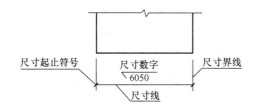

图 3-14　尺寸的组成

（1）除标高和总平面上的尺寸以米为单位外，在房屋建筑图上的其他尺寸均以毫米为单位，故不在图中注写单位。

（2）建筑物各部分的高度尺寸可用标高表示。标高符号的画法及标高尺寸的书写方法应按照《房屋建筑制图统一标准》GB/T 50001—2017 的规定执行，如图 3-15 所示。

个体建筑物图样上的标高符号应使用细实线绘制，形状为一等腰直角三角形，其高程数字就注写在等腰三角形底边的延长线上，尺寸数字应注写到小数点后的第三位。

总平面图上室外整平地面的标高符号，应采用涂黑的等腰直角三角形表示，标高尺寸要写在三角形的后面，注写到小数点后两位。

当需要在图纸的同一位置标注几个标高尺寸时，可采用图 3-15（b）所示的方法。

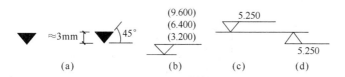

图 3-15　标高的标注方法

（a）总平面图室外地坪标高符号；（b）同一位置注写多个标高数字；
（c）、（d）标高的指向可上可下

（3）标高的分类

房屋建筑图中的标高应分为绝对标高和相对标高两种。绝对标高是以青岛黄海平均海平面的高度为零点参照点时所得到的高差值；相对标高是以每一幢房屋的室内底层地面的高度为零点参照点。零点标高应注写成±0.000，正数标高不注

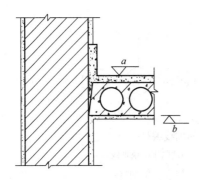

图 3-16　建筑标高与结构标高

"＋"，负数标高应注"－"，例如 3.000、－0.600。

另外，标高还可分为建筑标高和结构标高两类。建筑标高是指包含构件粉饰层的厚度的标高。结构标高为不含粉饰层的标高。图 3-16 中，标高 a 所示是建筑标高，b 所示为结构标高。

6）图例

由于建筑绘图时采用的比例一般较小，所以其上的一些细部构造和配件只能用图例表示。

（1）如表 3-1 所示，为部分常用建筑构造及配件图例。

（2）如表 3-2 所示，为钢筋混凝土建筑结构图例。

部分常用建筑构造及配件图例　　　　　　　表 3-1

序号	名称	图　例	备　注
1	墙体		1. 上图为外墙，下图为内墙 2. 外墙细线表示有保温层或有幕墙 3. 应加注文字或涂色或图案填充表示各种材料的墙体 4. 在各层平面图中防火墙宜着重以特殊图案填充表示
2	隔断		1. 加注文字或涂色或图案填充表示各种材料的轻质隔断 2. 适用于到顶与不到顶隔断
3	栏杆		—
4	楼梯		1. 上图为顶层楼梯平面，中图为中间层楼梯平面，下图为底层楼梯平面 2. 需设置靠墙扶手或中间扶手时，应在图中表示

序号	名称	图　例	备　注
5	坡道	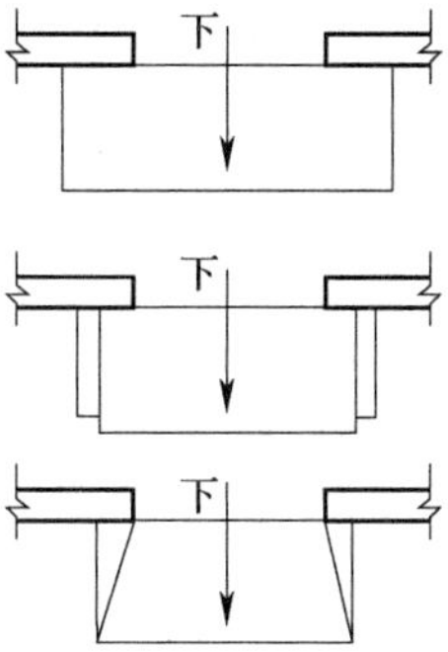	上图为两侧垂直的门口坡道,中图为有挡墙的门口坡道,下图为两侧找坡的门口坡道
6	台阶	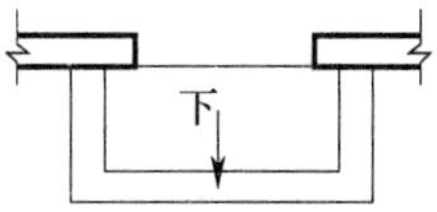	—
7	检查口		左图为可见检查口,右图为不可见检查口
8	孔洞		阴影部分亦可填充灰度或涂色代替
9	坑槽		—
10	新建的墙和窗	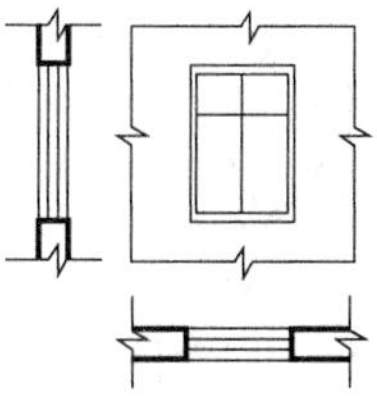	—

续表

序号	名称	图　例	备　注
11	单面开启单扇门（包括平开或单面弹簧）	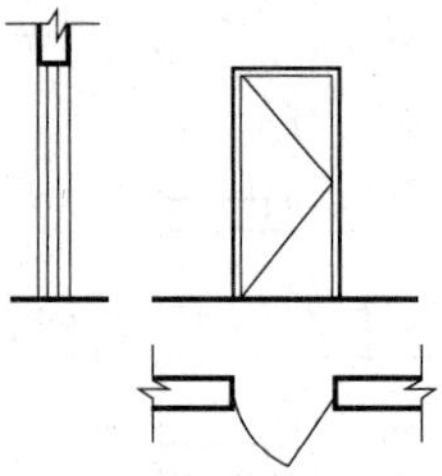	1. 门的名称代号用 M 表示 2. 平面图中，下为外，上为内　门开启线为 90°、60°或 45°，开启弧线宜绘出 3. 立面图中，开启线实线为外开，虚线为内开。开启线交角的一侧为安装合页一侧。开启线在建筑立面图中可不表示，在立面大样图中可根据需要绘出 4. 剖面图中，左为外，右为内 5. 附加纱扇应以文字说明，在平、立、剖面图中均不表示 6. 立面形式应按实际情况绘制
	双面开启单扇门（包括双面平开或双面弹簧）		
	双层单扇平开门		
12	单面开启双扇门（包括平开或单面弹簧）	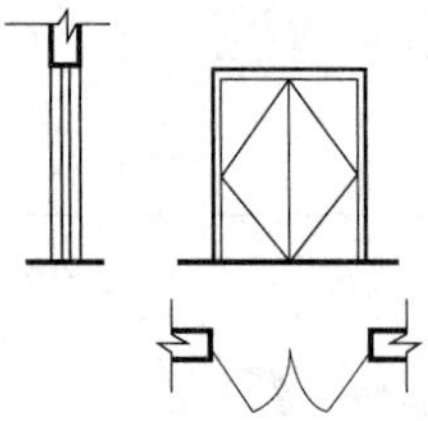	1. 门的名称代号用 M 表示 2. 平面图中，下为外，上为内　门开启线为 90°、60°或 45°，开启弧线宜绘出 3. 立面图中，开启线实线为外开，虚线为内开。开启线交角的一侧为安装合页一侧。开启线在建筑立面图中可不表示，在立面大样图中可根据需要绘出 4. 剖面图中，左为外，右为内 5. 附加纱扇应以文字说明，在平、立、剖面图中均不表示 6. 立面形式应按实际情况绘制
	双面开启双扇门（包括双面平开或双面弹簧）		
	双层双扇平开门		

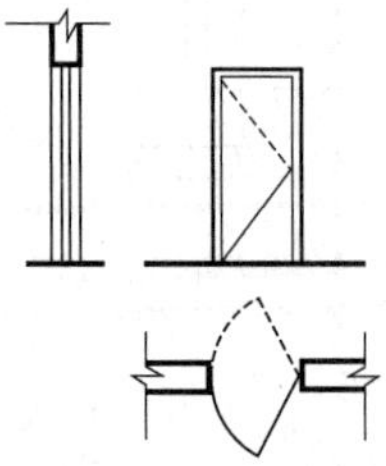

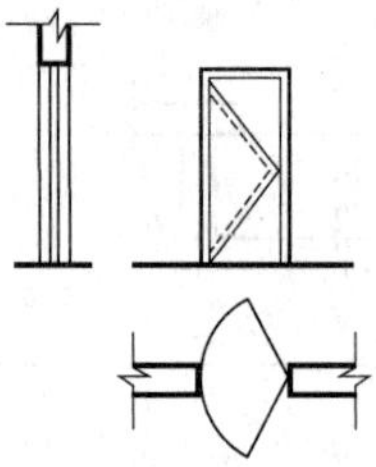

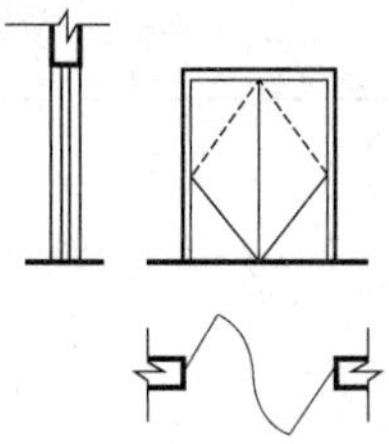

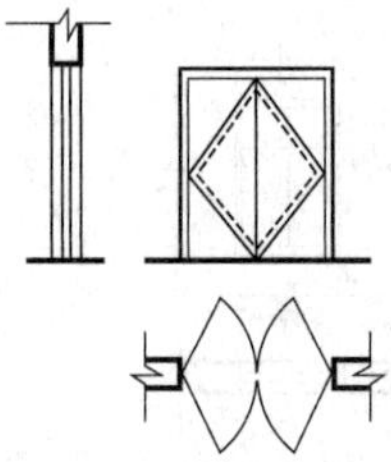

续表

序号	名称	图 例	备 注
13	单层推拉窗	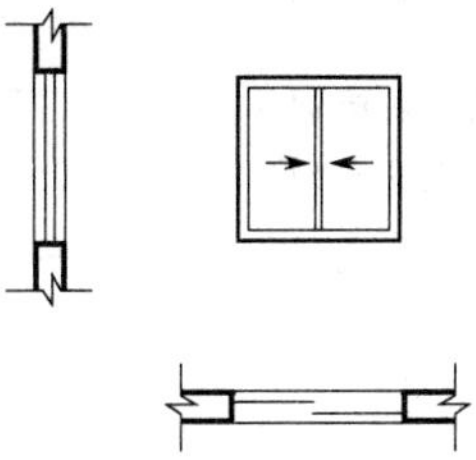	1. 窗的名称代号用 C 表示 2. 立面形式应按实际情况绘制
	双层推拉窗	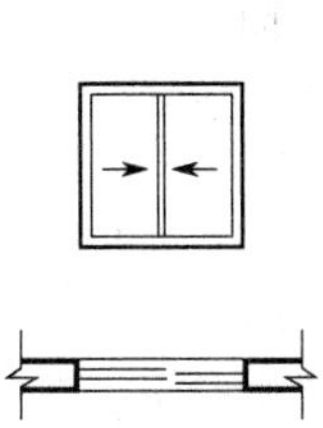	
14	电梯	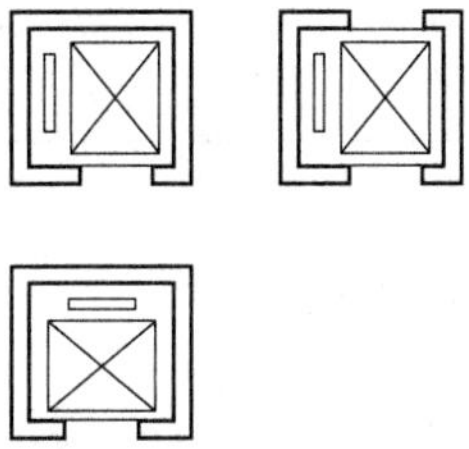	电梯应注明类型,并按实际绘出门和平衡锤或导轨的位置

钢筋混凝土建筑结构图例 表 3-2

序号	名 称	图 例
1	钢筋横断面	•
2	无弯钩的钢筋端部	
3	带半圆形弯钩的钢筋端部	
4	带直钩的钢筋端部	
5	带丝扣的钢筋端部	
6	无弯钩的钢筋搭接	
7	带半圆弯钩的钢筋搭接	
8	带直钩的钢筋搭接	
9	花篮螺丝的钢筋接头	
10	机械连接的钢筋接头	

序号	名　　称	图　　例
11	在结构楼板中配置双层钢筋时，底层钢筋的弯钩应向上或向左，顶层钢筋的弯钩则向下或向右	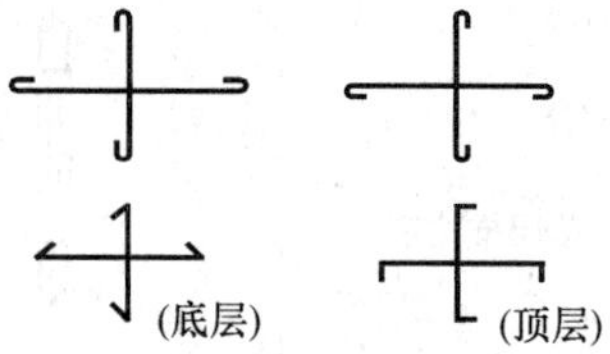 （底层）　（顶层）
12	钢筋混凝土墙体配双层钢筋时，在配筋立面图中，远面钢筋的弯钩应向上或向左，而近面钢筋的弯钩向下或向右（JM 近面，YM 远面）	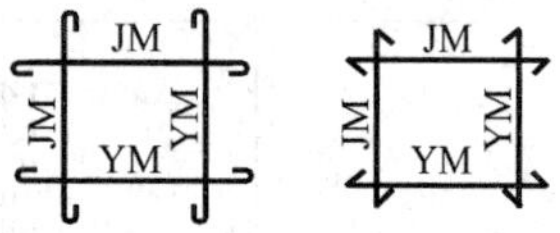
13	若在断面图中不能表达清楚的钢筋布置，应在断面图外增加钢筋大样图（如：钢筋混凝土墙，楼梯等）	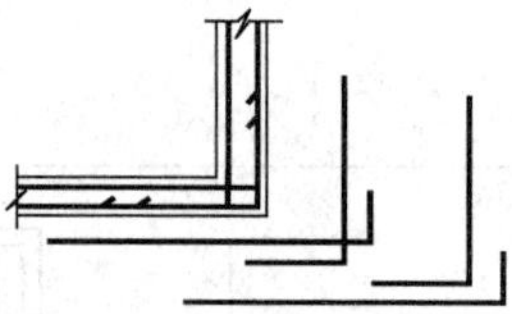
14	图中所表示的箍筋、环筋等若布置复杂时，可加画钢筋大样及说明	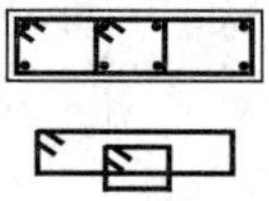
15	每组相同的钢筋、箍筋或环筋，可用一根粗实线表示，同时用一两端带斜短划线的横穿细线，表示其钢筋及起止范围	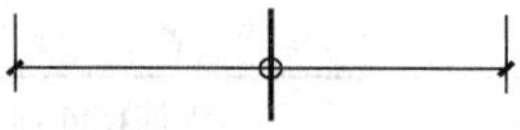

钢材代号

钢材	品　　种		代号
钢筋	热轧钢筋	HPB300	Φd
		HRB335	Φd
		HRB400	Φd
		HRB500	Φd
	冷拉钢筋	HPB300	$\Phi^l d$
		HRB335	$\Phi^l d$
		HRB400	$\Phi^l d$
		HRB500	$\Phi^l d$
	热处理钢筋		$\Phi^t d$
钢丝	碳素钢丝		$\Phi^s d$
	刻痕钢丝		$\Phi^k d$
	冷拔低碳钢丝甲级		$\Phi^b d$
	冷拔低碳钢丝乙级		$\Phi^b d$
钢绞线			Φd

3.2　施工图识读的方法和步骤

3.2.1　识图方法

一套建筑工程施工图纸往往有很多张，识图时需掌握看图的基本方法，一般可按如下方式进行："总体了解、顺序识读、前后对照、重点细读"的读图方法。

（1）总体了解

一般是先看目录、总平面图和施工总说明，以大致了解工程的概况，如工程设计单位、建设单位、新建房屋的位置、周围环境、施工技术要求等。对照目录检查图纸是否齐全，采用了哪些标准图并准备齐全这些标准图。然后看建筑平、立、剖面图，大体上想象一下建筑物的立体形象及内部布置。

（2）顺序识读

在总体了解建筑物的情况以后，再研究某专业图纸，先通读整个专业图纸，再详细阅读具体做法。根据施工的先后顺序，先看基本图，后看详细图；先看图形，后看尺寸；先看总尺寸，后看分尺寸。从基础、墙体（或柱）、结构平面布置、建筑构造及装修的顺序，仔细阅读有关图纸。

（3）前后对照

读图时，要注意平面图、剖面图对照着读，建筑与结构、建筑与设备、结构与设备图、设备与设备图对照着读，特别是相互之间有交叉的部位更应如此，做到对整个工程施工情况及技术要求心中有数。

（4）重点细读

重点细读根据工种的不同，将有关专业施工图再有重点的仔细读一遍，并将遇到的问题记录下来，及时向设计部门反映。

识读一张图纸时，应按由外向里看、由大到小看、由粗至细看、图样与说明交替看、有关图纸对照看的方法。重点看轴线及各种尺寸关系。

3.2.2　识图步骤

（1）看封面、目录

了解建筑物的名称、性质、等级、建筑面积，图纸的种类、张数及每张图纸的主要内容，建筑单位，设计单位，执业人员等情况。

（2）看设计总说明

了解建筑物的概况、设计原则、统一做法及对施工的总要求等。

（3）看总平面图

了解建筑物的地理位置、高程、朝向、层数、占地面积、平面形状、周围环境以及新建建筑物的定位关系。

（4）看建筑施工图

先看各层平面图，了解建筑物的长度、宽度、轴线尺寸、室内布局及功能、主要结构类型等，再看立面图和剖面图，了解建筑物的层高、总高、各部位的大致做法。基本图看懂后，要大致想象出建筑物的立体图形。

（5）看建筑详图

了解各部位的详细尺寸、所用材料、具体做法。

（6）看结构施工图

先看结构设计说明，基础施工图，再看结构平面图，后看结构详图。了解基础的形状、埋深，梁、柱、墙、板、预埋件和预留孔的位置、标高、构造，结构材料的品种、规格型号、等级和施工方法等。

（7）看设备施工图

主要了解各种管线的管径、走向、标高、材料和数量，了解设备的位置、规格型号以及安装的要求。

要想熟练地正确识读施工图，除了要掌握投影原理、熟悉国家制图标准外，还必须掌握建筑材料、建筑构造、建筑结构、建筑设备等方面的知识，结合各专业施工图的用途、图示内容和表达方法，才能更准确地识读建筑施工图纸。此外，还要经常深入到施工现场，对照图纸，观察实物，理论联系实际，反复对比，才能深入理解图纸，也是提高识图能力的一个重要方法。

3.3　建筑施工图识读

建筑施工图主要表示建筑物的总体布局、外部造型、内部布置、细部构造、内外装饰以及一些固定设施和施工要求。为建造房屋时定位放线，砌筑墙身，制作楼梯、屋面，安装门窗、固定设施以及室内外装饰服务。

建筑施工图主要包括建筑平面图、立面图、剖面图和建筑详图。

总平面图反映新建房屋的总体施工要求和布局，一般放在建筑施工图内，也有单独列出一张图的。建筑平面图、立面图、剖面图是建筑施工图中最基本的图样，它们相互配合可反映房屋的全貌。本教材以北京东方华太建筑工程有限责任公司设计的某公司的餐厅宿舍楼为例进行讲解。

3.3.1　建筑设计说明

下面为建施-01 改编后的节选，为区别书的正文用框框起来（下文的结构、给水排水、暖通空调、电气设计说明均加了一个框）。一般是一套图纸的首页，一般包括建筑物的概况、结构类型、主要结构的施工方法、设计原则、统一做法、设计使用年限、使用的标准图或通用图集号、门窗表以及对施工的总要求等。

建筑设计说明（节选部分）

一、设计依据（略）

二、工程概况

1. 工程名称：北京英迈特矿山机械公司宿舍餐厅。

2. 本工程为二层框架结构，建筑耐火等级为二级。建筑耐久年限：三类（50 年）。

---

3. 本工程抗震设防烈度为 8 度。

4. 建筑面积：1421m²。

三、标高及高差

1. 本工程室内外高差 0.450m。

2. 本工程标高以米（m）为单位，尺寸以毫米（mm）为单位。

四、建筑设计及选用材料

1. 墙体：加气混凝土砌块 300 厚外墙和 200 厚内隔墙，容重≤700kg/m³，M5 混合砂浆砌筑，轻钢龙骨石膏隔墙、房间隔墙见 08BJ2-6，G3、Y1。散水：88J1-1 散 1。

2. 台阶做法 12BJ1-1 13B，台阶部分及台阶上下各一步踏步宽做麻面，其余做光面。

3. 屋面做法：上人屋面屋 12BJ1-1 屋 3，A3Ⅱ5 和不上人屋面 12BJ1-1 屋 11，A3Ⅱ5，防水层 4 厚 SBS 与 3 厚改性沥青。保温层 100 厚加气混凝土块＋50 厚聚苯板。屋面采用有组织排水。排雨水管选用白色 φ100PVC。

4. 窗户采用 88J13-1 塑钢窗，详见门窗表。门采用 88J13-1 塑钢门，88J13-3 木门。

5. 木材表面露明部分：88J1 油 1，不露明部分表面满刷木材防腐油漆，露明金属附件表面应做防锈处理，88J1 油 22，油漆颜色与所处墙面同色。

五、材料做法一览表、门窗表

门 窗 表 （仅列出部分示意）

类型	门窗编号	洞口尺寸	一层	二层	合计	图集号	编号	备注
塑钢管	C-1	1800×1700	14	16	30			推拉带纱窗
	C-2	1500×1700	2	2	4			
	C-3	1200×1700	2	2	4			
铝合金百叶窗	BY-1	1500×200	2		2			
不锈钢框	M-1	3000×2400	3		3			玻璃门
木 门	M-2	1500×2100	4	3	7	88J13-3	1521M1	
	M-3	1200×2100	5		5	88J13-3	1221M1	
	M-4	1000×2100	4	17	21	88J13-3	1021M1	
塑钢门	M-7	1500×2100	1		1	88J13-1	1523M1 改	

材料做法表　　　　　　　　12BJ1-1 工程做法

楼层	房间名称	地　面		楼　面		顶　棚		墙　面	踢脚
一层	门厅	花岗石	地19			纸面石膏板	棚27	乳胶漆 内墙46	花岗石 踢11
	餐厅、走道、更衣间	通体砖	地9-3			矿棉吸声板	棚36	乳胶漆 内墙6	地砖 踢6-3
	卫生间、清洁间、厨房、备餐间	防滑地砖	地9F-2			铝扣板	棚52	釉面砖 内墙38	
	经理餐厅	木地板	地27			纸面石膏板	棚27	装饰布 内墙19	硬木踢脚 踢12A1-2
二层	宿舍			通体砖	楼80-3	乳胶漆	棚8	乳胶漆 内墙6	地砖 踢6-3
	卫生间、洗衣间			防滑地砖	楼9F	铝扣板	棚52	釉面砖 内墙38	
	走道			通体砖	楼80-5	矿棉吸声板	棚36	乳胶漆 内墙6	地砖 踢6-3
	楼梯间			花岗石	楼16	乳胶漆	棚8B	乳胶漆 内墙6	花岗石 踢11

六、建施图纸目录（略）

一些地方的施工图还单独列有防火设计专篇等文字说明。防火设计专篇一般按总平面、建筑、结构、设备等专业说明所建项目满足防火设计规范情况和采取的主要措施等。

3.3.2　总平面图

将拟建工程场地一定范围内的新建、计划扩建、原有和拆除的建筑物、构筑物的位置、标高、道路布置，连同周围的地形地物状况，用水平投影的方法画出的图样，即为总平面图。总平面图上标注的尺寸一律以米为单位，且一般注写到小数点后第二位。

总平面图是新建筑物定位、施工放线、土方施工和施工总平面布置的依据，也是室外工程总平面布置的依据。部分总平面图常用图例见表3-3。总平面图一般要表达出建筑红线范围，建筑红线是指由有关机构（如规划土地管理部门）批准使用土地的地点及大小范围。

现以某公司总平面图为例，见图3-17。说明阅读总平面图的方法以及总平面图所表达的具体内容。

（1）先看图样的名称、比例、图例与文字说明。因其包括的地方范围较大，所以绘制时都使用较小比例，常用比例1∶500、1∶1000、1∶2000等。如本例总平面图的比例为1∶500。

图中使用较多图例符号，如用粗实线画出的图形是新建建筑底层的平面轮廓；建筑物入口处实线断开；细实线画出的是道路和绿化，细虚线表示二期工程建筑底层的平面轮廓。各建筑平面图内右上角的数字或小黑点数表示了房屋的层数（6层及以上用阿拉伯数字表示），在该总平面图中，新建餐厅宿舍楼为2层、办公楼为3层，局部1层，车间为1层。

按建筑总图标准规定的图例绘制的总平面图一般不再单独说明，但由设计者自定的图例，要画出并注明名称。

图中的风向频率玫瑰图既表示该地区的风向频率，又表明总平面图内建筑物、构筑物的朝向。

部分总平面图常用图例　　　　　　　　　　　　　　　表 3-3

序号	名称	图　　例	备　　注
1	新建建筑物	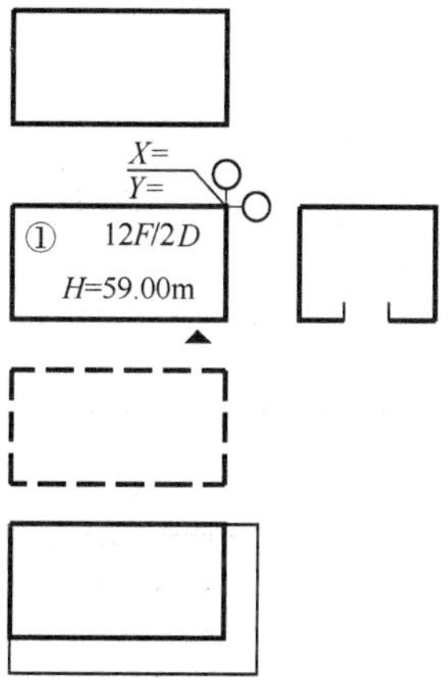 $X=$ $Y=$ ① 12F/2D H=59.00m	新建建筑物以粗实线表示与室外地坪相接处±0.00外墙定位轮廓线 建筑物一般以±0.00高度处的外墙定位轴线交叉点坐标定位。轴线用细实线表示，并标明轴线号 根据不同设计阶段标注建筑编号，地上、地下层数，建筑高度，建筑出入口位置（两种表示方法均可，但同一图纸采用一种表示方法） 地下建筑物以粗虚线表示其轮廓 建筑上部（±0.00以上）外挑建筑用细实线表示 建筑物上部轮廓用细虚线表示并标注位置
2	原有建筑物	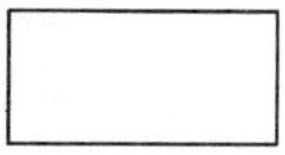	用细实线表示
3	计划扩建的预留地或建筑物		用中粗虚线表示
4	拆除的建筑物	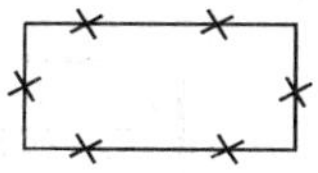	用细实线表示
5	建筑物下面的通道	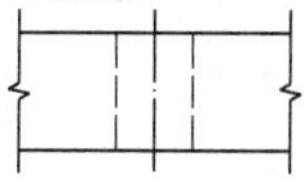	—
6	围墙及大门	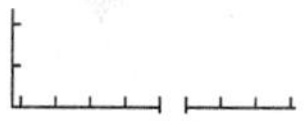	—

续表

序号	名称	图 例	备 注
7	露天桥式起重机	$G_n=(t)$	起重机起重量 G_n，以吨（t）计算 "+"为柱子位置
8	坐标	1. $X=105.00$ $Y=425.00$ 2. $A=105.00$ $B=425.00$	1. 表示地形测量坐标系 2. 表示自设坐标系 坐标数字平行于建筑标注
9	方格网交叉点标高	-0.50 | 77.85 | 78.35	"78.35"为原地面标高 "77.85"为设计标高 "－0.50"为施工高度 "－"表示挖方（"＋"表示填方）
10	填挖边坡		—
11	雨水口	1. 2. 3.	1. 雨水口 2. 原有雨水口 3. 双落式雨水口
12	消火栓井		—
13	室内地坪标高	151.00 ▽ (±0.00)	数字平行于建筑物书写
14	室外地坪标高	▼ 143.00	室外标高也可采用等高线

续表

序号	名称	图　例	备　注
15	新建的道路		"R=6.00"表示道路转弯半径；"107.50"为道路中心线交叉点设计标高，两种表示方式均可，同一图纸采用一种方式表示；"100.00"为变坡点之间距离，"0.30%"表示道路坡度，——表示坡向
16	原有道路		—
17	草坪		1. 草坪 2. 表示自然草坪 3. 表示人工草坪
18	花卉		—
19	常绿针叶乔木		—
20	落叶针叶乔木		—
21	常绿阔叶乔木		—
22	落叶阔叶乔木		—
23	常绿阔叶灌木		—
24	管线	——代号——	管线代号按国家现行有关标准的规定标注 线型宜以中粗线表示

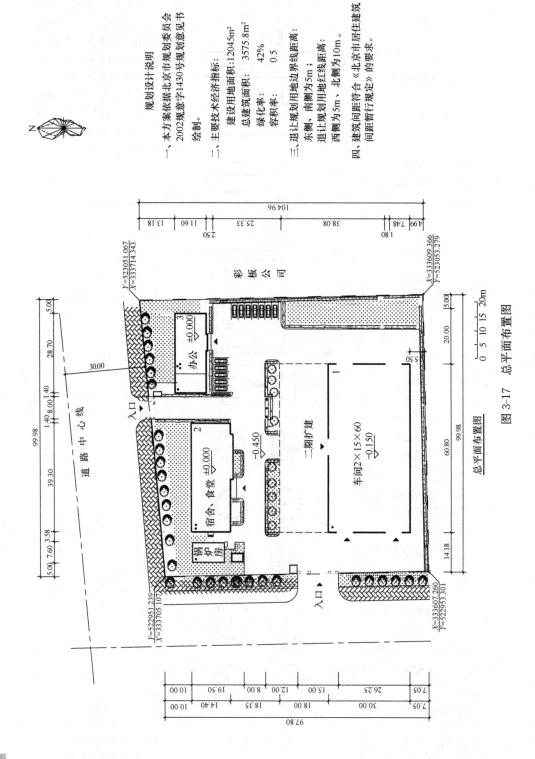

图 3-17　总平面布置图

规划设计说明

一、本方案依据北京市规划委员会 2002规意字1430号规划意见书绘制。

二、主要技术经济指标：
建设用地面积：1204.5m²
总建筑面积：3575.8m²
绿化率：　42%
容积率：　0.5

三、退让规划用地边界线距离：
东侧、南侧为5m；
退让规划用地红线距离：
西侧为5m，北侧为10m。

四、建筑间距符合《北京市居住建筑间距暂行规定》的要求。

（2）了解工程的性质、用地范围、地形地物和高程情况。从图标、图名和图中各房屋所标注的名称，可知拟建工程北面、西面靠城市道路，东面与彩板公司为邻。建筑场地四周有坐标，可计算出占地面积，地形、高差没有显示，因为地形平坦，基本无高差。

（3）明确新建筑物的位置和朝向。根据图中指北针的指向，可以确定办公楼入口朝南，北面是城市道路，餐厅宿舍楼有两个入口，主入口朝南，次入口（厨房入口）朝西。总平面图中建筑物的朝向也可以用风玫瑰确定。

房屋的位置可用定位尺寸或坐标确定。定位尺寸一般注出与原建筑物或道路中心线的联系尺寸。用坐标确定位置时，一般注出房屋两个角的坐标，当建筑不规整时要多标注转角，以表达清楚为准。

建筑总平面使用的坐标有两种：测量坐标网（大地坐标）和施工坐标网。测量坐标把南北方向称为纵坐标轴方向，用 X 表示；东西方向的横坐标轴方向用 Y 表示，并以 100m×100m 或 50m×50m 为一方格，测量坐标网在总平面图上用细实线画成交叉十字线。施工坐标网是人为设定的系统，将总平面图上坐标轴的方向与主建筑物的轴线方向相平行，坐标轴代号用 A，B 表示。施工坐标网在总平面图上用细实线画成网格通线。

（4）了解周围环境情况。从图中可以看出，交通主入口、次入口，东面邻居等。

3.3.3 建筑平面图

1）建筑平面图的分类与作用

一般分为楼层平面图和屋顶平面图，楼层平面图包括底层平面图、中间层平面图、顶层平面图。屋顶平面图是一幢房屋的水平投影。底层平面图又称为首层平面图或一层平面图。它是所有建筑平面图中首先绘制的一张图。参见图 3-18 一层平面图、图 3-19 二层平面图。

平面图反映房屋的大小形状、各房间的布置情况，反映墙柱的位置和尺寸以及反映门窗的类型和尺寸，也是施工放线、砌墙、安装门窗、编制概预算的依据。

2）建筑平面图包括的基本内容

（1）图名、比例、朝向；

（2）定位轴线及其编号；

（3）建筑物及组成房间的名称和平面位置、形状、大小，墙、柱的断面形状和尺寸等；

（4）门、窗的位置、尺寸及编号。如果有高窗，要标出窗底距该层楼（地）面的距离，因剖切面在高窗下，因此常用虚线在该层表示出；

（5）走廊楼梯（电梯）或台阶的位置、形状及尺寸等；

（6）标注建筑物的外形、内部尺寸和室内地面各部分的标高以及坡比与坡向等；

（7）底层平面图还应画出室外台阶、花台、散水、雨篷的位置及细部尺寸，还有指北针和剖切位置符号和编号；

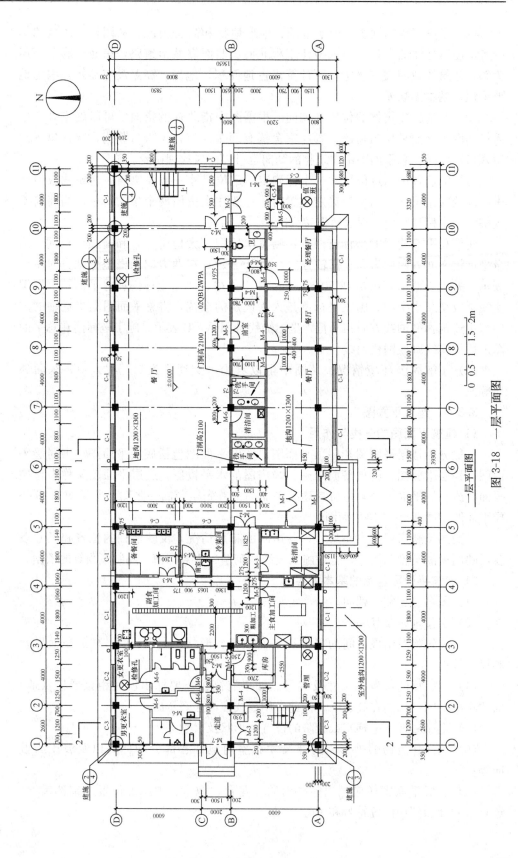

图 3-18　一层平面图

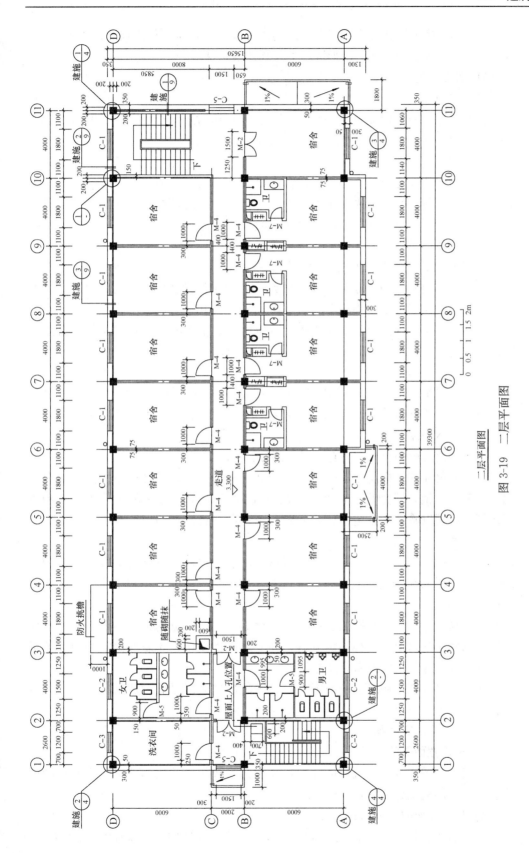

二层平面图

图 3-19 二层平面图

（8）屋顶平面图还要标明屋顶上的构配件及屋面排水等组织情况。如女儿墙、檐沟、屋面坡度、分水线、变形缝、上人孔、消防梯等。

3）规定画法

（1）比例

按照《建筑制图标准》，绘制建筑平面图时可选用的比例有 1：50、1：100、1：200。但通常的建筑平面图多采用 1：100、1：200。

（2）朝向

为了更加精确地确定房屋的朝向，在底层平面图上应加注指北针（一般总平面图上标注风向频率图，底层平面图上标注指北针，通常两者不得互换，且所示的方向必须一致）。其他层平面图上不再标注。

（3）图线

为了加强平面图中各个构件间的高度差和剖切时的空实感，标准规定，在建筑平面图上，剖切部分的投影用粗实线绘制，而未被剖切的部分（如窗台、楼地面、梯段、卫生设备、家具陈设等）的轮廓线应使用中实线或细实线绘制。有时为了表达被遮挡的或不可见的部分（如高窗、吊柜等），可用中虚线绘制其轮廓线。

（4）材料图例

按照《建筑制图标准》，当选用 1：200、1：100 的比例时，建筑图上墙和柱的断面应画简化的材料图例，即砖墙涂红（有时也可不涂），钢筋混凝土涂黑。

（5）尺寸标注

建筑平面图中的尺寸主要有以下几部分：

①外部尺寸——标注在建筑平面图轮廓以外的尺寸，通常按照标注的对象不同，又分为三道，分别是（由外往内的顺序）：第一道尺寸表示房屋的总长和总宽；第二道用以确定各条定位轴线间的距离；第三道表达门、窗水平方向的定型和定位尺寸。

②内部尺寸——应注写在建筑平面图的轮廓线内，它主要用来表示房屋内部的构造和主要家具陈设的定型和定位尺寸，如室内门洞的大小和定位等。内部尺寸应就近标注。

③标高尺寸——主要指某层楼面（或地面）上各部分的标高。该标高尺寸应以建筑物底层室内地面的标高为基准。在底层平面图中，还需标出室外地坪的标高值（同样以底层室内地面标高为参照）。

④坡度尺寸——在屋顶平面图上，应标注出描述屋顶坡度的尺寸，该尺寸通常包括：坡比与坡向。

3.3.4　建筑立面图

1）建筑立面图的作用

建筑立面图是表示建筑物的外观特征和艺术效果，并表明外墙装饰要求的图样，也是编制概预算的重要依据。

2）建筑立面图所表示的内容

从立面图，如图 3-20 南北立面图、图 3-21 东立面图中应可以看出以下内容：

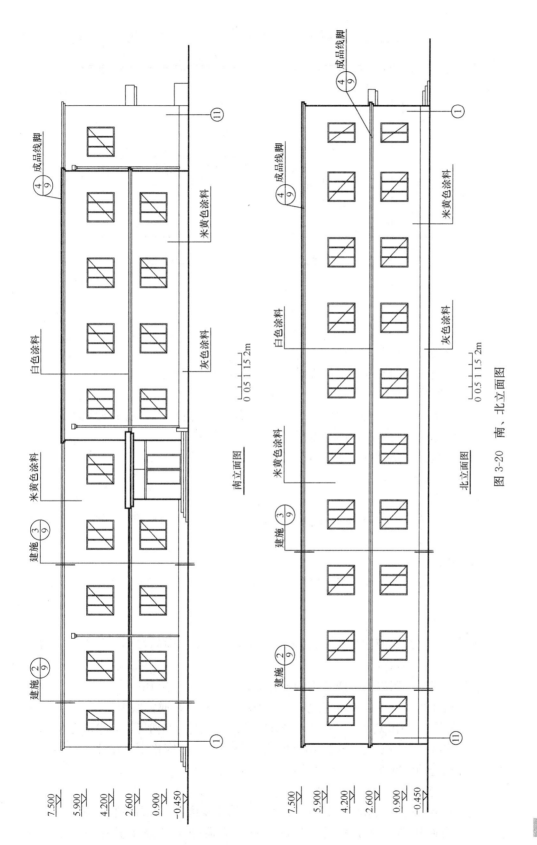

图 3-20 南、北立面图

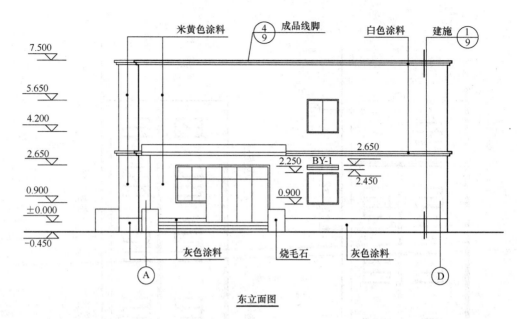

东立面图

图 3-21 东立面图

（1）图名、比例；

（2）立面图两端或分段定位轴线及编号，详图索引符号等；

（3）建筑物立面的外观特征、形状及凹凸变化；

（4）建筑物各主要部位的形状、位置、尺寸及标高，如室内外地面、窗台、雨篷等处的标高及门窗洞口的高度尺寸等；

（5）外墙面装修材料、构造做法及施工要求等。

3）规定画法

（1）比例

建筑立面图应与平面图的比例一致。按照《建筑制图标准》，常用的比例有 $1:50$、$1:100$、$1:200$。

（2）定位轴线

立面图上的定位轴线一般只画两根（两端），且编号应与平面图中的该轴线相对应。

（3）图线

为了增加建筑立面图的图面层次，绘图时常采用不同的线型。按照《建筑制图标准》，主要线型有：

①粗实线——用以表示建筑物的外轮廓线，其线宽定为 b；

②加粗实线——用以表示建筑物室外地坪线，其线宽通常取为 1.4b；

③中实线——用以表示门窗洞口、檐口、阳台、雨篷、台阶等，其线宽定为 0.5b；

④细实线——用以表示建筑物上的墙面分隔线、门窗格子、雨水管以及引出线等细部构造的轮廓线，它的线宽约为 0.23b。

（4）图例

立面图上，门窗也应该按照表 3-1 所示常用建筑构造及配件图例表示。

为了简便作图，对于相同型号的门窗，只需详细地画出其中的一、两个即可。

（5）尺寸标注

在立面图上通常只表示高度方向的尺寸，且该类尺寸主要用标高尺寸表示。一般情况下，一张立面图上应标注出：室外地坪、勒脚、窗台、窗沿、雨篷底、阳台底、檐口顶面等各部位的标高。

通常，立面图上的标高尺寸，应注写在立面图轮廓线以外，分两侧就近注写。注写时要上下对齐，并尽量使它们位于同一条铅垂线上。但对于一些位于建筑物中部的结构，为了表达更为清楚，在不影响图面清晰的前提下，也可就近标注在轮廓线以内。

立面图中所标注的标高尺寸有两种：建筑标高和结构标高。在一般情况下，用建筑标高表示构件的上表面（如阳台的上表面、檐口顶面等）；而用结构标高表示构件的下表面（雨篷、阳台的底面等）。但门窗洞的上下两面必须用结构标高。

（6）装饰做法的表示

一般情况下，外墙的装饰做法可利用文字说明或材料图例表示（就在立面图中），但有时也可写在施工总说明中。当文字出现在图中时，应加上徒手绘制的引出线。

3.3.5 建筑剖面图

1）建筑剖面图的作用

建筑剖面图反映建筑物内部的竖向结构和特征及内部装修情况，可作为室内装修、编制工程概预算、施工备料的依据。

2）建筑剖面图所表示的内容

从建筑剖面图，如图 3-22 剖面图中应可以看出以下内容：

（1）图名、比例；

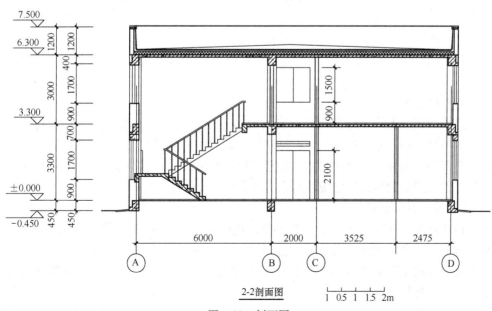

2-2剖面图

图 3-22　剖面图

（2）剖切到的各部位的位置、形状，如室内外的地面、楼板层、屋顶层、内外墙、楼梯梯段等；

（3）未剖到的可见部分，如楼梯栏杆和扶手、踢脚线、门窗等；

（4）内外墙的尺寸及标高；

（5）墙体的定位轴线、编号；

（6）详图索引号。

3）规定画法

（1）比例

绘制建筑剖面图，可以采用与建筑平面图相同的比例。但有时为了将房屋的构造，表达得更加清楚，《建筑制图标准》GB/T 50104—2010 也允许采用比平面图更大的比例。可选用的比例有 1∶50、1∶100、1∶200。

（2）定位轴线

剖面图上定位轴线的数量比立面图的要多，通常只画被剖到的墙或柱的轴线。

（3）剖切平面的选取

为了较好地反映建筑物的内部构造，应合理地选择剖切平面。在选择剖切平面时，应注意以下几点：

①剖切平面通常是与纵向定位轴线垂直的铅垂面。

②通常要将剖切平面选择在那些能反映房屋全貌和构造特征的地方（应尽量多的通过房屋内的门窗，以反映出它们的高度尺寸），或选择在具有代表性的特殊部位，如楼梯间等。

③一般情况下，建筑剖面图所选用的是单一的剖切平面，但在需要时，允许转折一次（即为阶梯剖面图）。

（4）剖面图的名称和数量

建筑剖面图的名称，应和平面图上所标注的一致。而剖面图的数量，则取决于建筑物的复杂程度及施工时的实际需要。

（5）图例

建筑剖面图也应该按照表 3-1 所示常用建筑构造及配件图例表示有关的构配件。

（6）尺寸标注

建筑剖面图上既要标注被剖切到的墙体、柱等的定位轴线间的间距，又要标出大量的竖向的尺寸（包括图中可见到的室内门窗的定型尺寸等），还要标出图中各主要部分的标高尺寸（主要指各层楼面的地面标高、楼梯休息平台的地面标高。通常，剖面图中的标高尺寸应注写在有关高度尺寸的外侧）。

3.3.6　建筑详图

由于建筑平面图、立面图、剖面图的比例较小，许多细部的构造无法表示清楚，因此，需要将比例增大，使图能够清楚地表达建筑物的局部详尽构造，这种建筑细部的施工图称为详图。建筑详图种类很多，有节点详图、墙身详图（墙身大样图）及楼梯详图等。

对于套用标准图或通用图的建筑构配件和节点，只要注明所套用图集的名称、型号或页次（索引符号），就可不必再画详图。

对于建筑构造节点详图，除了要在平、剖、立面图中的有关部位绘注索引符号外，还应在详图上绘注详图符号或写明详图名称，以便对照查阅。

对于建筑构配件详图，一般只要在所画的详图上写明该建筑构配件的名称或型号，就不必在平、剖、立面图上绘索引符号。

现仅介绍外墙身和楼梯详图。

1）外墙详图

（1）详图画法及作用。如图 3-23 墙身详图所示。外墙身详图实际是建筑剖面图中外墙从室外地坪以下到屋顶檐部的局部放大图。它表明房屋顶层、楼板层、地面檐部的构造，楼板与墙的连接，门窗顶、窗台与勒脚、散水等的构造情况，施工时，可以为砌墙、预留门窗洞口、安放预制构配件、室内外装修等提供依据。

（2）详图所表示的内容。从外墙身详图 3-23 中可以看出以下内容：

①墙的厚度与各部分的尺寸变化及与定位轴线的关系。

②防潮层、室内地面和室外勒脚及散水的构造做法。

③各层墙体与圈梁、楼板等构件的连接关系及连接做法。表明各层地面、楼面等的标高及构造做法，表明门窗洞口的高度及标高。

④檐口节点表明屋面的高度、标高及构造做法。

（3）规定画法

外墙节点详图上所标注的定位轴线编号应与其他图中所表示的部位一致，其详图符号也要和相应的索引符号对应。

由于外墙详图是由几个节点图组合而成的，为了表示各节点图间的联系，通常将它们画在一起，中间用折断符号断开。

在外墙详图上，应标出绘图时采用的比例。绘图比例通常标注在相应详图符号的后面，但由于各节点图所用比例一致，故也可采用标注在定位轴线的后面。

有时也可采用同一个外墙详图来表示几面外墙，此时应将各墙身所对应的定位轴线编号全部标上。或者采用其他方式说明，这时只画轴线，不再标编号。

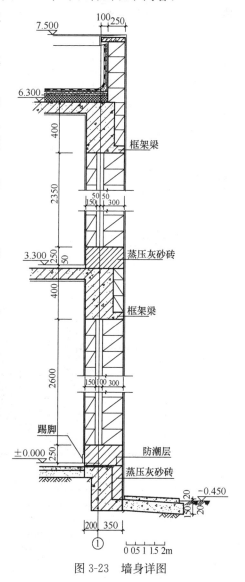

图 3-23　墙身详图

标高标注时，可用带括号的标高来表示上一层的标高。

在外墙详图中，可用图例或文字说明来表示有关楼（地）面及屋顶所用的建筑材料，包括材料的混合比、施工厚度和做法、内外墙面的做法等。

2）楼梯详图

楼梯详图是楼梯间局部平面及剖面图的放大图，是楼梯施工放料的主要依据。楼梯详图包括楼梯平面图、楼梯剖面图和踏步、栏杆（栏板）、扶手等节点详图。如图 3-24 楼梯详图所示。

（1）楼梯平面图

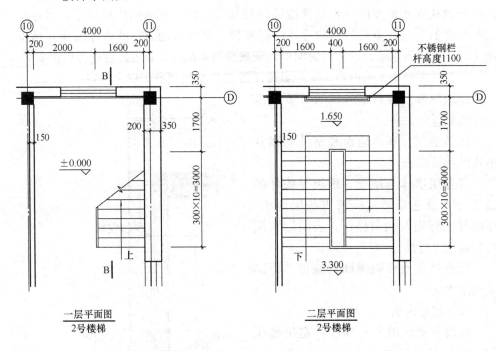

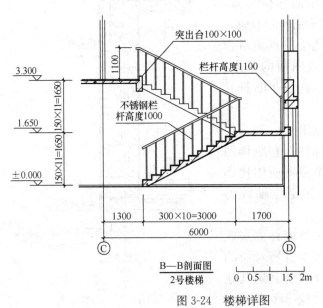

图 3-24　楼梯详图

①楼梯平面图有：楼梯底层平面图、楼梯中间层平面图和楼梯顶层平面图。但如果中间各层中某层的平面布置与其他层相差较多，也可专门绘制。常用的楼梯比例是1∶50。

②楼梯间在建筑中的位置与定位轴线的关系，应与建筑平面图上的一致。

③楼梯段、休息平台的平面形式和尺寸，楼梯踏面的宽度和踏步级数，以及栏杆扶手的设置情况。

④楼梯间开间、进深情况，以及墙、窗的平面位置和尺寸。

⑤室内外地面、楼面、休息平台的标高。

⑥底层楼梯平面图还表明剖切位置。

⑦为了避免与踏步线混淆，按制图标准规定，剖切线应用倾斜的折断线表示（折断线的倾斜角度通常为45°），并用箭头表示楼梯段的走向（或向上或向下），同时标出各层楼梯的踏步总数。

（2）从楼梯剖面图中应看出的内容

①楼梯在竖向和进深方向的有关尺寸和标高，如各楼层休息平台的标高。

②楼梯间墙身的轴线号、轴线间距、楼梯结构及与墙柱的连接。

③踏步的宽度与高度、踏步的级数、栏杆扶手的高度及做法，楼梯间门窗的位置及尺寸等。

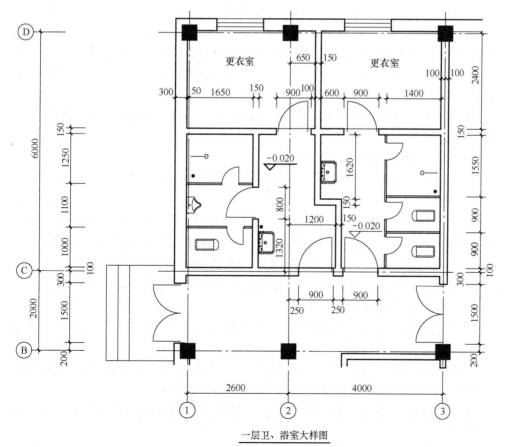

一层卫、浴室大样图

图 3-25　卫生间详图

（3）楼梯节点详图

一般表示梯段、踢面、踏面、扶手等的尺寸、标高及材料做法等，常用比例为 1：20、1：10、1：5 等。如果选用标准图能表达清楚，就可以省去节点详图。

3）卫生间平面详图

一般可以看出：蹲位（或坐便器）的个数、位置；小便器（或小便槽）的数量、位置；洗手盆的数量、位置；污水盆的数量、位置；隔板的选型（尺寸、开门方向、高度、材质等）等。如图 3-25 所示。

3.4　结构施工图识读

建筑设计完成之后，根据建筑各方面的要求，在进行结构选型和构件布置时，通过力学计算，决定各承重构件（基础、柱、承重墙、梁、板）的材料、形状、大小以及内部构造等，并将设计结果绘制成图样，以指导施工，这种图称为结构施工图。

结构施工图包括结构设计说明、结构平面布置图（基础平面布置图、楼层平面结构布置图、屋面平面结构图）和构件详图（梁、板、柱结构详图，楼梯结构详图，基础详图，屋架结构详图）等。

结构设计说明，一般包括：基础内容有地基承载力、地下水位、冰冻线、地震烈度及对不良地基的处理要求等；建筑物各部位设计荷载的选用如风荷载、雪荷载等；标准图的套用及有关构造做法；预制构件统计表；对新结构、新材料、新工艺及有特殊要求的部位说明其施工技术和质量要求；结构构件的材料选用。下面方框内是该工程的结构设计说明（节选）。

房屋结构的基础构件如梁、板、柱等种类繁多，国标规定了每类构件的代号，常用结构构件代号见表 3-4。

3.4.1　钢筋混凝土的基本知识

混凝土是由水泥、石子、砂子和水按一定比例拌合在一起，凝固后形成的一种人造石材。混凝土的抗压强度较高，但抗拉强度较低，受拉后容易断裂。为了提高混凝土构件的抗拉能力，常在混凝土构件的受拉区内配置一定数量的钢筋，使两种材料粘接成一个整体，共同承受外力。这种配有钢筋的混凝土，称为钢筋混凝土。用钢筋混凝土制成的构件，称为钢筋混凝土构件。这种构件有工地现浇的，也有工厂预制的，分别称为现浇钢筋混凝土构件和预制混凝土构件。

1）钢筋的作用与分类

配置在钢筋混凝土结构中的钢筋，按其作用可分为下列几种。如图 3-26 钢筋混凝土构件配筋示意图所示。

（1）受力钢筋（主筋）——承受拉、压应力的钢筋。用于梁、板、柱等各种钢筋混凝土构件。梁、板内受力筋还分为直筋和弯筋两种。

（2）箍筋——承受一部分斜拉应力，并固定受力筋、架立筋的位置，多用于梁和柱内。

结构施工图设计说明（节选部分）

二、建筑结构的安全等级：__二__级；设计使用年限：__50__年。

九、主要结构材料

1. 钢筋（热轧钢筋）：$d \leqslant 10$mm 时，为 HPB300（Ⅰ级）钢筋（φ）

$d > 10$mm 时，为 HRB400（Ⅲ级）钢筋（Φ）

框架柱主筋为：HRB400（Ⅲ级）钢筋（Φ）

2. 混凝土：各部分结构构件的混凝土强度等级：

构件部位	混凝土强度等级	备 注
基础垫层	C15	
基础板、基础梁	C35	
框架柱	C35	节点区同框架柱
框架梁、梁、楼板、楼梯	C30	节点区同框架柱
填充墙的构造柱及圈梁	C25	

十、钢筋混凝土结构构造

4. 现浇钢筋混凝土板

主次梁相交时，应采用图五附加箍筋的做法。

5. 梁侧面纵向构造钢筋

当梁高≥450时，除注明外均设置侧面纵向构造钢筋，直径为Φ14，间距不大于200，并保证单侧配筋率≥0.1%。

6. 钢筋混凝土过梁

填充墙洞口过梁可根据建施图纸的洞口尺寸按92G21过梁通用图集选用，荷载可按一级取用。

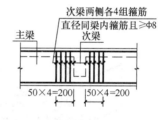

图五

当洞口紧贴柱或墙时，过梁改为现浇。施工主体结构时，应按相应的梁详图，在柱（墙）内预留相应插筋。插筋在柱（墙）内锚固长度为La，伸出柱（墙）外长度为L1或过梁全长。现浇过梁断面及配筋详图（梁长＝洞宽＋2×250）：

序号	洞口宽度 B (mm)	过梁钢筋 ①	过梁钢筋 ②	过梁钢筋 ③	过梁尺寸 $b \times h$	过梁配筋示意图
1	$B < 900$	3φ8	3φ8	φ6@150	$b \times 120$	
2	$900 \leqslant B < 1500$	2Φ12	2Φ12	φ6@150	$b \times 200$	
3	$1500 \leqslant B < 2500$	2Φ14	2Φ12	φ6@150	$b \times 250$	
4	$2500 \leqslant B < 3600$	3Φ16	2Φ12	φ6@150	$b \times 300$	

十五、图纸目录

序 号	图 号	图 名	规 格
1	结施—01	餐厅宿舍结构设计总说明	A2
2	结施—02	餐厅宿舍楼基础平面布置图	A2
3 ……			

常用构件代号　　　　　　　　　　　　　　　表 3-4

序号	名称	代号	序号	名称	代号	序号	名称	代号
1	板	B	15	吊车梁	DL	29	基础	J
2	屋面板	WB	16	圈梁	QL	30	设备基础	SJ
3	空心板	KB	17	过梁	GL	31	桩	ZH
4	槽形板	CB	18	连系梁	LL	32	柱间支撑	ZC
5	折板	ZB	19	基础梁	JL	33	垂直支撑	CC
6	密肋板	MB	20	楼梯梁	TL	34	水平支撑	SC
7	楼梯板	TB	21	檩条	LT	35	梯	T
8	盖板或沟盖板	GB	22	屋架	WJ	36	雨篷	YP
9	挡雨板或檐口板	YB	23	托架	TJ	37	阳台	YT
10	吊车安全走道板	DB	24	天窗架	CJ	38	梁垫	LD
11	墙板	QB	25	框架	KJ	39	预埋件	M
12	天沟板	TGB	26	刚架	GJ	40	天窗端臂	TD
13	梁	L	27	支架	ZJ	41	钢筋网	W
14	屋面梁	WL	28	柱	Z	42	钢筋骨架	G

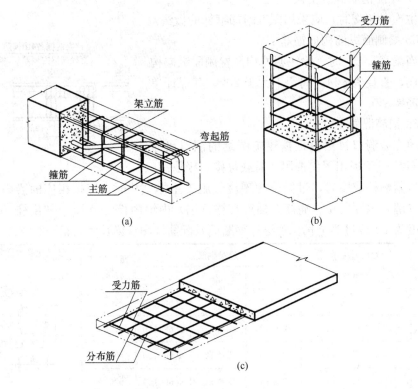

图 3-26　钢筋混凝土构件配筋示意图

（a）梁；（b）柱；（c）板

（3）架立钢筋——固定梁内箍筋位置，把纵向的受力钢筋和箍筋绑扎成骨架。

（4）分布钢筋——用于屋面板、楼板内，与板的受力钢筋垂直布置，将承受的重量均匀地传给受力筋，并固定受力筋的位置，以及抵抗热胀冷缩所引起的温度变形。

（5）其他钢筋——因构件构造要求或施工安装需要而配置的构造筋，如腰筋、预埋锚固筋、吊环等。

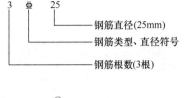

2）钢筋的标注

钢筋（或钢丝束）的说明应给出钢筋的数量、代号、直径、间距、编号及所在位置，其说明应沿钢筋的长度标注或标注在有关钢筋的引出线上（一般若注出数量，可不注间距；若注出间距，就可不注数量。简单的构件，钢筋可不编号）。具体标注方式如图3-27所示。

图 3-27　钢筋的标注形式及含义

3.4.2　基础结构施工图的识读

基础结构施工图包括基础平面图、详图及文字说明。文字说明的主要内容包括相对标高、地基承载力、材料选用及强度等级、标准构件选用图集。

1）基础平面图

基础平面图是假想用一个水平剖切面在地面与地基之间把整幢房屋剖开后，移去地面以上的房屋及其基础周围的泥土后，所做出的基础水平投影图。

基础平面图主要表示基础的平面布置、定位轴线、基础类型、管沟的位置和标注基础剖面图的剖切位置等，它是放线、挖槽、砌筑等施工的重要依据。从基础平面图，如图3-28基础平面布置图所示，可以看出以下内容：

（1）图名、比例；

（2）基础的定位轴线、编号及轴线间的尺寸，应与平面图上的数字是一致的；

（3）基础的平面布置、基础柱，以及基础底面的形状、大小；

（4）室内地沟的平面位置及沟盖板的布置；

（5）标注基础剖面图的剖切位置；

（6）基础预留洞，如暖气工程穿墙洞口。

2）基础详图

基础平面图只表明了基础的平面布置，而基础详图表明了基础细部的形状、大小、材料、构造及基础的埋置深度，是基础施工的重要依据。从基础详图，如图3-29基础详图所示，可以看出以下内容：

（1）图名、比例；

（2）基础的详细尺寸和标高；

（3）基础的断面和基础梁的形状、大小、材料及配筋；

（4）防潮层的位置和做法（砌体结构）。

3.4.3　楼层、屋顶及楼梯结构图

1）楼层、屋顶平面布置图

楼层、屋顶平面布置图是假想沿楼板顶面将房屋水平剖切后，移去上面部分，向下做水平投影而得到的水平剖面图。主要表示楼层、屋顶的梁、板、墙、柱、

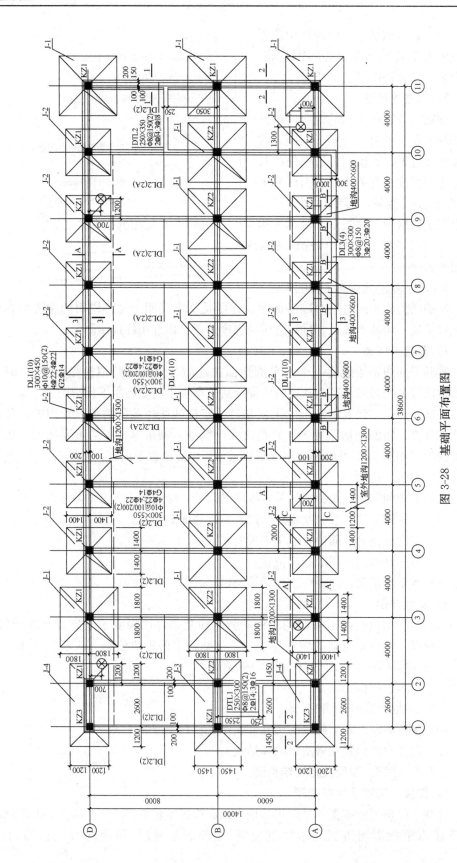

图 3-28　基础平面布置图

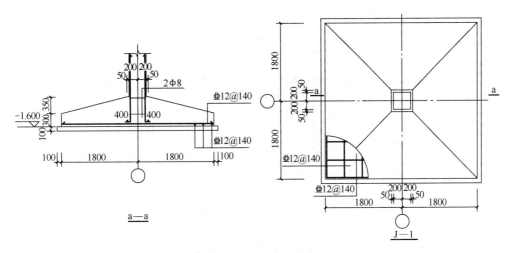

图 3-29 基础详图

门窗、过梁等承重构件及圈梁的平面布置情况，现浇板的构造及配筋，以及它们相互间的结构关系，也是建筑施工的重要依据。从楼层结构施工图，如图 3-30 所示，可以看出以下内容：

(1) 图名、比例；

(2) 轴线的编号及轴线间尺寸（与平面图一致）；

(3) 梁的平面布置及编号，如图 3-31 用平法绘制的钢筋混凝土梁结构图所示；

(4) 现浇或预制钢筋混凝土楼板的平面布置及编号；

(5) 现浇钢筋混凝土楼板的布置、编号及配筋；

(6) 钢筋混凝土楼板的标高；

(7) 圈梁的布置等（砖混结构才有，框架结构一般没有圈梁）。

2）楼梯结构详图

楼梯结构详图有楼梯结构平面图、楼梯结构剖面图和构件详图。

(1) 楼梯结构平面图。一般是在休息平台上方所做的水平剖面图，应分层画出，当中间几层的结构布置和构件类型相同时，可画出一个标准层。一个底层、一个顶层结构平面图。

从楼梯结构平面图，如图 3-32 楼梯结构详图所示，可以看出以下内容：

①楼梯间的定位轴线、编号、墙厚；

②楼梯段和平台的位置，楼梯段的长度和宽度，楼梯踏步数和踏面的宽度，上、下行方向；

③平台梁、平台板、楼梯梁、楼梯板及楼梯间的门窗过梁的平面布置、规格尺寸和编号；

④地面、平台顶面的结构标高；

⑤楼梯结构剖面图的剖切位置。

(2) 楼梯结构剖面图。是用假想的竖直剖切平面沿楼梯段方向做剖切后得到的投影图，它反映了楼梯结构沿竖向的布置和构造关系。

从楼梯结构剖面图，如图 3-32 楼梯结构详图所示，可以看出以下内容：

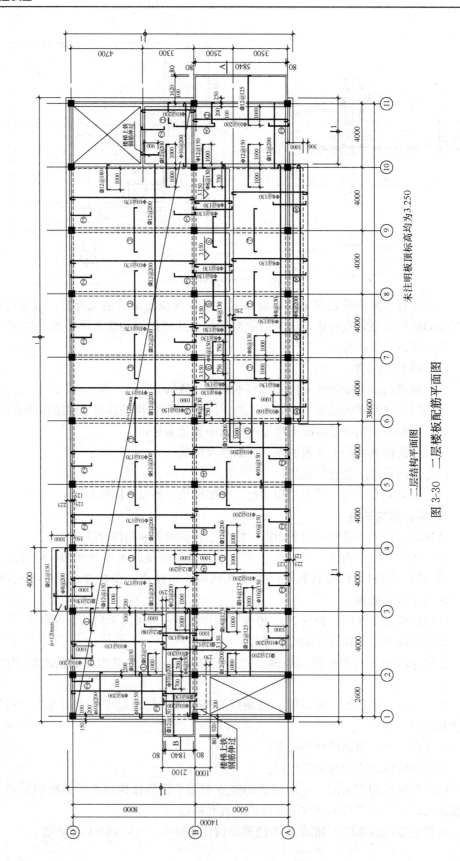

二层结构平面图

二层楼板板配筋平面图

未注明板顶标高均为3.250

图 3-30　二层楼板配筋平面图

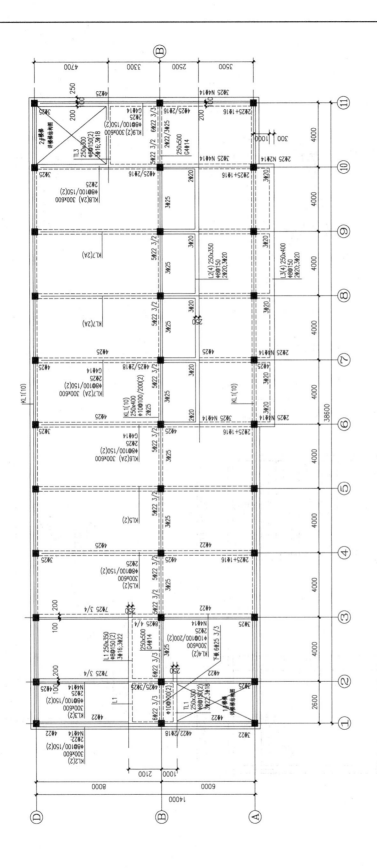

图 3-31 用平法绘制的钢筋混凝土梁结构图

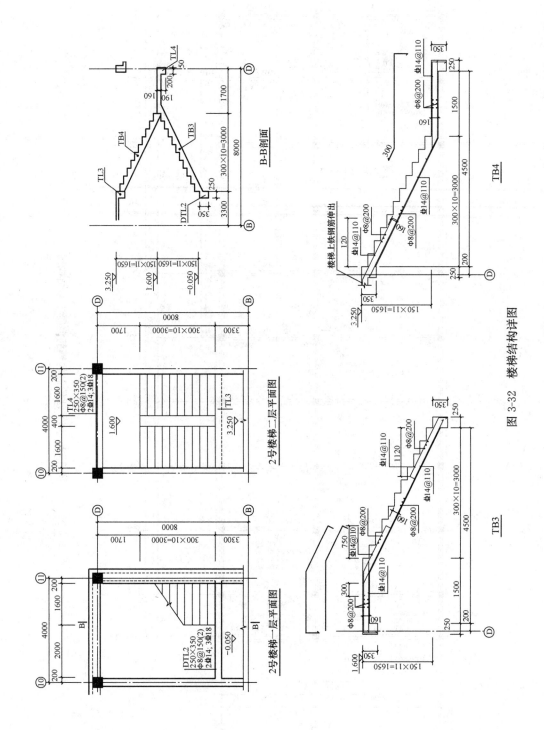

图 3-32　楼梯结构详图

①与剖切位置和投影方向对应的定位轴线及编号；

②平台与楼梯段的相对位置，踏步级数和踢面高度；

③平台与楼梯段的结构形式、构件厚度和材料（现浇钢筋混凝土楼梯标明配筋、预制钢筋混凝土楼梯标明构件的结构代号）；

④标注平台、平台梁标高。

3.4.4 钢筋混凝土构件结构详图

钢筋混凝土构件是建筑工程中的主要结构构件，包含梁、板、柱等，结构详图表明构件的形状、大小、材料、构造和连接情况。

1）钢筋混凝土板结构详图

建筑中常见的钢筋混凝土板有楼板、屋面板、楼梯踏步板、平台板、挑檐板等，板内的配筋可分为受力筋和分布筋，一般受力筋的保护层厚度为15mm，受力筋布置在分布筋的下面。

钢筋混凝土板结构详图表明详图所在的位置即定位轴线及编号，钢筋的型号及布置情况，板厚及板的结构标高（结构标高为建筑标高减去构造层的厚度）等。识图时，要注意板面钢筋与板底钢筋的标注方法。

2）钢筋混凝土梁、柱结构详图

钢筋混凝土梁、柱的结构详图以配筋图为主，由梁、柱的立面图、截面图和钢筋详图组成。

立面图表明梁、柱的立面轮廓、长度尺寸，钢筋在梁、柱内上下左右的配置、轴线编号等。断面图表明梁、柱的截面形状、高度、宽度尺寸和钢筋上下前后的排列情况。钢筋详图表明钢筋的编号、根数、形状、直径、各段长度及定位等。

3.4.5 钢筋混凝土平面整体表示方法

建筑结构施工图平面整体设计方法（简称平法）的表达形式，概括来讲，是把结构构件的尺寸和配筋等，按照平面整体表示方法制图规则，整体直接表达在各类构件的结构平面布置图上，再与标准构件详图相配合，即构成一套新型完整的结构设计，改变了传统的那种将构件从结构平面布置图上索引出来，再逐个绘制配筋详图的繁琐方法。

为了规范使用平法，保证按平法设计绘制的结构施工图实现全国统一，国家批准编制《混凝土结构施工图平面整体表示方法制图规则和构造详图》图集。该图集包括平面整体表示方法制图规则和标准构造详图两大部分。

本教材仅对一般梁与柱的平法标注进行讲解。其他构件如现浇钢筋混凝土的剪力墙、楼梯、板、基础、加腋梁、井字梁的平面注写方式请参见《混凝土结构施工图平面整体表示方法制图规则和构造详图》16G101-1、16G101-2、16G101-3。

1）平法标注时梁的识读

梁平面施工图是在梁平面布置图上采用平面注写方式或截面注写方式表达。

平面注写方式采取在不同编号的梁中各选一根梁在其上注写截面尺寸和配筋具体数值的方式来表达梁平法施工图。

截面注写方式采取在不同编号的梁中各选一根梁用剖切符号引出配筋图，并在其上注写截面尺寸和配筋具体数值的方式来表达梁平面施工图。平面注写方式如下：

（1）梁在平面布置图上标注的方法

平面注写包括集中注写与原位注写，施工时原位标注取值优先。其一般表达形式和各部分的含义如图 3-33 集中注写与原位注写所示。平法施工图所表达的意义即为图 3-33 中下面四个截面标注的含义。

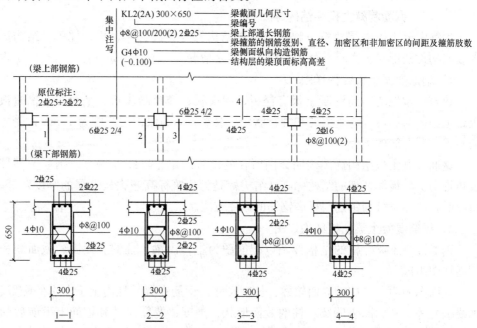

图 3-33　平面注写方式示例

注：本图四个梁截面系采用传统表示方法绘制，用于对比按平面注写方式表达的同样内容。实际采用平面注
　写方式表达时，不需绘制梁截面配筋图和图 3-33 中的相应截面号。

（2）梁编号的含义

梁编号由梁类型代号、序号、跨数及有无悬挑代号几项组成，并应符合表 3-5 的规定。

梁　编　号　　　　　　　　　　　　表 3-5

梁类型	代　号	序　号	跨数及是否带有悬挑
楼层框架梁	KL	××	（××）、（××A）或（××B）
屋面框架梁	WKL	××	（××）、（××A）或（××B）
框支梁	KZL	××	（××）、（××A）或（××B）
非框架梁	L	××	（××）、（××A）或（××B）
悬挑梁	XL	××	
井字梁	JZL	××	（××）、（××A）或（××B）

注：（××A）为一端有悬挑，（××B）为两端有悬挑，悬挑不计入跨数。

【例】　KL7（5A）表示第 7 号框架梁，5 跨，一端有悬挑；

L9（7B）表示第 9 号非框架梁，7 跨，两端有悬挑。

（3）梁集中标注的内容

梁集中标注的内容，有五项必注值及一项选注值（集中标注可以从梁的任意一跨引出），规定如下：

①梁编号，见表 3-5，该项为必注值。

②梁截面尺寸，该项为必注值。

当为等截面梁时，用 $b \times h$ 表示；

当有悬挑梁且根部和端部的高度不同时，用斜线分隔根部与端部的高度值，即为 $b \times h_1 / h_2$（图 3-34）。

③梁箍筋，包括钢筋级别、直径、加密区与非加密区间距及肢数，该项为必注值。箍筋加密区与非加密区的不同间距及肢数需用斜线"/"分隔；当梁箍筋为同一种间距及肢数时，则不需用斜线；当加密区与非加密区的箍筋肢数相同时，则将肢数注写一次；箍筋肢数应写在括号内。加密区范围见相应抗震等级的标准构造详图。

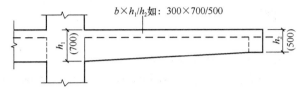

$b \times h_1 / h_2$ 如：300 × 700/500

图 3-34 悬挑梁不等高截面注写示意

梁箍筋的肢数如图 3-35 所示。

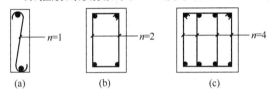

图 3-35 箍筋的肢数

（a）单肢箍；（b）双肢箍；（c）四肢箍

【例】Φ 10@100/200（4），表示箍筋为 HPB300 钢筋，直径 Φ 10，加密区间距为 100，非加密区间距为 200，均为四肢箍。

Φ 8@100（4）/150（2），表示箍筋为 HPB300 钢筋，直径 Φ 8，加密区间距为 100，四肢箍；非加密区间距为 150，两肢箍。

④梁上部通长筋或架立筋配置（通长筋可为相同或不同直径采用搭接连接、机械连接或焊接的钢筋），该项为必注值。所注规格与根数应根据结构受力要求及箍筋肢数等构造要求而定。当同排纵筋中既有通长筋又有架立筋时，应用加号"+"将通长筋和架立筋相连。注写时需将角部纵筋写在加号的前面，架立筋写在加号后面的括号内，以示不同直径及与通长筋的区别。当全部采用架立筋时，则将其写入括号内。

【例】2Φ22 用于双肢箍；2Φ22＋（4Φ12）用于六肢箍，其中 2Φ22 为通长筋，4Φ12 为架立筋。

当梁的上部纵筋和下部纵筋为全跨相同，且多数跨配筋相同时，此项可加注下部纵筋的配筋值，用分号"；"将上部与下部纵筋的配筋值分隔开来，少数跨不同者，按本规则原位标注处理。

【例】3Φ22；3Φ20 表示梁的上部配置 3Φ22 的通长筋，梁的下部配置 3Φ20 的通长筋。

⑤梁侧面纵向构造钢筋或受扭钢筋配置，该项为必注值。

当梁腹板高度 $h_w \geqslant 450$mm 时，需配置纵向构造钢筋，所注规格与根数应符合规范规定。此项注写值以大写字母 G 打头，接续注写设置在梁两个侧面的总配筋值，且对称配置。

【例】G4Φ12，表示梁的两个侧面共配置 4Φ12 的纵向构造钢筋，每侧各配置 2Φ12。

当梁侧面需配置受扭纵向钢筋时，此项注写值以大写字母 N 打头，接续注写配置在梁两个侧面的总配筋值，且对称配置。受扭纵向钢筋应满足梁侧面纵向构造钢筋的间距要求，且不再重复配置纵向构造钢筋。

【例】 N6Φ22，表示梁的两个侧面共配置 6Φ22 的受扭纵向钢筋，每侧各配置 3Φ22。

⑥梁顶面标高高差，该项为选注值。

梁顶面标高高差，系指相对于结构层楼面标高的高差值，对位于结构夹层的梁，则指相对于结构夹层楼面标高的高差。有高差时，需将其写入括号内，无高差时不注。

注：当某梁的顶面高于所在结构层的楼面标高时，其标高高差为正值，反之为负值。

【例】 某结构标准层的楼面标高为 44.950m 和 48.250m，当某梁的梁顶面标高高差注写为（-0.050）时，即表明该梁顶面标高分别相对于 44.950m 和 48.250m 低 0.05m。

（4）梁原位标注的内容

梁原位标注的内容规定如下：

①梁支座上部纵筋，该部位含通长筋在内的所有纵筋：

A）当上部纵筋多于一排时，用斜线"/"将各排纵筋自上而下分开。

【例】 梁支座上部纵筋注写为 6Φ25 4/2，则表示上一排纵筋为 4Φ25，下一排纵筋为 2Φ25。

B）当同排纵筋有两种直径时，用加号"+"将两种直径的纵筋相连，注写时将角部纵筋写在前面。

【例】 梁支座上部有四根纵筋，2Φ25 放在角部，2Φ22 放在中部，在梁支座上部应注写为 2Φ25+2Φ22。

C）当梁中间支座两边的上部纵筋不同时，须在支座两边分别标注；当梁中间支座两边的上部纵筋相同时，可仅在支座的一边标注配筋值，另一边省去不注（图 3-36）。

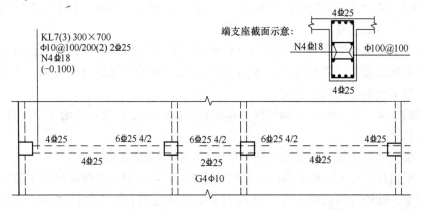

图 3-36　大小跨梁的注写示意

②梁下部纵筋：

A）当下部纵筋多于一排时，用斜线"/"将各排纵筋自上而下分开。

【例】 梁下部纵筋注写为 6 Φ 25 2/4，则表示上一排纵筋为 2 Φ 25，下一排纵筋为 4 Φ 25，全部伸入支座。

B）当同排纵筋有两种直径时，用加号"＋"将两种直径的纵筋相连，注写时角筋写在前面。

C）当梁下部纵筋不全部伸入支座时，将梁支座下部纵筋减少的数量写在括号内。

【例】 梁下部纵筋注写为 6 Φ 25 2（－2）/4，则表示上排纵筋为 2 Φ 25，且不伸入支座；下一排纵筋为 4 Φ 25，全部伸入支座。

梁下部纵筋注写为 2 Φ 25＋3 Φ 22（－3）/5 Φ 25，表示上排纵筋为 2 Φ 25 和 3 Φ 22，其中 3 Φ 22 不伸入支座；下一排纵筋为 5 Φ 25，全部伸入支座。

D）当梁的集中标注中已按本规则的规定分别注写了梁上部和下部均为通长的纵筋值时，则不需在梁下部重复做原位标注。

③当在梁上集中标注的内容（即梁截面尺寸、箍筋、上部通长筋或架立筋，梁侧面纵向构造钢筋或受扭纵向钢筋，以及梁顶面标高高差中的某一项或几项数值）不适用于某跨或某悬挑部分时，则将其不同数值原位标注在该跨或该悬挑部位，施工时应按原位标注数值取用。

④附加箍筋或吊筋，将其直接画在平面图中的主梁上，用线引注总配筋值（附加箍筋的肢数注在括号内）（图 3-37）。当多数附加箍筋或吊筋相同时，可在梁平法施工图上统一注明，少数与统一注明值不同时，再原位引注。

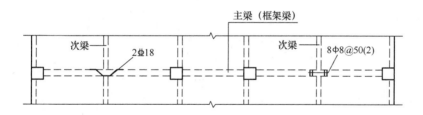

图 3-37 附加箍筋和吊筋的画法示例

2）平法标注时柱的识读

柱平法施工图系在柱平面布置图上采用列表注写方式或截面注写方式表达。

（1）列表注写方式

列表注写方式，系在柱平面布置图上（一般只需采用适当比例绘制一张柱平面布置图，包括框架柱、框支柱、梁上柱和剪力墙上柱），分别在同一编号的柱中选择一个（有时需要选择几个）截面标注几何参数代号；在柱表中注写柱编号、柱段起止标高、几何尺寸（含柱截面对轴线的偏心表况）与配筋的具体数值，并配以各种柱截面形状及其箍筋类型图的方式，来表达柱平法施工图。如图 3-38 所示。

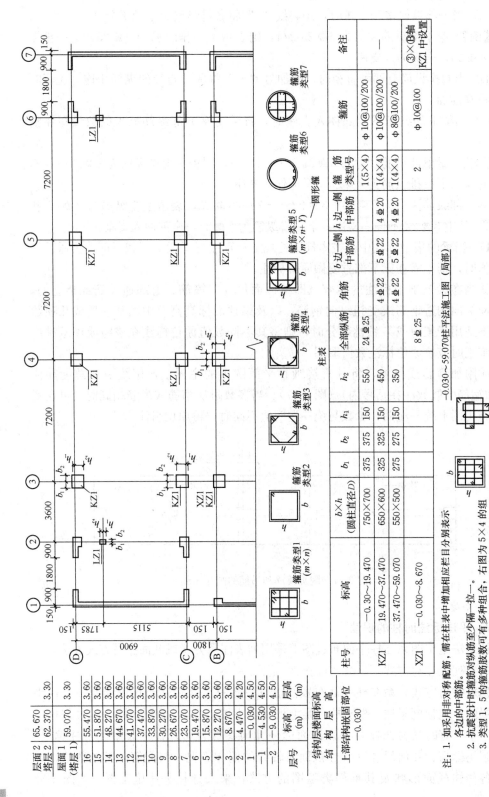

图 3-38 柱平法施工图列表注写方式示例图

柱表注写内容规定如下:

①注写柱编号,柱编号由柱类型、代号和序号组成,应符合表 3-6 的规定。

柱　编　号　　　　　　　　　　　表 3-6

柱类型	代号	序号	柱类型	代号	序号
框架柱	KZ	××	梁上柱	LZ	××
框支柱	KZZ	××	剪力墙上柱	QZ	××
芯柱	XZ	××			

注:编号时,当柱的总高、分段截面尺寸和配筋均对应相同,仅截面与轴线的关系不同时,仍可将其编号为同一柱号,但应在图中注明截面与轴线的关系。

②注写各段柱的起止标高,自柱根部往上以变截面位置或截面未变但配筋改变处为界分段注写。框架柱和框支柱的根部标高系指基础顶面标高;芯柱的根部标高系指根据结构实际需要而定的起始位置标高;梁上柱的根部标高系指梁顶面标高;剪力墙上柱的根部标高为墙顶面标高。

③对于矩形柱,注写柱截面尺寸 $b×h$ 及与轴线关系的几何参数代号 b_1、b_2 和 h_1、h_2 的具体数值,需对应于各段柱分别注写。其中 $b=b_1+b_2,h=h_1+h_2$。当截面的某一边收缩变化至与轴线重合或偏到轴线的另一侧时,b_1、b_2、h_1、h_2 中的某项为零或为负值。

对于圆柱,表中 $b×h$ 一栏改用在圆柱直径数字前加 d 表示。为表达简单,圆柱截面与轴线的关系也用 b_1、b_2 和 h_1、h_2 表示,并使 $d=b_1+b_2=h_1+h_2$。

④注写柱纵筋。当柱纵筋直径相同,各边根数也相同时(包括矩形柱、圆柱和芯柱),将纵筋注写在“全部纵筋”一栏中;除此之外,柱纵筋分角筋、截面 b 边中部筋和 h 边中部筋三项分别注写(对于采用对称配筋的矩形截面柱,可仅注写一侧中部筋,对称边省略不注)。

⑤注写箍筋类型号及箍筋肢数,在箍筋类型栏内注写按本规则规定的箍筋类型号与肢数。

⑥注写柱箍筋,包括钢筋级别、直径与间距。

当为抗震设计时,用斜线“/”区分柱端箍筋加密区与柱身非加密区长度范围内箍筋的不同间距。施工人员需根据标准构造详图的规定,在规定的几种长度值中取其最大者作为加密区长度。当框架节点核芯区内箍筋与柱端箍筋设置不同时,应在括号中注明核芯区箍筋直径及间距。

【例】Φ10@100/250,表示箍筋为 HPB300 级钢筋,直径Φ10,加密区间距为100,非加密区间距为250。

Φ10@100/250 (Φ12@100),表示柱中箍筋为 HPB300 级钢筋,直径Φ10,加密区间距为100,非加密区间距为250。框架节点核芯区箍筋为 HPB300 级钢筋,直径Φ12,间距为100。

当箍筋沿柱全高为一种间距时,则不使用“/”线。

【例】Φ10@100,表示沿柱全高范围内箍筋均为 HPB300 级钢筋,直径Φ10,间距为100。

当圆柱采用螺旋箍筋时，需在箍筋前加"L"。

【例】Lφ10@100/200，表示采用螺旋箍筋，HPB300级钢筋，直径φ10，加密区间距为100，非加密区间距为200。

(2) 截面注写方式

截面注写方式，系在柱平面布置图的柱截面上，分别在同一编号的柱中选择一个截面，以直接注写截面尺寸和配筋具体数值的方式来表达柱平法施工图。

截面注写方式的一般表达形式与各部分的含义如图3-39所示。有时在一个柱平面布置图上通过加"（ ）"或"〈 〉"等同时表达不同楼层的注写数值。

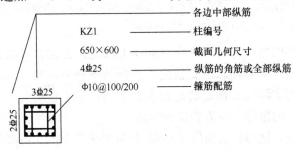

图 3-39　平法施工图标注柱的含义

如图3-40所示为柱平法施工图截面注写方式的局部示例图。

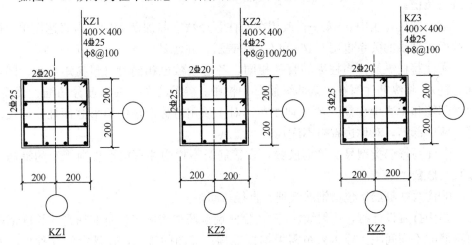

图 3-40　柱平法施工图截面注写方式局部示例图

截面注写方式的柱编号、箍筋的注写方式与列表注写方式相同。对除芯柱之外的所有柱截面进行编号，从相同编号的柱中选择一个截面，按另一种比例原位放大绘制柱截面配筋图，并在各配筋图上继其编号后再注写截面尺寸 $b \times h$、角筋或全部纵筋（当纵筋采用一种直径且能够图示清楚时）、箍筋的具体数值以及在柱截面配筋图上标注柱截面与轴线关系 b_1、b_2、h_1、h_2 的具体数值。

当纵筋采用两种直径时，需再注写截面各边中部筋的具体数值（对于采用对称配筋的矩形截面柱，可仅在一侧注写中部筋，对称边省略不注）。

在截面注写方式中，如柱的分段截面尺寸和配筋均相同，仅截面与轴线的关系不同时，可将其编为同一柱号。但此时应在未画配筋的柱截面上注写该柱截面与轴线关系的具体尺寸。

3.5 建筑设备施工图识读

建筑设备施工图主要包括给水排水施工图、供暖施工图（高级的建筑还包含通风空调工程）、电气施工图等。部分给水排水、供暖工程常用图例如表 3-7 所示。电气图例特别多，且目前全国还没有统一，表 3-8 为华北地区建筑设计标准化办公室与北京市建筑设计标准化办公室编的《09BD1 电气常用图形符号与技术资料》部分常用的电气施工图图例。设备专业识图时，要对照看其设计说明中的图例。

部分给水排水、供暖工程常用图例　　　　　　　　　　表 3-7

序号	名　称	图　例	备　注
1	生活给水管	──────── J ────────	J 表示生活给水管；RJ 表示热水给水管；RH 表示热水回水管；W 表示污水管
2	地沟管		—
3	管道立管	XL-1　　XL-1 平面　　系统	X 为管道类别 L 为立管 1 为编号
4	立管检查口		—
5	清扫口	平面　　系统	—
6	通气帽	成品　　蘑菇形	—
7	圆形地漏	平面　　系统	通用。如无水封，地漏应加存水弯
8	方形地漏	平面　　系统	—
9	自动冲洗水箱		—

续表

序号	名　称	图　例	备　注
10	法兰连接		—
11	承插连接		—
12	S形存水弯		
13	P形存水弯		
14	90°弯头		
15	正三通		
16	TY三通		
17	斜三通		—
18	正四通		—
19	斜四通		—
20	闸阀		—
21	角阀		—
22	三通阀		—
23	四通阀		—
24	截止阀		—
25	蝶阀		—
26	电动闸阀		—
27	电磁阀		—

续表

序号	名　称	图　例	备　注
28	止回阀		—
29	消声止回阀		—
30	水嘴	平面　　系统	—
31	皮带水嘴	平面　　系统	—
32	肘式水嘴		—
33	脚踏开关水嘴		—
34	浴盆带喷头混合水嘴		—
35	蹲便器脚踏开关		—
36	立式洗脸盆		—
37	台式洗脸盆		—
38	浴盆		—
39	盥洗槽		—
40	污水池		—
41	立式小便器		—
42	壁挂式小便器		—

续表

序号	名　称	图　例	备　注
43	蹲式大便器		—
44	坐式大便器		—
45	小便槽		—
46	淋浴喷头		—
47	室外消火栓		—
48	室内消火栓（单口）	平面　系统	白色为开启面
49	室内消火栓（双口）	平面　系统	—
50	散热器及手动放气阀	15 　15　 15	左为平面图画法，中为剖面图画法，右为系统图（Y 轴侧）画法
51	散热器及温控阀	15 　15	—
52	水泵		—

部分电气施工图常用图例 表 3-8

序号	图形符号	说 明
1		  箱式变电站（平面图表示） 左图为规划（设计）图例，右图为运行图例
2		照明配电箱（屏）（平面图表示）
3		动力或动力—照明配电箱（平面图表示） 注：需要时符号内可标示电流种类符号
4	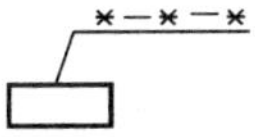 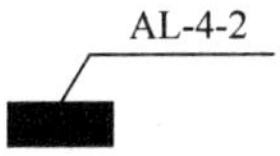 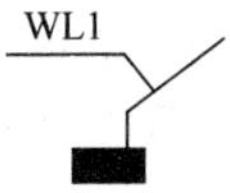	配电箱、台、屏、柜的编号 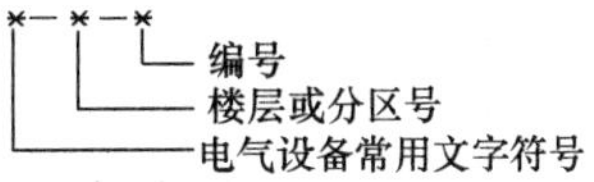 ×—×—× 编号 楼层或分区号 电气设备常用文字符号 示例：照明配电箱—4层—2号配电箱 （平面图表示） AL-4-2 WL1
5	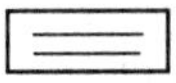	直流配电盘（屏）（平面图表示）
6		交流配电盘（屏）（平面图表示）
7	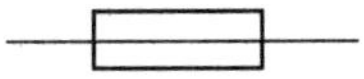	人孔一般符号（平面图表示） 注：需要时可按实际形状绘制
8	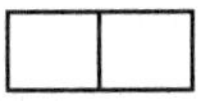	手孔的一般符号（平面图表示）
9		电缆铺砖保护（平面图表示）

续表

序号	图形符号	说　　明
10		电缆穿管保护（平面图表示） 注：可加注文字符号表示其规格数量
11		带中性线和接地插孔的三相插座 （5孔）（平面图表示）
12		母线一般符号（平面图表示） 当需要区别交直流时： 1. 交流母线 2. 直流母线
13		事故照明线（平面图表示）
14		沿建筑物明敷设通信线路（平面图表示） 沿建筑物暗敷设通信线路（平面图表示）
15		连线、连接（平面图表示） 连接组 示例： —导线 —电缆 —电线 —传输通路
16		三根导线（平面图表示）
17		向上配线（平面图表示）
18		向下配线（平面图表示）

续表

序号	图形符号	说　明
19		垂直通过配线（平面图表示）
20		壁灯（平面图表示）
21		顶棚灯（平面图表示）
22		花灯（平面图表示）
23		电信电杆上装设避雷线（平面图表示）
24		根据需要"＊"用下述文字标注在图形符号旁边区别不同类型开关： ＊： C—暗装开关 EX—防爆开关 EN—密闭开关
25		＊： 2—双联开关 3—三联开关 n-n 联开关
26		深照型灯（平面图表示）
27		广照型灯（配照型灯）（平面图表示）
28		防水防尘灯（平面图表示）
29		两控单极开关（平面图表示）

续表

序号	图形符号	说　明
30		荧光灯一般符号（平面图表示） 示例：三管荧光灯 五管荧光灯
31		二管荧光灯
32	∗	如果要求指出灯具种类，则在"∗"位置标出下列字母 EN——密闭灯 EX——防爆灯
33	⊗	闪光型信号灯（平面及系统图表示）
34	EEL	应急疏散指示标志灯（平面图表示）
35	EEL	应急疏散指示标志灯（向左）（平面图表示）
36	EEL	应急疏散指示标志灯（向右）（平面图表示）
37	EL	应急疏散照明灯（平面图表示）
38	∗	电信插座的一般符号 注：可用文字或符号加以区别 ∗：TP——电话 　　FX——传真 　　M——传声器 　　TV——电视 　　FM——调频
39		电动调节阀（原理图表示）

续表

序号	图形符号	说　明
40		壁龛交接箱
41		室内分线盒 注：可加注 $\dfrac{N-B}{C}\bigg|\dfrac{d}{D}$ N—编号　　B—容量　　C—线序 d—现有用户数　　D—设计用户数 室外分线盒
42	LP	避雷线　避雷带　避雷网（平面图表示）
43	E	接地极（平面图表示）
44		接地装置（平面图表示） (1) 有接地极 (2) 无接地极
45	●	避雷针（平面图表示）
46		避雷器（系统图表示）
47		分配器，两路，一般符号（系统图表示）
48		三路分配器（系统图表示）
49		四路分配器（系统图表示）
50		信号分支器，一般符号（系统图表示）
51		用户分支器示出一路分支（系统图表示）

3.5.1　给水施工图

给水施工图是描述将水由当地供水干管供至建筑物的线路图（称为室外给水施工图），以及建筑物内部管路走向和分布的图（室内给水施工图或建筑给水施工图）。把生产和生活中产生的废水、污水以及雨水，通过管道汇集，经污水处理后排放出去，属于排水工程。因此表明这些排水管道在建筑物内的走向、布置的施工图称为室内排水施工图或建筑排水施工图，表明排水管道在建筑物室外走向、布置的施工图称为室外排水施工图。

1) 室内给水系统的分类及组成

（1）分类

按供水对象及要求分为生活给水系统、生产给水系统和消防给水系统。生活给水系统专供人们日常生活饮用、盥洗等用水；生产给水系统是专供生产用水；消防给水系统专供消火栓和各种特殊消防装置用水。

（2）室内给水系统的基本组成

①进户管。是自室外给水管网将水引入建筑内部的一段水平管，一幢建筑物可以是一根也可以是多根进户管，坡度不小于0.003，向室外倾斜，每条引入管装有阀门，必要时装设泄水装置，以便管网检修时泄水，如图3-41所示。

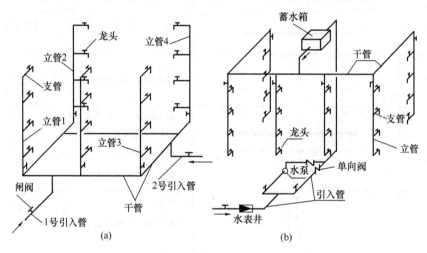

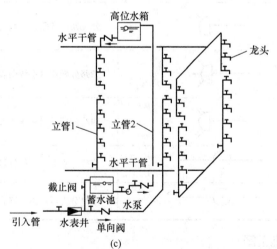

图 3-41 室内给水管网的组成及布置方式

(a) 直接供水的水平环形下行上给式布置；(b) 设水泵、水箱的上行下给式布置；

(c) 分区供水的布置方式

②水表节点。用以记录用水量，根据情况可每户、每个单元、每幢建筑物设置水表。

③室内给水管网。由干管、立管及支管组成。

④配水点与给水附件。包括水龙头、卫生器具、生产用水设备、给水管路上的各种阀门、止回阀等。

2) 室内给水方式及给水管网的布置方式

（1）室内给水方式

一般根据建筑物的性质、高度、配水点的布置情况以及室内所需水压，室外管网水压和水量等因素决定给水系统的布置方式。按有无加压和流量调节设备分为以下几种：

①直接供水方式。是指管网没有任何增压设备。这种方式适用于室外管网水压水量在任何时候都能满足室内最不利点的用水要求，如图 3-41（a）所示。

②设有水箱的供水方式。这种方式通常在屋顶或最高层的房间内设有水箱，当室外管网压力大于室内管网所需压力时（一般在夜间），水进入水箱，水箱充水。当室外管网压力小于室内管网所需压力时（一般在白天），水箱供水。这种水箱的供水方式适用于室外管网中的水压周期性不足，或一天某些时候不能保证室内用水的情况。缺点是水箱的水可能被二次污染，要求定期请专业清洗部门清洗水箱。如图 3-41（b）所示。

③分区供水方式。高层建筑中，管网静水压很大，若不分区，下层管网由于压力过大，管道接头和配水附件极易损坏，因此，必须进行竖向技术分区，为了充分利用室外管网的压力，低区可采用室外管网直接供水，高区由水泵水箱供水，如图 3-41（c）所示。

（2）给水管网的布置方式。按水平干管的敷设位置分为以下几种方式：

①上行下给式。是水平干管敷设于顶层的顶棚上或吊顶内，水从水平干管经立管由上向下给各个配水点供水，如图 3-41（b）所示。

②下行上给式。是水平干管敷设于地下室、首层地坪以下或地沟内，水从水平干管经立管由下向上给各个配水点供水，如图 3-41（a）所示。

3) 常用管材及管件

常用管材有镀锌钢管、镀锌无缝钢管、PVC 塑料给水管，目前推广使用 PVC 塑料给水管。常用管件有管箍、活接头、弯头、三通、四通、丝堵等，这类管件若材料为钢管，一般为丝扣连接，若为 PVC 塑料材料，一般用专用胶连接，专用胶和管材应使用同一厂家或经试验确定。

常用给水附件有卫生器具上的各种配水龙头（普通水龙头、冷热水混合龙头、淋浴喷头等）和控制附件（截止阀、闸阀、止回阀、浮球阀等）。

4) 常用给水工程施工图的识读

常用给水工程施工图有给水平面图、给水系统图、详图及施工说明。给水排水工程施工图常用的图例，如表 3-7 所示。

识读给水施工图时，一般先确定给水方式、进户管、水流方向，直到配水用具，再仔细看系统各部位用的管材、管径、长度、连接方式、坡度和用水设备的规格、数量等。后面框线内为该工程的给水排水设计说明（节选）。

在给水施工图中应可以看出以下内容：

（1）平面图

如图 3-42 一层给水排水平面图所示，图 3-43 给水排水详图（仅给出这一处）所示，表明建筑物内给水管道和设备的平面布置。大便器、小便器、洗脸盆等的平面位置，管网的平面位置，管径和各立管的编号，各管件附件的平面位置及规格，进户管的平面位置及与室外管网的关系，下行上给式的水平干管，立管和配水龙头。

（2）系统图

如图 3-44 给水系统图所示，图 3-43 给水排水详图（仅给出这一处）所示，给水系统上下层，左右前后之间的空间关系，各管道使用的管件的管径规格，立管编号及水平管道的标高和坡度。

（3）详图

表明某些设备或管道节点的详细构造与安装要求。

3.5.2　排水施工图

室内排水工程是为了将建筑物内部的污水收集起来，并排放到市政污水管网所必需的各种设施的总称。如图 3-42 一层给水排水平面图，图 3-43 给水排水详图所示。

1）分类

按所排污水的性质分为生活污水管道系统、生产污水管道系统、雨水管道系统。生活污水管道系统是排除人们日常生活中所产生的洗涤污水和粪便污水；生产污水管道系统是排除生产过程中所产生的污（废）水；雨水管道系统是排除雨水和融化的雪水，一般应分别排放。

2）排水系统的基本组成

（1）卫生器具

如洗脸盆、马桶、小便槽、化验盆等，它们是排水的起点，接纳污水并将污水排入污水管网系统，每个卫生器具的下面必须设存水弯，以免有害气体上溢。

（2）排水管网

包括排水横管、排水立管及排出管。排水横管是接收卫生器具排来的污水，并将污水排入立管的一段水平管，坡度一般为 2%，立管将污水排入埋入地面以下的排出管，在首层和顶层应有检查口，各层建筑每隔一层应有一个检查口，排出管是将污水排入室外的污水检查井的一段水平管，向检查井方向倾斜，坡度为 1%～2%。室内排水管材一般有排水铸铁管和 PVC 塑料排水管等，现在一般用 PVC 塑料排水管。要求管材内壁光滑、耐腐蚀、安装方便、接口严密、不漏水和不逸臭气等特点。排水管件有弯头、三通、存水弯等。

（3）排气管

排水立管向上延伸出屋面的部分称为排气管。排气管的作用：一是使污水在室内外排水管道中产生的臭气、臭味及有害的气体排到大气中去；二是使管网内在污水排放时的压力变化尽量稳定并接近大气压；三是保证卫生洁具存水弯内的水不致因压力波动而被抽吸（负压时）或喷溅（正压时）。

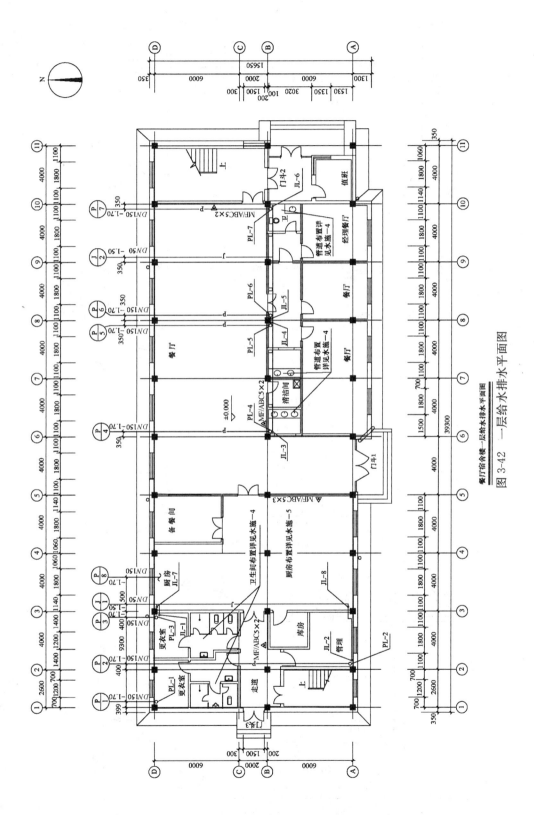

餐厅宿舍楼一层给水排水平面图

图 3-42　一层给水排水平面图

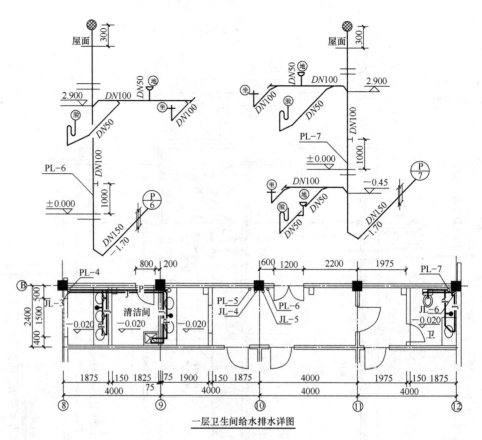

一层卫生间给水排水详图

图 3-43　给水排水详图及排水系统图

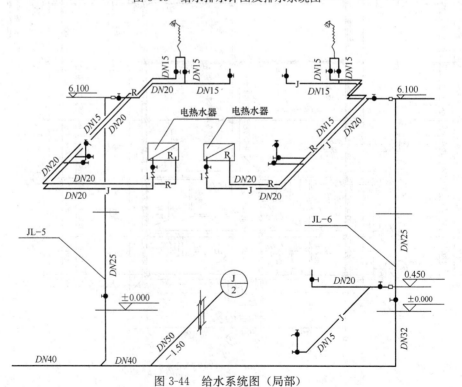

图 3-44　给水系统图（局部）

140

给水排水设计与施工说明（节选）

一、设计依据（略）

二、管材及接口

1. 生活给水及热水管均采用热浸镀锌钢管，镀锌零件螺纹连接。

2. 明设排水管，立管采用 UPVC 螺旋管道及管件，水平管采用 UPVC。排水管粘胶连接；埋地排水管采用机制排水铸铁管承插连接。排水管道穿越楼板处应设置阻火圈。

三、阀门及附件

1. 一般阀门 $DN<50$ 采用截止阀（铜阀），$DN\geqslant50$ 采用铜芯蝶阀。

2. 蹲便器和小便器选用延时自闭冲洗阀。

五、管道防腐

1. 明装镀锌钢管外刷银粉一道，镀锌层被破坏部分及管螺纹外露处，刷防锈漆，银粉各两道，明装铸铁管和焊接钢管，刷防锈漆，银粉各两道。

2. 埋地管道刷环氧煤沥青底、面漆各两道。

3. 管道刷漆前，必须按有关施工规程要求进行管道表面除锈。

4. 吊顶内的生活给水，排水管及过门口上的给水管均应考虑防结露措施，做法：用泡沫塑料条包缠，外再包白色塑料布。

六、管道试压

1. 给水管道试压，按工作压力 1.5 倍，但不小于 0.6MPa，不超过 1.0MPa。10min 内压力降不大于 0.05MPa，然后将试验压力降至工作压力，做外观检查，以不渗漏为合格。

2. 埋设的排水管道，分楼层做灌水试验，满水后延续 5min，液面不降、不渗、不漏为合格。

七、消防灭火器配置

本建筑危险等级：中危险级 A 类火灾，灭火器采用手提式磷酸氨盐干粉灭火器，共设 MF/ABC5 型 16 具，布置位置详见平面图。

八、图例及使用标准图集，水施目录。

名　　称	符　号	名　　称	符　号
生活给水管	——J——	蹲便器	▭ 蹲
生活污水管	——P——	小便器	▷ 小
生活热水管	——R——	洗手盆	▯ 手
闸阀	⋈	软接头	⊏⊐
生活给水立管编号	JL-	淋浴器	淋
排水立管编号	PL-	拖布池	⊠ 拖
磷酸氨盐干粉灭火器	▲MFA×2	截止阀	⊢⊣

续表

名　称	符　号	名　称	符　号
通气帽	⊗	水龙头	⊢
清扫口	⊙ ⊤	存水弯	⌐ ⌐
止回阀	◿	地漏	▽ ⊘
电热水器	◹	坐便器	▢ 坐
电开水器	◿	洗脸盆	◯◯ 脸

使用标准图目录

序号	编号	标准图名称	页次	备注
1	91SB2	建筑设备安装通用图集-卫生工程	全册	
2	91SB3	建筑设备安装通用图集-给水工程	全册	
3	91SB4	建筑设备安装通用图集-排水工程	全册	
4	99S304	卫生设备安装图	全册	

图纸目录

序号	图号	图纸名称	规格	备注
1	水施-1	餐厅宿舍楼给水排水设计说明	2#	
2	水施-2	餐厅宿舍楼一层给水排水平面图	2#	
3	水施-3	餐厅宿舍楼二层给水排水平面图	2#	
4	水施-4	餐厅宿舍楼卫生间给水排水详图	2#	
5	水施-5	餐厅宿舍楼厨房给水排水详图	2#	
6	水施-6	餐厅宿舍楼给水管道系统图	2#	
7	水施-7	餐厅宿舍楼排水管道系统图	2#	

（4）清通设备

为了疏通管道，在室内排水系统中需要设置检查口和清扫口，检查口设在立管上，清扫口设在污水横管的起端。

3.5.3 室内消防施工图

1）室内消防给水的类别

可分为室内消火栓给水系统、自动喷水灭火系统、水喷雾灭火系统等。此处仅对室内消火栓给水系统进行识读。

2）对室内消火栓的要求

设有消防给水的建筑物，其各层包括设备层均应设置消火栓。

室内消火栓的布置，应保证有一支或两支水枪的充实水柱同时到达室内任何部位。

系统工作压力大于 2.40MPa 或消火栓栓口处静压大于 1.0MPa 时消防给水系统应分区供水。消火栓栓口动压力不应大于 0.50MPa，当大于 0.70MPa 时必须设置减压装置。

消防电梯前室应设室内消火栓。

3）给水系统

建筑物是否需要设置消火栓给水系统由《建筑设计防火规范》GB 50016—2014（2018 年版）规定。消火栓给水系统的技术要求详见《消防给水及消火栓系统技术规范》GB 50974—2014。

室内消防给水系统应与生活、生产给水系统分开独立设置。室内消防给水管道应布置成环状，当室内消火栓数量较少时，不为枝状。室内消防给水环状管网的进水管和区域高压或临时高压给水系统的引入管按规定设置为一根或不少于两根，当设置 2 根及以上时，其中一根发生故障，其余的进水管或引入管应能保证消防用水量和水压的要求。

消防竖管的布置，应保证同一平面一个或相邻的两个消火栓的水枪的充实水柱同时达到被保护范围的任何部位。每根消防竖管的直径应按通过的流量计算确定，但不应小于 100mm。

采用高压给水系统时，可不设高位消防水箱，当采用临时高压给水系统时，应设高位消防水箱，并应符合下列规定：除串联消防给水系统外，发生火灾时由消防水泵供给的消防用水不应进入高位消防水箱。

4）室内消防施工图的识读

本教材给出的餐厅宿舍楼，由于其层数小于五层，且体积小于 10000m³，因此可以不设消火栓给水系统。但消防工程是极其重要的，在建筑工程、装修工程的验收中拥有一票否决权。为了说明室内消火栓系统的识读，单独拿一套小型建筑的消防给水平面图、系统图进行识读，如图 3-45～图 3-47 所示。

（1）平面图

表明建筑物内消防给水管道的平面布置。消火栓的平面位置，管网的平面位置，管径和各立管的编号，进户管的平面位置及与室外管网的关系，下行上给式的水平干管，立管。

（2）系统图

给水系统上下层，左右前后之间的空间关系，消防给水管的管径规格，立管编号及水平管道的标高和坡度等。

3.5.4　室内供暖施工图

在冬季，由于室内温度过低，为了保证室内温度适宜人们的工作和生活，通常通过集中供暖系统向室内提供热量，这是供暖地区常采用的一种方式。集中供暖系统主要由热源、输热管道、散热设备组成。辅助设备有集气罐（一种排气装置，装在管网的最高点、使管网中气体汇集到集气罐中排出）、放气阀（有自动和手动两种）等。

1）供暖系统的分类

按所用热媒不同分为以下三类：

（1）热水供暖系统。是以热水为热媒，热水流经散热器时将热量传给室内空气，达到给室内增温的目的。这种供暖方式称为水暖。系统中水是靠水泵来循环的，称为机械循环方式。这种供暖方式的特点是节省燃料，效果好，因升温时间长，降温也慢，室内温度相对稳定。

（2）蒸汽供暖系统。是以蒸汽为热媒，蒸汽经过散热器时，将热量传给室内空气，这种供暖方式称为气暖。这种供暖方式的特点是系统热得快冷得也快，又因散热器表面温度达 100℃，散热器上的灰尘加热后会产生臭味，卫生效果差，一般学校、幼儿园、医院等人员密集处不宜采用。

（3）热风供暖系统。是以空气作为热媒，如中央空调系统。这种供暖方式的特点是能迅速提高室温，干净卫生，同时还兼起通风换气的作用，这种供暖方式广泛用于宾馆、饭店等高级公共建筑。

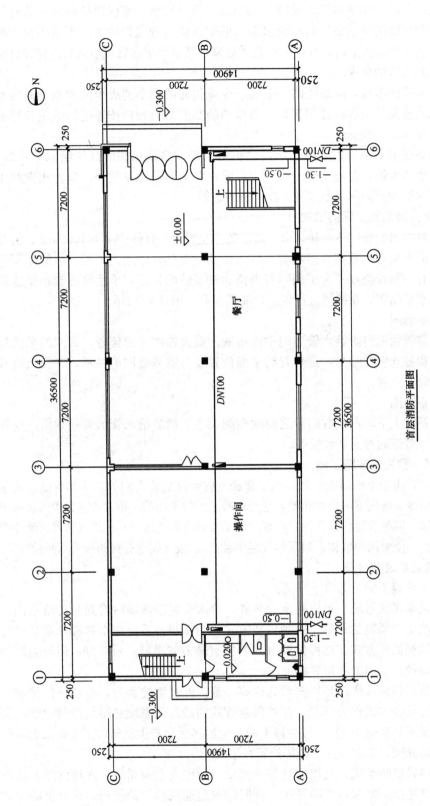

首层消防平面图

首层消防给水平面图

图 3-45　首层消防给水平面图

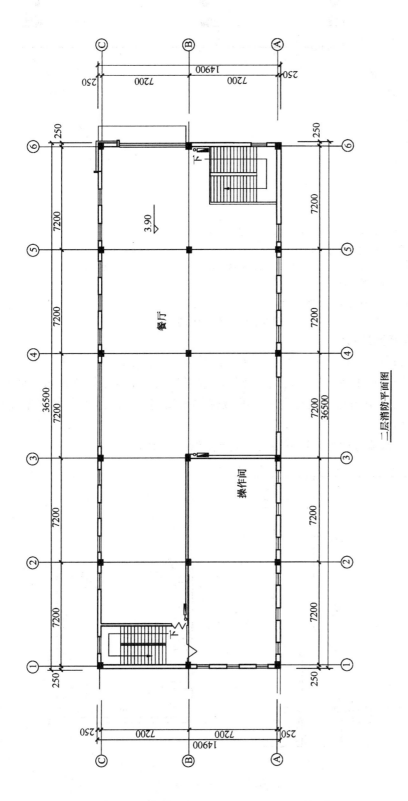

二层消防平面图

二层消防给水平面图

图 3-46 二层消防给水平面图

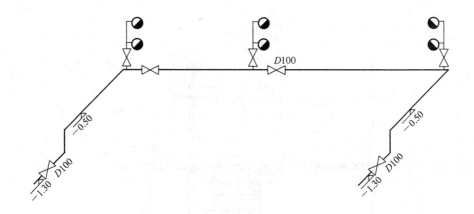

消防说明：

1. 本系统为北京林业大学科普基地内消防工程设计。

2. 本系统室内消防用水量为 10L/s。

3. 本系统室内采用 65mm 口径消火栓，19mm 喷嘴水枪，直径 65mm，长度 20m 水龙带。

4. 管路采用镀锌钢管丝接。

5. 未尽事宜，参照规范及图集执行。

图 3-47　消防系统图

2）供暖管网的布置

按立管的布置方式分为双管系统和单管系统。双管系统是由供水（气）和回水（气）两种立管组成，进入每组散热器的水温相同。单管系统是供水、回水系统均在一个立管中输送，热媒先经过的散热器温度高，后经过的散热器温度低。如图 3-48 所示。

按配管及水流方向分上行下给式、上行上给式（用于低层）。

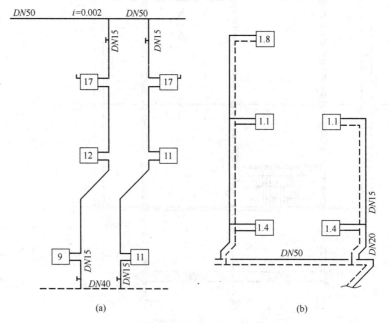

图 3-48　供暖管网布置

（a）单管系统（上行下给式）；（b）双管系统（下行上给式）

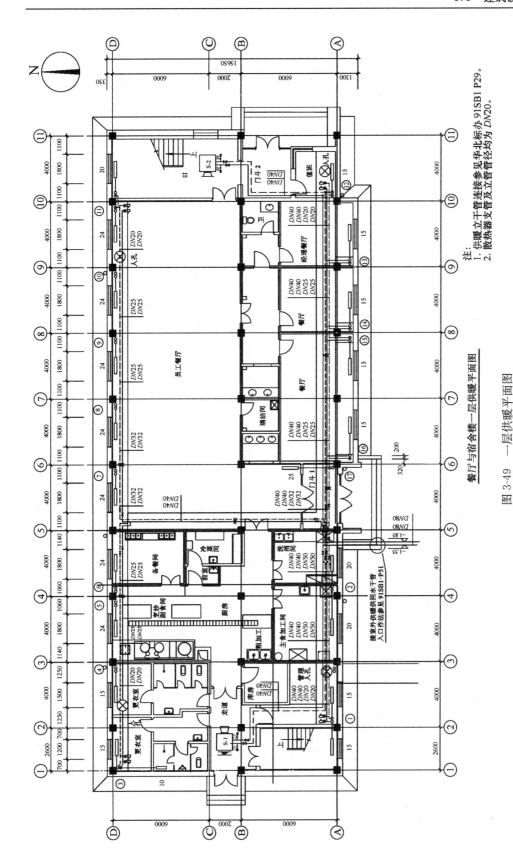

餐厅与宿舍楼一层供暖平面图

图 3-49 一层供暖平面图

注：
1. 供暖立干管连接参见华北标办 91SB1 P29。
2. 散热器支管及立管支管管径均为 DN20。

接室外供暖供回水干管
入口作法参见 91SB1-P51

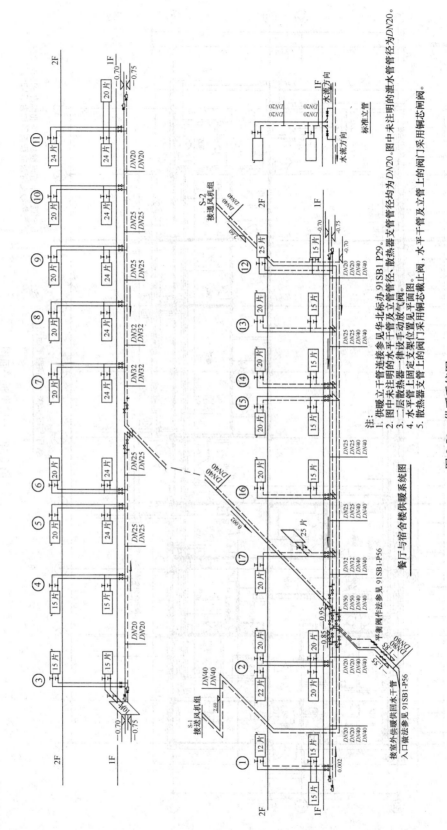

注：
1. 供暖立干管连接参见华北标办 91SB1 P29。
2. 图中未注明的水平干管及立管支管径、散热器支管径均为 DN20。
3. 二层散热器一律设手动放气阀。
4. 水平干管固定支架位置见平面图。
5. 散热器支管上的阀门采用铜芯截止阀，水平干管及立管上的阀门采用铜芯闸阀。

图 3-50　供暖系统图

3）暖气工程施工图的识读

识读供暖施工图时，先根据供暖施工图的图例符号，确定其代表的内容，找到热源进户管道的位置，然后顺着热流方向通过干管和支管到散热器，再沿回水的流向到出户为止。同时还要将平面图和系统图对照识读，确定出供暖方式及管网布置方式、干管、支管散热器的规格位置。暖气工程施工图包括设计说明、平面图、系统图及详图。下页框内为该工程供暖设计说明（节选），图3-49、图3-50供暖施工图中，可以看出以下内容。

（1）平面图

表明建筑物内供暖管道及设备的平面布置。如散热器的片数（或长度）、位置、支管、固定支架、阀门等的位置、规格。

（2）系统图

供暖系统上下层、前后左右之间的空间关系、系统各部位使用的管材、管径的规格等。当有特殊要求时的节点可用详图表示。

3.5.5 电气照明施工图

建筑物的室内照明用电，是从室外低压配电线路通过进户装置而引入室内配电箱（盘），再经过室内配管配线，接到各照明灯具、开关和插座上，室内照明供电的电压，除特殊要求外，一般用电较小的民用建筑中，常采用220V单相制配电，即一根相线（一根火线）和一根中性线（零线）组成；用电量较大的建筑或工业厂房中，常用380/220V三相四线制（三根火线和一根中性线）配电，380V用于动力，220V用于照明。

供暖通风设计说明（节选）

一、设计内容及设计依据（略）

二、室内外设计计算参数（略）

三、供暖系统

1. 供暖总热负荷105.1kW，供暖热指标88.5W/m²（含通风加热），供暖系统总阻力32kPa，供暖系统工作压力0.2MPa。

2. 供暖系统热媒参数：供暖热源为厂区电蓄热锅炉房供给70～55℃低温热水。供暖系统在大流量小温差的工况下运行，加大了蓄热水箱的蓄热温差，减少了蓄热水箱的容积。

3. 供暖方式：散热器供暖，散热器为灰铸铁柱形散热器TZ4-6-8落地安装，标准散热量为128W/片。

4. 供暖系统为下供下回双管系统，供暖供回水干管敷设在室内地沟中。

5. 供暖系统供回水干管高点设自动放气阀，低点设泄水装置，顶层散热器设手动放气阀。

供暖通风施工说明（节选）

1. 管材：敷设在室内及管沟内的供暖管道采用焊接钢管，管径≤32mm为丝

扣连接，管径≥40mm 为焊接和法兰连接，风管采用镀锌钢板法兰连接。

2. 供暖供回水干管采用 0.002 坡度敷设。坡向见图。两端注标高者，按标高安装，系统高点设自动排气阀，低点设手动泄水装置。

6. 系统水压试验：按 0.6MPa 进行。

10. 管沟内敷设的供暖供回水干管均需用岩棉管壳保温，保温厚度及做法见 91SB1P—61（2）。管径≥40mm 保温厚度为 40mm，保温层外加铝箔贴面，管均需用岩棉板保温，做法及岩棉板厚度见 91SB6。

11. 供暖供回水干管阀门采用闸阀，供暖立管阀门凡未特殊说明的均采用闸阀，散热器支管阀门采用截止阀。材质均为铜质阀门。

13. 本说明未涉及的问题均遵照现行《建筑给水排水及供暖工程施工质量验收规范》GB 50242—2016、《通风与空调工程施工质量验收规范》GB 50243—2016。

图 例

序号	名 称	图 例
1	供暖供水管	———————
2	供暖回水管	— — — — —
3	散热器	▭ ▢
4	散热器及手动放气阀	▢
5	铜芯闸阀	⊷▷◁
6	铜质截止阀	⊤
7	平衡阀	▷◁
8	自动放气阀	▷◁▭
9	管道固定支架	✳
10	泄水堵头	⊥
11	供暖管沟及检查井	⊗
12	供暖立管编号	ⓧ
13	卫生间通风器及规格	PQ-40 ▢
14	双层百叶风口	FK-1 ⊞
15	防火阀	FD ▨
16	手动风阀	⊘
17	电动风阀	Ⓜ▨
18	管道坡向	—▷
19	水流方向	—▶

1）配电装置

（1）配电箱

配电箱是接收和分配电能的装置，它由一组或几组空气断路器或漏电断路器安装在板上而构成。目前箱体多用铁制，安装方式有明装、暗装和地落式三种。按《电气安装工程施工图册》标准做法明装配电箱安装高度，箱底边距地 1.2m，暗装箱安装高度底边距地 1.4m，落地式的安装箱体倾斜度不大于 5°，且安装的场所不能有震动。

（2）室内布线

①室内布线方式：室内布线有明敷设和暗敷设两种。明敷设是把导线沿塑料线槽或金属线槽敷设在墙面、梁柱或顶棚面上。暗敷设是将管子（钢管、电线管、塑料管等）预先埋设于墙内、楼板或顶棚内，然后再将导线从管中穿出，管内禁止有导线接头，所有导线的接头和分支，都应在接线盒内进行。

②线的种类及表示方法：导线分为绝缘导线、非绝缘导线（裸导线）和电缆。一般室内所用导线有绝缘导线和电缆。常用配线标注法如下：

$$BLV—3×2.5SC32$$

式中："BLV"表示铝芯塑料导线（BV 表示铜芯塑料线），$3×2.5$ 表示 3 根截面 $2.5mm^2$ 线，"SC32"表示焊接钢管，管径 32mm。

③灯具开关及插座：灯具的安装方式有吸顶式、嵌入式、线吊式、链吊式、管吊式。灯具开关常用的有拉线式开关、翘板式开关（现在最常用）。插座有明装和暗装之分，还有三孔和两孔之分。

2）照明施工图的识读

识读电气照明施工图时，应根据图例符号确定其代表的内容，找出电源进户线及配电箱，弄清配电方式，配电箱各回路所控制的对象，再弄清楚干线、支线的配管、配线情况，各电器位置、安装方式、数量、灯具、开关及插座的位置、型号及数量等。照明施工图一般有设计说明、照明平面布置图、电气照明系统图。下页为该工程的电气设计说明。

（1）首页

包括图纸目录、图例、电气规格明细表及施工说明等。

（2）动力、照明平面图

如图 3-51、图 3-52 所示。表明各楼层照明情况，电源引入线，配电箱的位置和编号，灯具的形式、规格及位置，布线的方式、导线的截面及根数等。

（3）电气照明系统图

如图 3-53 所示。多用于表明配电回路情况。

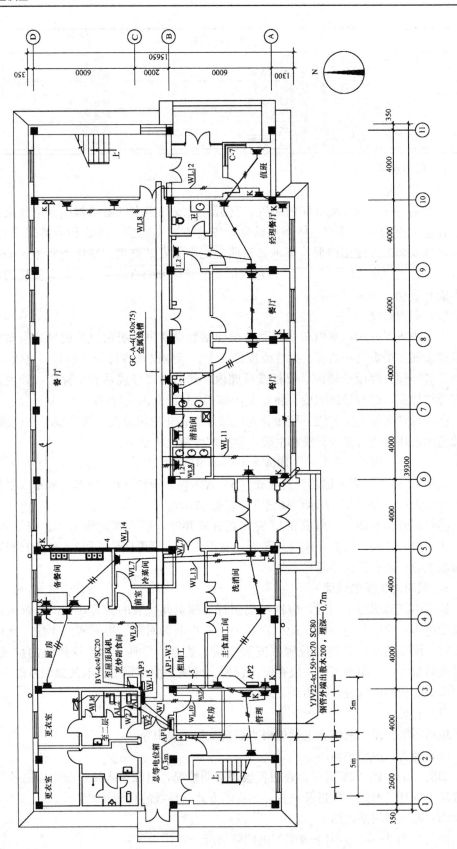

图 3-51　一层动力配电平面图

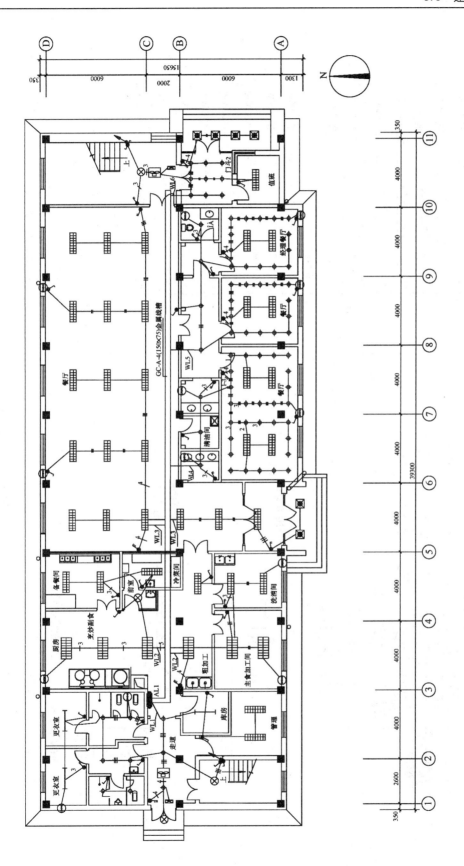

图 3-52 一层照明平面图

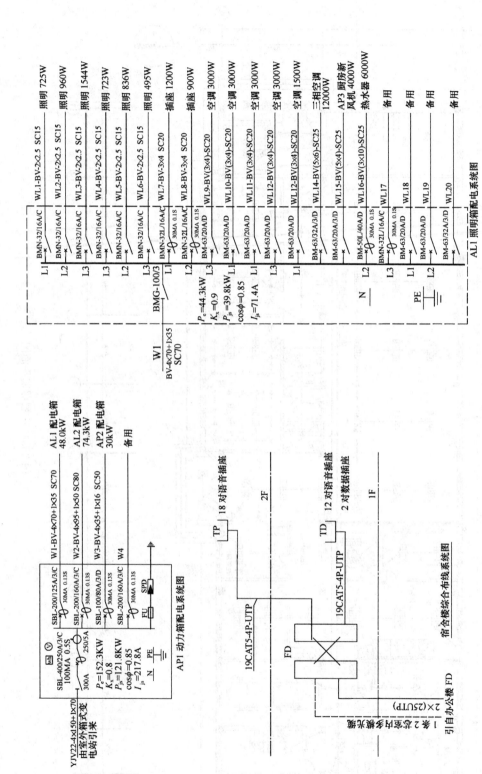

图 3-53　系统图（部分）

3) 防雷平面图的识读

当建筑物较低，或虽然本建筑物较高，但附近有更高的建筑物时，一般不进行屋面防雷设计。其他情况要进行防雷设计。识读时，要注意房顶防雷的类别；屋面避雷带的材质、做法；引下线的做法。当进行室外装修时，不要破坏原有的防雷设计。防雷平面图不再举例说明。

电气设计说明（节选）

二、线路敷设

电源由厂区箱式变电站用交联聚乙烯绝缘聚氯乙烯护套 YJV22-1000 型电缆埋地引入，电源电压 380/220V，室内线均采用 BV-0.5kV 型铜芯塑料线，走线槽或穿钢管敷设。

三、电气安装

翘板开关安装距地 1.4m，灯具的选用，布置，安装以装修施工图为准，插座（电源插座与弱电插座）除标定外均为 0.3m，照明电箱与热水器控制箱安装距地 1.5m。

四、接地设计

本工程采用 TN-S 系统，在电源进户处做人工接地极，接地电阻要求不大于 4Ω。电力电缆在进户处重复接地保护，工程做法：92DQ13-13～43。在单元入户处要求做总等电位联结（将进户所有水、暖管用 40×4 镀锌扁钢引至总等电位箱），卫生间要求做局部等电位连接，工程做法见：02D501-2。

五、施工要求

施工时电气人员应与土建密切配合，做好预埋管和预留洞等工作，配电箱预留墙洞时，必须与厂家配合以减少误差。电气安装必须符合建筑电气安装施工规范及验收规范。

注：风机安装的准确位置和安装方式见暖通专业施工图，并要求厂家对 1kW 以下风机配单相电机，便于控制。

主要材料表

序号	图　例	名　　称	规格	安装方式	备　注
1		嵌入式格栅日光灯	220V 3×40W	嵌入安装	
2		嵌入式格栅日光灯	220V 2×40W	嵌入安装	
3		嵌入式格栅日光灯	220V 3×20W	嵌入安装	
4	⊗	环行日光吸顶灯	220V 32W	吸顶	
5		镜前灯管箱	220V 40W	$H=2.4$m	
6	⬦	筒灯	220V 13W	嵌入安装	详见装修图
7	▣	节能吸顶灯	FL-7814 220V 13W×4	吸顶	

续表

序号	图 例	名 称	规 格	安装方式	备 注
8	↘	单联翘板开关	250V 10A	$H=1.4m$	
9	↘	双联翘板开关	250V 10A	$H=1.4m$	
10	↘	三联翘板开关	250V 10A	$H=1.4m$	
11	↘	四联翘板开关	250V 10A	$H=1.4m$	
12	↓	单联双控翘板开关	250V 10A	$H=1.4m$	
13	▽	单相二、三孔安全插座	250V 10A	$H=0.3m$	
14	▽1.2	单相三孔安全插座	250V 10A	$H=1.2m$	
15	▽K	单相三孔插座	250V 15A	$H=2.2m$	
16	▽K	三相四孔插座	250V 15A	$H=1.4m$	空调用
17	⊖	排气扇	380V 15A	$H=1.4m$	空调用
18	▬	照明配电箱	220V	嵌入安装	
19	▬	动力配电箱	AL＊	$H=1.5m$	
20	▱	热水器配电箱	AP＋	$H=1.5m$	
21	TV	电视放大器箱		$H=1.5m$	
22	TV	电视分配器，分支器箱		$H=0.5m$	
23	TV	有线电视插座		$H=0.3m$	
24	TP	数据、语音插座		$H=0.3m$	
25	TP	语音插座		$H=0.3m$	
26	═══	金属线槽	GC-A-型	敷设在吊顶	
27	BD▨	建筑物配线架			
28	FD▨	楼层配线架			
29	⊛	浴霸	220V 1500W		
30	⊠	电动密闭风阀	220V		
31	🔳	排气扇	220V	嵌入安装	
32	├──┤	日光灯	220V 40W	吸顶	
33	⊡	总等电位箱			
34	┌	接地极 50×50×5 镀锌角钢	$L=2500$		
35	┼─┼─┼	接地线 25×4 镀锌扁钢			

电气图纸目录

图纸	图纸名称	备注
电施-01	电气设计说明，主要材料表及图纸目录	
电施-02	餐厅宿舍楼配电及综合布线系统图	
电施-03	餐厅宿舍楼一层动力配电平面图	
电施-04	餐厅宿舍楼二层动力配电平面图	
电施-05	餐厅宿舍楼一层照明配电平面图	
电施-06	餐厅宿舍楼二层照明配电平面图	
电施-07	餐厅宿舍楼一层综合布线与电视平面图	
电施-08	餐厅宿舍楼二层综合布线与电视平面图	

复习思考题

1. 某实行建筑高度控制区内房屋，室外地面标高为－0.300m，屋面面层标高为 18.00m，女儿墙顶点标高为 19.100m，突出屋面的冰箱间顶面为该建筑的最高点，其标高为 21.300m，该房屋的建筑高度是_____m。

2. 图 3-28 基础平面布置图中，DL1 的跨数是_____，宽是_____，高是_____，上部受力筋是____，下部受力筋是____，箍筋是_____。

3. 图 3-22 剖面图中，该工程的建筑高度是_____m，一层层高是_____m，二层层高是_____m。

4. 图 3-24 楼梯详图中，2 号楼梯梯井净宽是_____，2 号楼梯踏步宽度是_____，2 号楼梯踏步高度是_____，2 号楼梯栏杆高度是_____，2 号楼梯休息平台栏杆高度是_____m。

5. 第 3.4.1 节结构施工图设计说明（节选部分）中，基础垫层的混凝土等级是_____，框架柱主筋是_____；图 3-30 中②-③/Ⓐ-Ⓑ 之间二层楼板的标高是_____，受力钢筋是_____。

6. Φ8@100（4）/150（2）表示_____；KL7（5A）表示_____。

7. 图 3-38 中，KZ1 在 3 层的尺寸是_____，箍筋是_____，箍筋类型是_____。

8. 图 3-43 中，本工程 PL-6，立管管径是_____，水平管管径是_____，屋顶通气帽到屋面的距离是_____，检查孔到楼地面的距离是_____。

9. 散热器支管管径是_____，散热器支管上的阀门采用_____，立管上的阀门采用_____；供暖入户管管径是_____，室外标高是_____。

10. 图 3-52 中，一层大餐厅采用_____日光灯，数量_____组，规格_____，安装方式_____。

第4章 建筑构造

学习要求

　　本章对建筑物的组成构件进行了系统讲述，要求了解建筑工程各个构件的分类和作用；掌握基础、墙体、楼地层、楼梯等重要构件的构造设计要求和步骤；熟悉门窗的类型、组成及开设要求，熟悉建筑防水防潮的构造设计，熟练掌握建筑构件的构造设计方法，并结合上一章的识图方法进行更加深入的学习。

重难点知识讲解（扫封底二维码获得本章补充学习资料）

　　1. 地基与基础。

　　2. 条形基础。

　　3. 独立基础。

　　4. 连续基础。

　　5. 圈梁。

　　6. 构造柱。

　　7. 楼梯的构造设计。

4.1　民用建筑的基本组成

4.1.1　建筑物的组成构件

　　建筑物是由许多部分组成的，它们在不同的位置上发挥着不同的作用。民用建筑概括起来一般由基础、墙体（柱）、楼板层、地坪、屋顶、楼梯和门窗等几大部分构成。如图3-1所示。工业建筑构造可参考有关书籍。

4.1.2　民用建筑构造的影响因素

　　民用建筑物从建成到使用，要受到许多因素的影响，这些因素主要有：

　　（1）外界环境的影响

　　①外界作用力的影响

　　主要指人、家具和设备以及建筑自身的重量、风力、地震力、雪荷载等。这些外界作用力的大小是建筑设计的主要依据，它决定着构件的尺度和用料。

　　②气候条件的影响

　　对于不同的气候如风、雨、雪、日晒等的影响，建筑构造应该考虑相应的防护措施。

　　③人为因素的影响

　　人所从事的生产和生活活动，如火灾、机械振动、噪声等，往往也会对建筑构造造成影响。

　　（2）建筑技术条件的影响

建筑技术条件指建筑材料技术、结构技术和施工技术等。随着这些技术的发展和变化，建筑构造也发生了相应的变化。例如木结构的建筑和帐篷结构的建筑相比，它们的施工方法和构造做法是不相同的。

（3）建筑标准的影响

不同的建筑具有不同的建筑标准。建筑标准一般包括建筑的造价标准、建筑的装修标准、建筑的设备标准。不同的建筑标准对建筑构造会产生不同的影响，如建筑材料质量的高低、构造做法是否考究、设备是否齐全等。

4.1.3 建筑构造的设计

民用建筑构造在设计中不仅要考虑到建筑分类、组成部分、模数协调以及许多因素的影响外，还要根据以下原则设计：

（1）坚固实用

建筑构造应该坚固耐用，这样才能保证建筑物的整体刚度、安全可靠、经久耐用。

（2）技术先进

建筑构造设计应该从材料、结构、施工三个方面引入先进技术，但要因地制宜、不能脱离实际。

（3）经济合理

建筑构造设计处处应该考虑经济合理，在选用材料上要注意就地取材，注意节约钢材、水泥、木材等三大材料，并在保证质量的前提下降低造价。

（4）美观大方

建筑构造设计是建筑设计的继续和深入，建筑要做到美观大方，构造设计是非常重要的一环。

总之，在建筑构造的设计中，必须满足以上原则，才能设计出合理、实用、经久、美观的建筑作品来。

4.2 基础与地下室

基础是房屋的重要组成部分，是建筑地面以下的承重构件，它承受建筑物上部结构传递下来的全部荷载，并把这些荷载连同基础的自重一起传到地基上。地基则是支撑基础的土体和岩体，它不是建筑物的组成部分。地基承受建筑物荷载而产生的应力和应变随着土层深度的增加而减小，达到一定深度后就可忽略不计。地基由持力层与下卧层两部分组成。直接承受建筑荷载的土层为持力层，持力层下面的不同土层均属下卧层（图 4-1）。

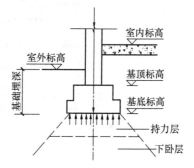

图 4-1 基础的组成

4.2.1 地基

1）地基土的分类

《建筑地基基础设计规范》GB 50007—2011 中规定，作为建筑地基的土层分为岩石、碎石土、砂土、粉土、黏性土和人工填土等不同的类型。

2) 对地基土的要求

(1) 强度方面。要求地基有足够的承载力。

(2) 变形方面。要求地基有均匀的压缩量，若地基土沉降不均匀时，建筑物上部会产生开裂变形。地基的计算变形值不应大于地基的变形允许值。

(3) 稳定方面。要求地基有防止产生滑坡、倾斜方面的能力。

当基础对地基的压力超过地基承载力时，地基将出现较大的沉降变形，甚至产生地基土层滑动而破坏，为了保证建筑物的稳定性与安全，必须将房屋基础与土层接触部分底面积尺寸适当扩大，以减少地基单位面积承受的压力。

3) 天然地基与人工地基

地基分为天然地基和人工地基两大类。天然土层具有足够的承载力，不需要经过人工加固，可直接在其上建造房屋的土层，称之为天然地基。天然地基的土层分布及承载力大小由地质勘查部门实测提供。

当土层的承载力较差或虽然土层较好，但上部荷载较大时，为使地基具有足够的承载能力，应对土体进行人工加固，这种经人工处理的土层，称为人工地基。常用基本方法有机械碾压法、重锤夯实法、换土法、深层密实法（如灰土桩、砂桩等）。

4.2.2　基础

1) 基础埋置深度

由室外设计地面到基础底面的垂直距离叫基础埋置深度，简称基础的埋深（图 4-2）。决定基础的埋置深度涉及诸多因素：

(1) 建筑物上部荷载的大小和性质

一般高层建筑的箱形和筏形基础埋置深度为地面以上建筑物总高度的 1/15；多层建筑一般根据地下水位及冻土深度来确定埋深尺寸。（图 4-2）。除岩石地基外，埋深一般不少于 0.5m。

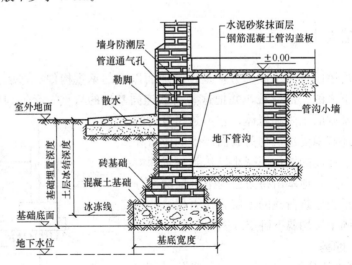

图 4-2　外墙基础埋深

(2) 建筑物有无地下室、设备基础和地下设施，基础的形式和构造

当建筑物设有地下室时，基础埋深要受地下室地面标高的影响，给水排水、供热等管道原则上不允许管道从基础底下通过，一般可以在基础上设洞口，且洞

口顶面与管道之间要留有足够的净空高度，以防止基础沉降压裂管道。

（3）工程地质条件与水文地质条件

选择基础的埋深应选择厚度均匀，压缩性小，承载力高的土层，作为基础的持力层，且尽量浅埋；但基础最小埋置深度不宜小于0.5m。若地基土质差，承载力低，则应该将基础深埋，或结合具体情况另外进行加固处理。

确定地下水的常年水位和最高水位，因为地下水对某些土层的承载能力有很大影响，如黏性土在地下水上升时，将因含水量增加而膨胀，使土的强度降低；当地下水下降时，基础将产生下沉，所以为避免地下水的变化影响地基承载力及防止地下水对基础施工带来的影响，一般基础宜埋在地下常年水位之上，这样可不需要进行特殊防水处理，节省造价。

（4）相邻建筑物的基础埋深

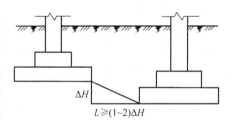

新建房屋的基础埋置深度不宜大于原有房屋的基础埋深，并应考虑新加荷载对原有建筑物的不利作用。若新建房屋的基础埋深大于原有房屋的基础深度，则两基础间应保持一定间距，不要小于两相邻基础的底面高差的1～2倍（图4-3），或采取一定措施加以处理。

图4-3 相邻建筑物的基础埋置深度

（5）地基土层冻胀深度

应根据当地的气候条件了解土层的冻结深度，一般基础的埋深应在土层的冻结深度以下。若将基础埋在冻胀土之上，冬天土层的冻胀力会把房屋拱起，产生变形，天气转暖，冻土解冻时又会产生陷落。

2）基础的设计要求

基础是建筑结构很重要的一个组成部分。基础设计时需要综合考虑建筑物的情况和场地的工程地质条件，并结合施工条件以及工期、造价等各方面要求，合理选择地基基础方案，因地制宜，精心设计，以保证基础工程安全可靠、经济合理。

（1）基础应具有足够的强度、刚度和耐久性

基础作为最下部的承重构件，必须具有足够的强度和刚度才能保证建筑物的安全和正常使用。同时，基础下面的地基也应具有足够的强度和稳定性并满足变形方面的要求。对地基应进行承载力计算，对经常承受水平荷载作用的高层建筑和高耸结构，以及建造在斜坡上或边坡附近的建筑物应验算其稳定性，同时保证建筑物不因地基沉降影响正常使用。

（2）基础应满足设备安装的要求

许多设备管线如水、电、煤气等会有进线或出线，需要在室外地面下一定的标高进入或引出建筑物，这些设备的管线在进入建筑物之后一般从管沟中通过。这些管沟一般都沿内、外墙布置，或从建筑物中间通过。如管线与基础交叉，为了避免因为建筑物的沉降对这些管线产生不良剪切作用，基础在遇有设备管线穿越的部位必须预留管道孔。管道孔的大小应考虑基础沉降的因素，留有足够的余地。其做法可以是预埋金属套管、特制钢筋混凝土预制块。

（3）基础应满足经济要求

一般情况下，多层砌体结构房屋基础的造价占房屋土建造价的 20％左右。因此，应尽量选择合理的上部结构、基础形式和构造方案，尽量减少材料的消耗，满足安全、合理、经济的要求。

4.2.3　基础的类型

基础的类型较多，从基础的材料特性及受力特点，可分为无筋扩展基础、扩展基础；按基础的构造形式划分，可分为条形基础、独立基础、筏形基础、箱形基础、桩基础等；按基础的埋置深度不同分为浅基础和深基础，当埋深小于 5m 的基础称为浅基础，埋深大于 5m 的基础称为深基础。

下面介绍几种常用基础的构造特点。

1）无筋扩展基础

无筋扩展基础是指用烧结砖、灰土、混凝土、三合土等受压强度大，而受拉强度小的刚性材料做成，且不需配筋的墙下条形基础或柱下独立基础，也称为刚性基础。由于这些刚性材料的特点，基础剖面尺寸必须满足刚性条件的要求，即对基础的出挑宽度 b 和高度 H 之比进行限制（图 4-4），以保证基础在此夹角范围内不因受弯和受剪而破坏，该夹角称为刚性角（$\tan\alpha = b/H$）。如灰土基础、砖基础、毛石基础、混凝土基础等各材料的刚性基础大放脚应满足表 4-1 的要求。

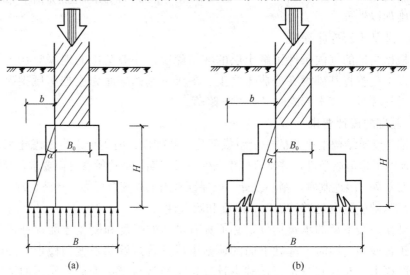

图 4-4　无筋扩展基础

（a）基础受力在刚性角范围以内；（b）基础宽度超过刚性角范围而破坏

无筋扩展基础的优点是施工技术简单，材料可就地取材，造价低廉，在地基条件许可的情况下，适用于多层民用建筑和轻型厂房。

无筋扩展基础台阶宽高比的允许值　　　　　　　　　　　　　　　表 4-1

基础名称	质量要求	台阶宽高比的容许值		
		$P_k \leqslant 100$	$100 < P_k \leqslant 200$	$200 < P_k \leqslant 300$
混凝土基础	C15 混凝土	1：1.00	1：1.00	1：1.25
毛石混凝土基础	C15 混凝土	1：1.00	1：1.25	1：1.50

续表

基础名称	质量要求	台阶宽高比的容许值		
		$P_k \leqslant 100$	$100 < P_k \leqslant 200$	$200 < P_k \leqslant 300$
砖基础	砖不低于 MU10、砂浆不低于 M5	1：1.50	1：1.50	1：1.50
毛石基础	砂浆不低于 M5	1：1.25	1：1.50	—
灰土基础	体积比为 3：7 或 2：8 的灰土，其最小干密度： 粉土 1550kg/m³ 粉质黏土 1500kg/m³ 黏土 1450kg/m³	1：1.25	1：1.50	—
三合土基础	体积比为 1：2：4～1：3：6（石灰：砂：骨料） 每层约虚铺 220mm，夯实至 150mm	1：1.50	1：2.00	—

注：1. P_k 为作用标准组合时的基础底面处的平均压力值（kPa）；

2. 阶梯形毛石基础的每阶伸出宽度，不宜大于 200mm；

3. 当基础由不同材料叠合组成时，应对接触部分作抗压验算；

4. 混凝土基础单侧扩展范围内基础底面处的平均压力值超过 300kPa 时，尚应进行抗剪验算；对基底反力集中于立柱附近的岩石地基，应进行局部受压承载力验算。

2）扩展基础

将上部结构传来的荷载，通过向侧边扩展成一定底面积，使作用在基底的压应力等于或小于地基土的允许承载力，而基础内部的应力应同时满足材料本身的强度要求，这种起到压力扩散作用的基础称为扩展基础。扩展基础指柱下钢筋混凝土独立基础和墙下钢筋混凝土条形基础。这种基础不受刚性角限制，基础具有较大的抗拉、抗弯能力，普遍应用于单层、多层民用或工业建筑中。

扩展基础的做法需在基础底板下均匀浇筑一层素混凝土垫层，目的是保证基础钢筋和地基之间有足够的距离，以免钢筋锈蚀。垫层一般采用 C15 素混凝土，厚度 70～100mm，垫层两边应伸出底板各 100mm。

（1）条形基础

条形基础沿墙身设置形成连续的带形，也称带形基础。地基条件较好，基础埋置深度浅时，墙承载的建筑多采用条形基础，如图 4-5 所示为砖大放脚条形基础（该基础为无筋扩展基础），图 4-6 为钢筋混凝土条形基础。

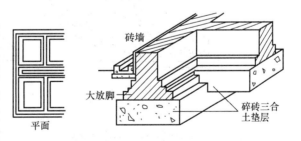

图 4-5 墙下砖大放脚条形基础

（2）独立基础

独立基础呈独立的矩形块状，形式有台阶形、锥形、杯形等。独立基础主要用于柱下。当建筑物上部采用骨架（框架结构、单层排架及门架结构）承重时，采用独立基础。当柱子采用预制构件时，则基础做成杯口形，柱子嵌固于杯口内，

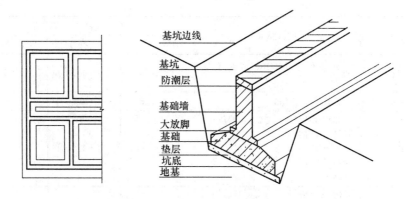

图 4-6　墙下钢筋混凝土条形基础

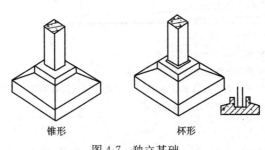

图 4-7　独立基础

故称为杯形基础（图 4-7）。

3）连续基础

（1）柱下单向条形基础

当建筑物上部采用框排架结构承重时，采用柱下单向条形基础，见图 4-8（a）。

（2）井格基础

当框架结构处在地基条件较差的情况时，为了提高建筑物的整体性，避免各柱子之间产生不均匀沉降，常将柱下基础沿纵、横方向连接起来，做成"十"字交叉的井格基础，故又称十字带形基础，见图 4-8（b）。

（3）筏形基础

当建筑物上部荷载较大，而建筑基底的承载能力又比较弱，这时采用带形基础或井格基础不能满足地基变形要求时，常将墙下或柱下基础连成一片，成为一

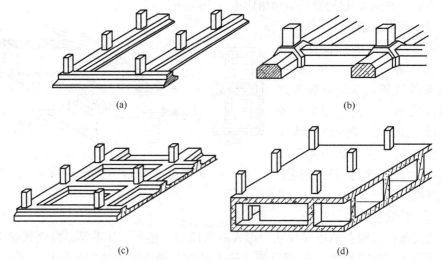

图 4-8　连续基础

（a）柱下单向条形基础；（b）井格基础；（c）梁板式筏形基础；（d）箱形基础

个整板，这种基础称为筏形基础，见图 4-8（c）。筏形基础有平板式和梁板式之分，这种基础适应于较弱地基，可一定程度减少不均匀沉降。

（4）箱形基础

箱形基础是由钢筋混凝土的底板、顶板和若干纵横墙组成的，形成空心箱体的整体结构，共同承受上部结构荷载，见图 4-8（d）。箱形基础整体空间刚度大，对抵抗地基的不均匀沉降有利，一般适用于高层建筑或在软弱地基上建造的重型建筑。当基础的中空部分尺度较大时，可用作地下室。

3）桩基础

桩基础通常由桩和桩顶上承台两部分组成（图 4-9），并通过承台将上部较大的荷载传至深层较为坚硬的地基中去，多用于高层建筑。桩基按受力情况分为端承桩和摩擦桩两种；按制作方法可分为预制桩与现制桩两种。

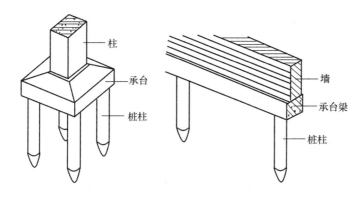

图 4-9　桩基的组成

4.2.4　地下室

一些多层与高层建筑往往设置地下室。设置地下室不仅可增加一些使用面积，也可满足人防和地下设备层的使用需要，对高层建筑，尚可提高建筑的整体抗倾覆能力。地下室要求有坚固的墙板与楼、地板并解决好防潮、防水、采光、照明、防火与通风等问题。

按使用性质分类，地下室可分为普通地下室与人防地下室。普通地下室一般用作高层建筑的地下停车库、设备用房。根据用途与结构需要可做成一层或二、三层地下室（图 4-10）。

按埋入地下深度分类，地下室可分为全地下室与半地下室。全地下室是指地下室地坪面低于室外地坪面高度超过该房间净高 1/2 者，半地下室是指地下室地坪面低于室外地坪面高度超过该房间净高 1/3，且不超过 1/2 者。半地下室可利用高出室外地面的侧墙开设窗口，解决室内的采光与通

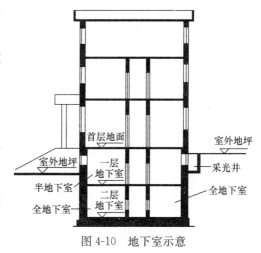

图 4-10　地下室示意

风问题。

防水、防潮是地下室设计中要解决的重要问题。忽视防水、防潮工作，会造成地潮或地下水侵蚀地下室，严重时致使地下室不能使用，甚至影响到建筑物的耐久性。确定防水、防潮方案，要以地下室的标准、结构形式、水文地质条件为依据。

1）地下室的防潮

当地下水的常年水位和最高水位都在地下室地坪标高以下时，地下水不能直接侵入室内，墙和地坪将受到土层中地潮的影响，地下室为砖砌体结构时，应做防潮处理，防止土层中的毛细管水和地面水下渗而造成的无压水对地下室造成侵蚀。

为防止潮气侵入室内，墙体必须采用水泥砂浆砌筑且灰缝饱满并设置防潮层，防潮层包括垂直防潮层和水平防潮层。在防潮层外侧一般回填 500mm 左右宽的低渗透性土（黏土、灰土等），并逐层夯实，以防地表水的影响（图 4-11）。

对于砌体结构，水平防潮层必须设两道。一道设在地下室地坪附近，一般设在地坪的结构层之间，另一道设在室外地面散水坡以上 150～200mm 的位置，以防止地下潮气沿地下墙身或勒脚处墙身侵入室内。

当地下室为混凝土构造时，混凝土可起到防潮的作用，不必再做防潮处理。

2）地下室的防水

当设计最高地下水位高于地下室地坪，地下室外墙受到地下水侧压力的影响，地坪受到地下水浮力的影响（图 4-12），此时必须考虑对地下室外墙做垂直防水和对地坪做水平防水处理（图 4-13）。

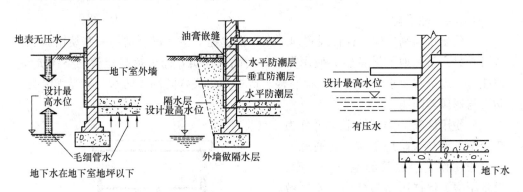

图 4-11　地下室防潮处理　　　　　　　　　图 4-12　地下水侵袭示意

地下室防水主要是采用防水混凝土和外包式柔性防水。防水混凝土的防水效果可通过两个途径获得，即集料级配和掺入外加剂。集料级配主要是采用不同粒径的骨料进行级配，同时提高混凝土中水泥砂浆的含量，以提高混凝土的密实性，掺入外加剂是在混凝土中掺入加气剂或密实剂以提高抗渗性能。防水混凝土外墙和底板不宜太薄，一般厚度均在 250mm 以上，否则会影响抗渗效果。为防止防水混凝土出现裂渗，必要时，应附加外包柔性防水层。外包柔性防水层有卷材防水层和涂料冷胶粘贴防水层等。

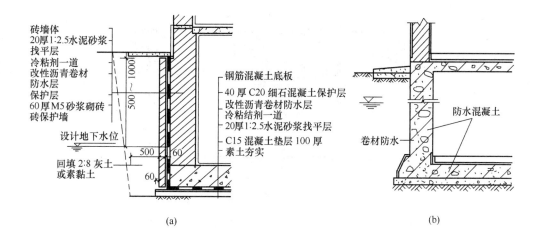

图 4-13　地下室防水处理
（a）砌体结构地下室防水处理；（b）混凝土结构地下室防水处理

4.3　墙体

4.3.1　墙体的作用

墙体是建筑物的重要组成构件，占建筑物总重量的 30%～45%，造价比重大，在工程设计中，合理地选择墙体材料、结构方案及构造做法十分重要。

墙体在建筑中的作用主要有四个方面：

承重作用：既承受建筑物自重和人及设备等荷载，又承受风和地震荷载。

围护作用：抵御自然界风、雨、雪等的侵袭，防止太阳辐射和噪声的干扰等。

分隔作用：把建筑物分隔成若干个小空间。

环境作用：装修墙面，满足室内外装饰和使用功能要求。

4.3.2　墙体的类型

建筑物的墙体按其所在位置、材料组成、受力情况及施工方法不同进行分类：

1）按所在位置及方向分类

墙体按在平面中所处位置及方向不同分为外墙和内墙（或纵墙和横墙）。位于建筑物外界四周的墙称外墙，外墙是建筑物的外围护结构，起着挡风、阻雨、保温、隔热等围护室内房间不受侵袭的作用；位于建筑物内部的墙称内墙，起着分隔房间的作用。沿建筑物短轴方向布置的墙称横墙，横墙有内横墙和外横墙之分，外横墙一般又称山墙；沿建筑物长轴方向布置的墙称纵墙，纵墙有内纵墙和外纵墙之分。在一片墙上，窗与窗或门与窗之间的墙称为窗间墙，窗洞下部的墙为窗下墙。墙体名称如图 4-14 所示。

2）按所用材料分类

（1）砖墙：用砖和砂浆砌筑的墙为砖墙，砖有普通黏土砖、黏土多孔砖、黏土空心砖、灰砂砖、矿渣砖等。

（2）石墙：用块石和砂浆砌筑的墙为石墙。

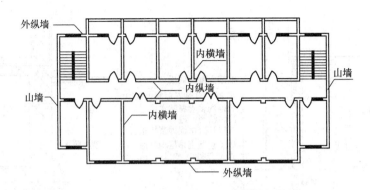

图 4-14　墙体名称

（3）土墙：用土坯和黏土砂浆砌筑的墙或模板内填充黏土夯实而成的墙为土墙。

（4）钢筋混凝土墙：用钢筋混凝土现浇或预制的墙为钢筋混凝土墙。

（5）其他墙：多种材料结合的组合墙、各种幕墙、用工业废料制作的砌块砌筑的砌块墙。

3）按受力情况分类

墙体根据结构受力情况不同，可分为承重墙和非承重墙两种。直接承受上部楼板和屋顶所传来荷载的墙称为承重墙。不承受上部荷载的墙称为非承重墙。非承重墙包括自承重墙、隔墙、填充墙、幕墙。外部的填充墙和幕墙虽不承受上部楼板层和屋顶的荷载，却承受风荷载和地震荷载。

4.3.3　墙体的结构布置方案

在多层砖混房屋中，墙体既是围护构件，也是主要的纵向和横向承重构件。墙体布置必须同时考虑建筑和结构两方面的要求，既满足建筑设计的房间布置、空间大小划分等使用要求，又应选择合理的墙体承重结构布置方案，使之安全承担作用在房屋上的各种荷载，坚固耐久，经济合理。

结构布置是指梁、板、墙、柱等结构构件在房屋中的总体布局。对采用预制楼板的建筑，由于楼、屋面荷载一般由板端向下传递。墙体结构布置方式，通常有以下几种，如图 4-15 所示。对采用四边支撑现浇板时，当板的长边与短边之比大于 2 时，可以认为板荷载按短向传递，由此判断墙体的承重方式。

1）横墙承重方案

适用于房间的使用面积不大，墙体位置比较固定的建筑，如住宅、宿舍、旅馆等。可按房屋的开间设置横墙，横墙承受楼板等外来荷载，连同自身的重量传给基础，这即为横墙体系。横墙的间距是楼板的长度，也称开间，一般在 4.2m 以内较为经济。此方案横墙数量多，因而房屋空间刚度大，整体性好，对抗风、抗震和调整地基不均匀沉降有利。但是建筑空间组合不够灵活。在横墙承重方案中，纵墙起围护、隔离和将横墙连成整体的作用，纵墙只承担自身的重量，所以对在纵墙上开门和开窗限制较少，如图 4-15（a）所示。

2）纵墙承重方案

适用于房间的使用上要求有较大空间，墙体位置在同层或上下层之间可能有变

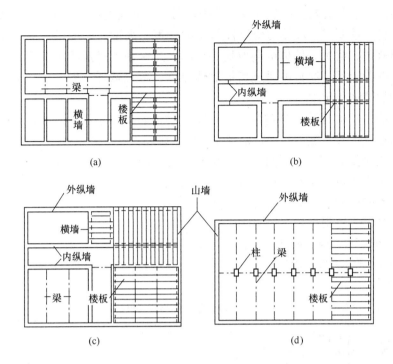

图 4-15　墙体结构布置方案

(a) 横墙承重方案；(b) 纵墙承重方案；(c) 纵墙与横墙混合承重方案；(d) 内框架承重方案

化的建筑，如教学楼中的教室、阅览室、实验室等。通常把大梁或楼板搁置在内、外纵墙上，此时纵墙承受楼板自重及活荷载，连同自身的重量传给基础和地基，这称为纵墙体系。在纵墙承重方案中，由于横墙数量少，房屋刚度差，应适当设置刚性横墙，与楼板一起形成纵墙的侧向支撑，以保证房屋空间刚度及整体性的要求。此方案空间划分较灵活，但设在纵墙上的门、窗大小和位置将受到一定限制。相对横墙承重方案来说，纵墙承重方案楼板材料用量较多，如图 4-15（b）所示。

3）纵墙与横墙混合承重方案

适用于房间变化较多的建筑，如医院、实验楼等。结构方案可根据需要布置，房屋中一部分用横墙承重，另一部分用纵墙承重，形成纵横墙混合承重方案。此方案建筑组合灵活，空间刚度较好，墙体材料用量较多，适用于开间、进深变化较多的建筑如综合办公楼等，如图 4-15（c）所示。

4）内框架承重方案

当建筑需要大空间时，如商店、综合楼等，采用内部框架承重，四周为墙承重，楼板自重及活荷载传给梁、柱或墙。房屋的总刚度主要由框架保证，因此水泥及钢材用量较多。这种布置方案对结构抗震较为不利，如图 4-15（d）所示。

4.3.4　墙体的设计要求

墙体在不同的位置具有不同的功能要求，在设计时要满足下列要求：

1）安全方面

（1）强度要求：强度是指墙体承受荷载的能力。影响墙体强度的因素很多，主要是所采用的材料强度等级及墙体截面尺寸。如砖墙强度与砖、砂浆强度等级

169

有关，混凝土墙与混凝土的强度等级有关，同时根据受力情况确定墙体厚度。

（2）稳定性要求：墙体的稳定性与墙的长度、高度、厚度以及纵、横向墙体间的距离有关。解决好墙体的高厚比、长厚比是保证其稳定的重要措施。当墙身高度、长度确定后，通常可通过增加墙体厚度、增设墙垛、壁柱、构造柱、圈梁等办法增加墙体稳定性。

砌筑墙是常由脆性材料构成，变形能力小，如果层数过多，重量就大，墙可能破碎和错位，甚至被压垮。特别是地震区，房屋的破坏程度随层数增多而加重，因而对砌筑房屋的高度、层数和高宽比有一定的限制，一般情况下，房屋的层数和总高度不应超过表 4-2 及表 4-3 的规定。

①横墙较少的多层砌体房屋，总高度应比表 4-2 的规定降低 3m，层数相应减少一层；各层横墙很少的多层砌体房屋，还应再减少一层。

注：横墙较少是指同一楼层内开间大于 4.2m 的房间占该层总面积的 40％以上；其中，开间不大于 4.2m 的房间占该层总面积不到 20％且开间大于 4.8m 的房间占该层总面积的 50％以上为横墙很少。

房屋的层数和总高度限值（m）　　　　　　　　　　表 4-2

房屋类别		最小抗震墙厚度(mm)	烈度和设计基本地震加速度										
			6		7				8				9	
			0.05g		0.10g		0.15g		0.20g		0.30g		0.40g	
			高度	层数	高度	层数	高度	层数	高度	层数	高度	层数	高度	层数
多层砌体房屋	普通砖	240	21	7	21	7	21	7	18	6	15	5	12	4
	多孔砖	240	21	7	21	7	18	6	18	6	15	5	9	3
	多孔砖	190	21	7	18	6	15	5	15	5	12	4	—	—
	小砌块	190	21	7	21	7	18	6	18	6	15	5	9	3
底部框架—抗震墙砌体房屋	普通砖多孔砖	240	22	7	22	7	19	6	16	5				
	多孔砖	190	22	7	19	7	16	5	13	4				
	小砌块	190	22	7	22	7	19	6	16	5				

注：1. 房屋的总高度指室外地面到主要屋面板板顶或檐口的高度，半地下室从地下室室内地面算起，全地下室和嵌固条件好的半地下室应允许从室外地面算起；对带阁楼的坡屋面应算到山尖墙的 1/2 高度处；
2. 室内外高差大于 0.6m 时，房屋总高度应允许比表中的数据适当增加，但增加量应少于 1.0m；
3. 乙类的多层砌体房屋仍按本地区设防烈度查表，其层数应减少一层且总高度应降低 3m；不应采用底部框架—抗震墙砌体房屋；
4. 本表小砌块砌体房屋不包括配筋混凝土小型空心砌块砌体房屋。

②6、7 度时，横墙较少的丙类多层砌体房屋，当按规定采取加强措施并满足抗震承载力要求时，其高度和层数应允许仍按表 4-2 的规定采用。

③采用蒸压灰砂砖和蒸压粉煤灰砖的砌体房屋，当砌体的抗剪强度仅达到普通黏土砖砌体的 70％时，房屋的层数应比普通砖房减少一层，总高度应减少 3m；当砌体的抗剪强度达到普通黏土砖砌体的取值时，房屋层数和总高度的要求同普通砖房屋。

④多层砌体承重房屋的层高，不应超过 3.6m。底部框架—抗震墙砌体房屋的底部，层高不应超过 4.5m；当底层采用约束砌体抗震墙时，底层的层高不应超过 4.2m。

注：当使用功能确有需要时，采用约束砌体等加强措施的普通砖房屋，层高不应超过 3.9m。

地震烈度	6	7	8	9
最大高宽比	2.5	2.5	2.0	1.5

房屋最大高宽比   表 4-3

注：1. 单面走廊房屋的总宽度不包括走廊宽度；

2. 建筑平面接近正方形时，其高宽比宜适当减小。

（3）防火要求：墙体材料及墙身厚度都应符合防火规范中相应燃烧性能和耐火极限所规定的要求。

2）功能方面

（1）保温、隔热要求：作为围护结构的外墙，对热工的要求十分重要。北方寒冷地区要求围护结构具有较好的保温能力，以减少室内热损失，同时还应防止在围护结构内表面和保温材料内部出现凝聚水现象。对南方地区为防止夏季室内温度过热，除布置上考虑朝向、通风外，外墙须具有一定隔热性能。

（2）隔声要求：隔声是控制噪声的重要措施，作为房间围护构件的墙体，必须具有足够隔声能力，以符合有关隔声标准的要求。

（3）防水防潮要求：潮湿房间，如卫生间、厨房等的房间及地下室的墙应采取防水防潮措施。

3）经济方面

墙体重量大、施工周期长，造价在民用建筑的总造价中占有相当比重。建筑工业化的关键之一是改革墙体，变手工操作为机械化施工，提高工效，降低劳动强度，并研制、开发轻质、高强的墙体材料，以减轻自重，降低成本。

4）美观方面

墙体的美观效果对建筑物内外空间的影响较大，选择合理的饰面材料和构造做法非常重要。

4.3.5 墙体构造

墙体既是承重构件，又是围护构件，并与多种构件密切相关。为保证墙体的耐久性，满足其使用功能要求及墙体与其他构件的连接，应在相应的位置进行细部构造处理，主要包括：过梁、散水、排水沟、勒脚、门窗洞口、墙身加固等。

1）门窗过梁

当墙体上开设门窗洞口时，为了承受洞口上部砌体所传来的各种荷载，并把这些荷载传给洞口两侧的墙体，常在门窗洞口上设置横梁，该梁称为过梁。过梁应与圈梁、悬挑雨篷、窗楣板或遮阳板等结合起来设计。

过梁有砖拱过梁、钢筋砖过梁和钢筋混凝土过梁。

（1）砖拱过梁

砖拱过梁有平拱、弧拱和半圆拱三种，如图 4-16。将立砖和侧砖相间砌筑，使灰缝上宽下窄相互挤压形成拱的作用。平拱的高度不小于 240mm，灰缝上部宽度不大于 20mm，下部宽度不小于 5mm，拱两端下部伸入墙内 20~30mm，中部起拱高度约为跨度 L 的 1/50，跨度 L 最大可达 1.2m。砌筑砂浆强度等级不低于 M5，砖强度等级不低于 MU10。砖拱过梁节约钢材和水泥，但施工麻烦，整体性差，不宜用于地震区、过梁上有集中荷载或振动荷载，以及地基不均匀沉降处的建筑。

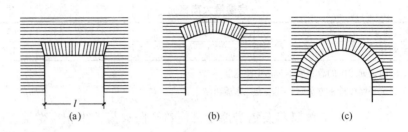

图 4-16 砖拱过梁
（a）平拱；（b）弧拱；（c）半圆砖拱

（2）钢筋砖过梁

钢筋砖过梁是在砖缝里配置钢筋，形成可以承受荷载的加筋砖砌体。一砖墙放置 3～4 根 φ6 钢筋，放在洞口上部的砂浆层内，砂浆层为 30 厚的 1∶3 水泥砂浆，也可以将钢筋放在第一皮砖和第二皮砖之间，钢筋两边伸入支座长度不小于240mm，并加弯钩。为使洞口上的部分砌体和钢筋构成过梁，常在相当于 1/4 跨度的高度范围内（不少于五皮砖），用不低于 M5 级砂浆砌筑，如图 4-17 所示。

钢筋砖过梁施工方便，整体性较好，适用于跨度不大于 2m，上部无集中荷载或墙身为清水墙时的洞口上。

（3）钢筋混凝土过梁

钢筋混凝土过梁，坚固耐用，施工简便，当门窗洞口较大或洞口上部有集中荷载时应用。钢筋混凝土过梁有现浇和预制两种，梁宽与墙厚相同，梁高及配筋由计算确定。为了施工方便，梁高应与砖皮数相适应，常见梁高为 60、120、180、240mm。梁两端支承在墙上的长度每边不少于 240mm。过梁断面形式有矩形和 L 形，矩形多用于内墙和混水墙，L 形多用于外墙和清水墙，在寒冷地区，为了防止过梁内壁产生冷凝水，可采用 L 形过梁或组合式过梁，如图 4-18。

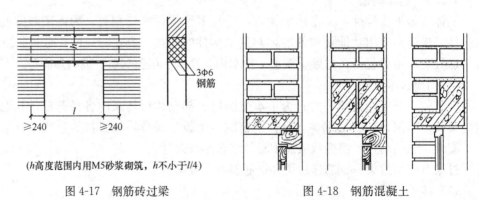

（h高度范围内用M5砂浆砌筑，h不小于l/4）

图 4-17 钢筋砖过梁　　　　图 4-18 钢筋混凝土

2）窗台

当室外雨水沿窗扇向下流淌时，为避免雨水聚积窗下侵入墙身和沿窗下槛向室内渗透污染室内，常在窗下靠室外一侧设置一泄水构件——窗台。

窗台应向外形成一定坡度，以利排水。窗台有悬挑窗台和不悬挑窗台两种，悬挑窗台常采用顶砌一皮砖或将一皮砖侧砌并悬挑 60mm，也可预制混凝土窗台。

窗台表面用1：3水泥砂浆抹面做出坡度，挑砖下缘粉滴水线，雨水沿滴水槽下落。

由于悬挑窗台下部容易积灰，在风雨作用下很容易污染窗台下的墙面，影响建筑物的美观，因此，在设计中，大部分建筑物都设计为不悬挑窗台，利用雨水的冲刷洗去积灰。窗台形式见图4-19。

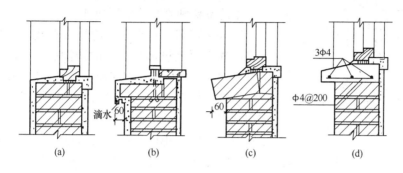

图 4-19　窗台形式

（a）不悬挑窗台；（b）粉滴水线窗台；（c）侧砌砖窗台；（d）预制混凝土窗台

3）勒脚

勒脚是外墙接近室外地面的部分，其高度一般指室内地坪与室外地面的高差部分。现在大多将其提高到底层窗台，它起着保护墙身和增加建筑物立面美观的作用。由于砌体墙本身存在很多微孔，极易受到地表水和土层水的渗入，致使墙身受潮冻融破坏，饰面发霉、脱落；另外偶然的碰撞，雨、雪的侵蚀，也会使勒脚造成损坏。所以，勒脚应选用耐久性高，防水性能好的材料，并在构造上采取防护措施。

（1）勒脚常见类型：①石砌勒脚：对勒脚容易遭到破坏的部分采用块石或石条等坚固的材料进行砌筑，如图4-20（a）所示。②抹灰类勒脚：为防止室外雨水对勒脚部位的侵蚀，常对勒脚的外表面作水泥砂浆抹面，如图4-20（c）、图4-20（d）所示，或其他有效的抹面处理，如采用水刷石、干粘石或斩假石等。③贴面勒脚：可用人工石材或天然石材贴面，如水磨石板、陶瓷面砖、花岗石、大理石等。贴面勒脚耐久性强，装饰效果好，多用于标准较高的建筑，如图4-20（b）所示。

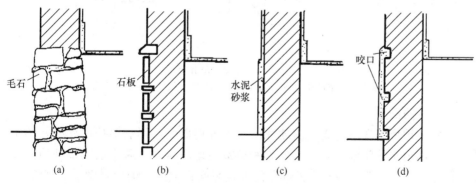

图 4-20　勒脚

（a）毛石勒脚；（b）石板贴面勒脚；（c）抹灰勒脚；（d）带咬口抹灰勒脚

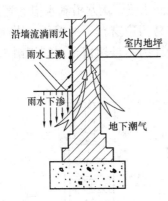

图 4-21 墙身受潮示意

（2）防潮层

墙体底部接近土层部分易受土层中水分的影响而受潮，从而影响墙身，如图 4-21 所示。为隔绝土中水分对墙身的影响，在靠近室内地面处设防潮层，有水平防潮层和垂直防潮层两种。

①水平防潮层：水平防潮层是在建筑物内外墙体室内地面附近设水平方向的防潮层，以隔绝地下潮气等对墙身的影响。水平防潮位置如图 4-22 所示，比室内地面低 60mm（位于刚性垫层厚度之间）或比室内地面高 60mm（柔性垫层），以防地坪下回填土中水分的毛细作用的影响。构造做法：a. 油毡防潮层，先用 10～15 厚 1：3 水泥砂浆找平，再铺一毡一油或平铺油毡一层（搭接长度≥70mm）。油毡防潮层具有一定的韧性、延伸性和良好的防潮性能，但整体性差，对抗震不利，不宜用于有抗震要求的建筑中。b. 砂浆防潮层是在需要设置防潮层的位置铺设防水砂浆层或用防水砂浆砌筑 1～2 皮砖。防水砂浆是在水泥砂浆中，加入水泥重量的 3％～5％的防水剂配制而成，防潮层厚 20～25mm。防水砂浆能克服油毡防潮层的缺点，故较适用于抗震地区和一般的砖砌体中。c. 细石钢筋混凝土防潮层，是在 60 厚的细石混凝土中配 3φ6～3φ8 钢筋形成防潮带，或结合地圈梁的设置形成防潮层，这种防潮层抗裂性能好，且能与砌体结合为一体，故适用于整体刚度要求较高的建筑中。

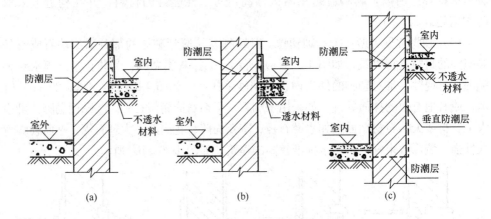

图 4-22 墙身防潮层位置
（a）地面垫层为密实材料；（b）地面垫层为透水材料；（c）室内地面有高差

②垂直防潮层

当室内地坪出现高差或室内地坪低于室外地面时，不仅要按地坪高差的不同在墙身设两道水平防潮层，而且，为避免室内地坪较高一侧土层或室外地面回填土中的水分侵入墙身，对有高差部分的垂直墙面在填土一侧沿墙设置垂直防潮层。做法是在两道水平防潮层之间的垂直墙面上，先用水泥砂浆抹灰，再涂冷底子油一道，刷热沥青两道或采用防水砂浆抹灰防潮处理。

（3）散水、明沟

为便于将地面雨水排至远处，防止雨水对建筑物基础侵蚀，常在外墙四周将地面做成向外倾斜的坡面，这一坡面称为散水。为将雨水有组织地导向地下雨水井而在建筑物四周设置的沟称为明沟。

①散水的构造做法：按材料分类有铺砖、块石、碎石、三合土、灰土、混凝土等。宽度一般为 600～1000mm，厚度为 60～80mm，坡度一般为 3%～5%。当屋面排水为自由落水时，散水宽度至少应比屋面檐口宽出 200mm，但在软弱土层、湿陷性黄土层地区，散水宽度一般应≥1000mm，且超出基底宽 200mm。由于建筑物的自沉降，外墙勒脚与散水施工时间的差异，在勒脚与散水交接处，应留有缝隙，缝内填沥青砂浆，以防渗水，散水做法见图 4-23。散水整体面层为防止温度应力及散水材料干缩造成的裂缝，在长度方向每隔 6～12m 做一道伸缩缝并在缝中填沥青砂浆。

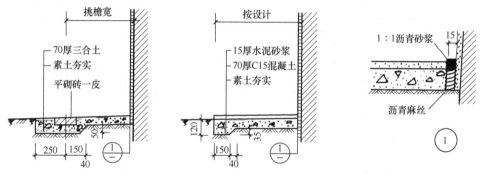

图 4-23 散水构造做法

②明沟的构造做法：明沟按材料一般有混凝土明沟、石砌明沟和砖砌明沟。

4.3.6 构造柱与圈梁

1）构造柱

钢筋混凝土构造柱是从构造角度考虑设置在墙身中的钢筋混凝土柱。其位置一般设在建筑物的四角、内外墙交接处、楼梯间和电梯间四角以及较长的墙体中部，较大洞口两侧。作用是与圈梁及墙体紧密连接，形成空间骨架，增强建筑物的刚度，提高墙体的应变能力，使墙体由脆性变为延性较好的结构，做到裂而不倒。

（1）构造柱最小截面可采用 180mm×240mm（墙厚 190mm 时为 180mm×190mm），纵向钢筋宜采用 4Φ12，箍筋间距不宜大于 250mm，且在柱上下端应适当加密；6、7 度时超过六层、8 度时超过五层和 9 度时，构造柱纵向钢筋宜采用 4Φ14，箍筋间距不应大于 200mm；房屋四角的构造柱应适当加大截面及配筋。

（2）构造柱与墙连接处应砌成马牙槎，沿墙高每隔 500mm 设 2Φ6 水平钢筋和Φ4 分布短筋平面内点焊组成的拉结网片或Φ4 点焊钢筋网片，每边伸入墙内不宜小于 1m。6、7 度时底部 1/3 楼层，8 度时底部 1/2 楼层，9 度时全部楼层，上述拉结钢筋网片应沿墙体水平通长设置。如图 4-24 所示。

（3）构造柱与圈梁连接处，构造柱的纵筋应在圈梁纵筋内侧穿过，保证构造柱纵筋上下贯通。

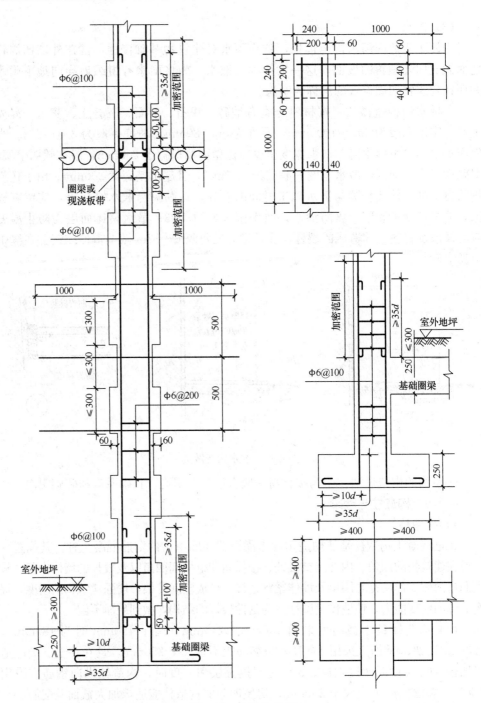

图 4-24　构造柱构造

（4）构造柱可不单独设置基础，但应伸入室外地面下 500mm，或与埋深小于 500mm 的基础圈梁相连。

（5）房屋高度和层数接近表 4-2 的限值时，纵、横墙内构造柱间距尚应符合下列要求：

① 横墙内的构造柱间距不宜大于层高的二倍；下部 1/3 楼层的构造柱间距适当减小；② 当外纵墙开间大于 3.9m 时，应另设加强措施。内纵墙的构造柱间距

不宜大于 4.2m。

（6）构造柱施工时，必须先绑扎钢筋，再砌墙，后浇柱，墙留马牙槎，先退后进。每一马牙槎沿高度方向的尺寸不宜超过 300mm。

2）圈梁

圈梁是沿外墙四周及部分内墙设置的连续闭合的梁。其作用是配合楼板和构造柱，可提高建筑物的空间刚度及整体性，增强墙体的稳定性，减少由于地基不均匀沉降而引起的墙身开裂。对抗震设防区，设置圈梁与构造柱形成骨架以提高墙身抗震能力。

钢筋混凝土圈梁，高度不小于 120mm，常见的高度为 180mm、240mm，构造上宽度宜与墙同厚，当墙厚为 240mm 以上时，其宽度可为墙厚的 2/3。配筋应符合表 4-4 的要求。基础圈梁截面高度不应小于 180mm，配筋不应小于 4Φ12。

多层砖砌体房屋圈梁配筋要求　　　　　　　　　　表 4-4

配　筋	烈　度		
	6、7	8	9
最小纵筋	4Φ10	4Φ12	4Φ14
箍筋最大间距（mm）	250	200	150

钢筋混凝土圈梁在墙身的位置，外墙圈梁一般与楼板相平，内墙圈梁一般在板下，如图4-25所示。当圈梁遇到门窗洞口而不能闭合时，应在洞口上部或下部设置一道不小于圈梁截面的附加圈梁。附加圈梁与圈梁的搭接长度应不小于两梁高差的 2 倍，亦不小于 1m。但在抗震区，圈梁应完全闭合，不得被洞口截断。

4.3.7 隔墙

隔墙是根据不同的使用要求把房屋分隔成不同的使用空间。隔墙不承重，因此，隔墙应满足自重轻、厚度薄、隔声、防火、防潮、便于拆装等要求，以满足不同需要，不断改变物业的功能和房屋的平面布局。常用的隔墙有块材隔墙、轻骨架隔墙、轻型板材隔墙等。

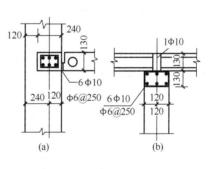

图 4-25　圈梁与板平的位置
(a) 外墙圈梁与板平；(b) 内墙圈梁在板下

（1）块材隔墙

普通砖隔墙有半砖墙（120mm）和 1/4 砖隔墙（60mm）两种。因砖隔墙自重大，湿作业多，施工麻烦，故目前采用不多。为减轻自重，常用砌块等轻质隔墙，如加气混凝土块、陶粒砌块、粉煤灰及空心砖等砌筑隔墙。砌块具有质量轻、隔声性能好等优点，但由于其孔隙率大、极易吸湿，所以，不宜用于厨房、卫生间、盥洗室等潮湿的环境。另外，对轻质砌块墙，安装门窗框时常需采取固定措施。

（2）轻骨架隔墙

常用的轻骨架有木龙骨、轻钢龙骨、铝合金龙骨等。常用的墙面板材有胶合板、纤维板、石膏板等。安装时用射钉将下槛、上槛和边龙骨分别固定在墙上、楼板上，安装中间龙骨及横撑，面层板材用镀锌螺钉、自攻螺钉或金属卡子固定在轻骨架上（图 4-26）。

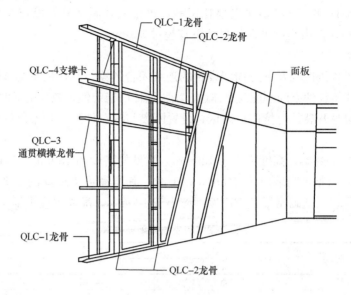

图 4-26　轻骨架隔墙

（3）轻型板材隔墙

轻型板材隔墙是指单板高度相当于房间净高，不设骨架，直接拼装而成的隔墙。常用的板材有加气混凝土条板、陶粒混凝土板等。为减轻板材自重，板材多为空心板或带肋薄板。板材隔墙具有易加工、施工速度快、现场湿作业少、自重轻、防火、隔声性能好等特点；缺点是隔声效果差，抗侧向推力较差。

（4）装配整体式板材隔墙

这类板材隔墙施工时一般板材在工厂自动化生产，现场用连接件装配，面层砂浆一般可用喷射法施工，夹心材料可用聚苯乙烯泡沫塑料、岩棉等（图 4-27）。

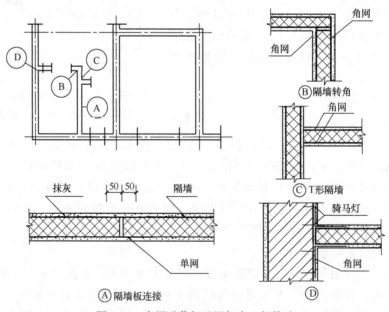

图 4-27　水泥砂浆钢丝网架夹心板构造

特点是保温隔热、隔声性能好，施工速度快且整体性能好。

4.3.8 墙身的内外装修

按照墙体饰面所处的位置，可分为外墙面装修和内墙面装修。

对墙体进行装修处理，可防止墙体结构免遭风、雨的直接袭击，提高墙体防潮、抗风化的能力，从而增强了墙体的坚固性和耐久性。可提高建筑物的使用功能和艺术效果，可为人们创造一个优美、舒适的环境。

对墙体进行装修处理，还可改善墙体热工性能，增加室内光线的反射，提高室内照度。对有吸声要求的房间的墙体进行吸声处理后，还可改善室内音质效果。

1）墙体饰面分类

按照材料和施工方式的不同，常见的墙体装修可分为抹灰类、贴面类、涂料类、裱糊类和铺钉类等五类。

2）抹灰类墙体饰面

抹灰又称粉刷，是由水泥、石灰为胶结料加入砂或石碴，与水拌和成砂浆或石碴浆，然后抹到墙体上的一种操作工艺。抹灰是一种传统的墙体装修方式，主要优点是材料广，施工简便，造价低廉；缺点是饰面的耐久性低、易开裂、易变色。因为多系手工操作，且湿作业施工为主，所以工效较低。

墙体抹灰应有一定厚度，外墙一般为 20～25mm；内墙为 15～20mm。为避免抹灰出现裂缝，保证抹灰与基层粘结牢固，墙体抹灰层不宜太厚，而且需分层施工，构造如图 4-28 所示。普通标准的装修，抹灰由底层和面层组成。高级标准的抹灰装修，在面层和底层之间，设一层或多层中间层。

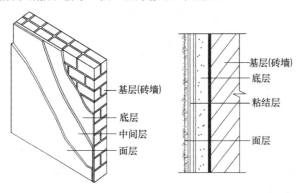

图 4-28 抹灰构造层次

底层抹灰具有使装修层与墙体粘结和初步找平的作用，又称找平层或打底层，施工中俗称刮糙。对普通砖墙常用石灰砂浆或混合砂浆打底，对混凝土墙体或有防潮、防水要求的墙体则需用水泥砂浆打底。

面层抹灰又称罩面，对墙体的美观有重要影响。作为面层，要求表面平整，无裂痕、颜色均匀。面层抹灰按所处部位和装修质量要求可用纸筋灰、麻刀灰、砂浆或石碴浆等材料罩面。

中间层用作进一步找平，减少底层砂浆干缩导致面层开裂的可能，同时作为底层与面层之间的粘结层。

根据面层材料的不同，常见的抹灰装修构造，包括分层厚度、用料比例以及适用范围，参考表 4-5。

部分常用抹灰做法举例　　　　　　　　　　　　　　　　表 4-5

抹灰名称	构造及材料配合比	适用范围
纸筋（麻刀）灰	12～17 厚 1∶2～1∶2.5 石灰砂浆（加草筋）打底 2～3 厚纸筋（麻刀）灰粉面	普通内墙抹灰
混合砂浆	12～15 厚 1∶1∶6（水泥、石灰膏、砂）混合砂浆打底 5～10 厚 1∶1∶6（水泥、石灰膏、砂）混合砂浆粉面	外墙、内墙均可
水泥砂浆	15 厚 1∶3 水泥砂浆打底 10 厚 1∶2～1∶2.5 水泥砂浆粉面	多用于外墙或内墙易受潮湿侵蚀部位
水刷石	15 厚 1∶3 水泥砂浆打底 10 厚 1∶1.2～1.4 水泥石碴抹面后水刷	用于外墙

对经常易受碰撞的内墙凸出的转角处或门洞的两侧，常用 1∶2 水泥砂浆抹 1.5m 高，以素水泥浆对小圆角进行处理，俗称护角，如图 4-29 所示。

此外，在外墙抹灰中，由于墙面抹灰面积较大，为避免面层产生裂纹和方便施工操作，以及立面处理的需要，常对抹灰面层作分格处理，俗称引条线。为防止雨水通过引条线渗透至室内，必须做好防水处理，通常利用防水砂浆或其他防水材料作勾缝处理，其构造如图 4-30 所示。

3）贴面类墙体饰面

贴面类饰面，系利用各种天然的或人造的板、块对墙体进行装修处理。这类装修具有耐久性强、施工方便、质量高、装饰效果好等优点。常见的贴面材料包括锦砖、陶瓷面砖、玻璃锦砖和预制水泥石、水磨石板以及花岗石、大理石等天然石板。其中质感细腻的瓷砖、大理石板多用作室内装修；而质感粗放、耐候性好的陶瓷锦砖、面砖、墙砖、花岗石板等多用作室外装修。

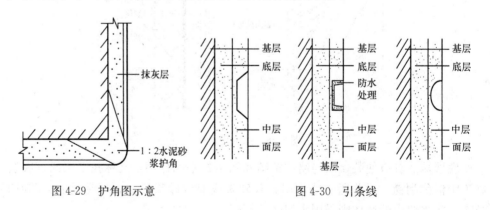

图 4-29　护角图示意　　　　　　　　图 4-30　引条线

（1）陶瓷面砖、锦砖贴面

陶瓷面砖、锦砖饰面材料种类有：

①陶瓷面砖，色彩艳丽、装饰性强。其规格为 100mm×100mm×7mm，有白、棕、黄、绿、黑等色。具有强度高、表面光滑、美观耐用、吸水率低等特点，多用作内、外墙及柱的饰面。

②陶土无釉面砖，俗称面砖，质地坚固、防冻、耐腐蚀。主要用作外墙面装

修，有白、棕、红、黑、黄等颜色，有光面、毛面或各种纹理饰面。

③瓷土釉面砖，常见的有瓷砖彩釉墙砖。瓷砖系薄板制品故又称瓷片。釉面有白、黄、粉、蓝、绿等色及各种花纹图案。瓷砖多用作厨房、卫生间的墙裙或卫生要求较高的墙体贴面。

④瓷土无釉砖，主要包括锦砖及无釉砖。锦砖又名马赛克，系由各种颜色，方形或多种几何形的小瓷片拼制而成。生产时将小瓷片拼贴在 300mm×300mm 或 400mm×400mm 的牛皮纸上，可形成色彩丰富、图案繁多的装饰制品，又称纸皮砖。原用作地面装修，因其图案丰富、色泽稳定，加之耐污染，易清洁，也用于墙面。

⑤玻璃锦砖，又称玻璃马赛克，是半透明的玻璃质饰面材料。与陶瓷马赛克一样，生产时就将小玻璃瓷片铺贴在牛皮纸上。它质地坚硬、色调柔和典雅，性能稳定，具有耐热、耐寒、耐腐蚀，不龟裂、表面光滑，雨后自洁、不褪色和自重轻等特点。其背面带有凸棱线条，四周呈斜角面，铺成后的灰缝呈楔形，可与基层粘结牢固，是外墙装饰较为理想的材料之一。它有白色、咖啡色、蓝色和棕色等多种颜色，亦可组合各种花饰。玻璃瓷片规格为 20mm×20mm×4mm，可拼为 325mm×325mm 规格纸皮砖。其构造与面砖贴面相同。

贴面饰面构造做法：

陶、瓷砖作为外墙面装修，其构造多采用 10~15 厚 1:3 水泥砂浆打底，5 厚 1:1 水泥砂浆粘结层，粘贴各类面砖材料。在外墙面砖之间粘贴时留出约 13mm 缝隙，以增加材料的透气性，如图 4-31（a）所示。

作为内墙面装修，其构造多采用 10~15 厚 1:3 水泥砂浆或 1:3:9 水泥石灰砂浆打底，8~10 厚 1:0.3:3 水泥石灰砂浆粘结层，外贴瓷砖，如图 4-31（b）所示。

图 4-31　陶瓷砖贴面构造

（2）天然石板、人造石贴面

用于墙面装修的天然石板有大理石板和花岗石板，属于高级墙体饰面装修。

根据对石板表面加工方式的不同可分为斧剁石、火爆石、蘑菇石和磨光石四种。斧剁石外表纹理可细可粗，多用作室外台阶踏步铺面，也可用作台基或墙面。火爆石系花岗岩石板表面经喷灯火爆后，表面呈自然粗糙面，有特定的装饰效果。蘑菇石表面呈蘑菇状凸起，多用作室外墙面装修。磨光石表面光滑如镜，可作室外墙面装修，也可用作室内墙面、地面装修。

大理石板和花岗岩板有方形和长方形两种。常见尺寸为 600mm×600mm、

600mm×800mm、800mm×800mm、800mm×1000mm，厚度一般为20mm，亦可按需要加工所需尺度。

石材饰面的构造做法：

① 挂贴法施工

对于平面尺寸不大、厚度较薄的石板，先在墙面或柱面上固定钢筋网，再用钢丝或镀锌铅丝穿过事先在石板上钻好的孔眼，将石板绑扎在钢筋网上。因此，固定石板的水平钢筋（或钢箍）的间距应与石板高度尺寸一致。当石板就位、校正、绑扎牢固后，在石板与墙或柱之间，浇筑1：3水泥砂浆或是膏浆，厚30mm左右，如图4-32所示。

② 干挂法施工

对于平面尺寸和厚度较大的石板，用专用卡具、射钉或螺钉，把它与固定于墙上的角钢或铝合金骨架进行可靠连接，石板表面用硅胶嵌缝，不须内部再浇筑砂浆，称为石材幕墙，如图4-33所示。

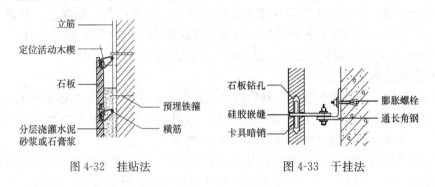

图 4-32　挂贴法　　　　　　图 4-33　干挂法

人造石板常见的有人造大理石、水磨石板等。

人造石板的施工构造与天然石材相似，预制板背面埋设有钢筋，不必在预制板上钻孔，将板用铅丝绑牢在水平钢筋（或钢箍）上即可。在构造做法上，各地有多种合理的构造方式，如有的用射钉按规定部位打入墙体（或柱）内，然后将石板绑扎在钉头上，以节省钢材。

4）涂料类墙体饰面

涂料系指涂敷于物体表面后，能与基层有很好粘结，从而形成完整而牢固的保护膜的面层物质。这种物质对被涂物体有保护、装饰作用。例如油漆便是一种最常见的涂料。

涂料作为墙面装修材料，与贴面装修相比具有材料来源广，且品种繁多，装饰效果好，造价低，操作简单，工期短、工效高，自重轻，维修、更新方便等特点。因此，涂料是当今最有发展前途的装修材料。建筑涂料按其主要成膜物的不同可分为有机涂料、无机涂料及有机和无机复合涂料三大类。现分述如下：

（1）无机涂料

无机涂料是历史上最早的一种涂料。传统的无机涂料有石灰水、大白浆和可赛银等，是生石灰、碳酸钙、滑石粉等为主要原料，适量加入动物胶而配制的内墙涂刷材料。但这类涂料由于涂膜质地疏松、易起粉，且耐水性差，已逐步被合成树脂为基料的各类涂料所代替。无机涂料具有资源丰富、生产工艺简单、价格便宜、节约能源、减少环境污染等特点，是一种有发展前途的建筑涂料。

（2）有机合成涂料

随着高分子材料在建筑上的应用，建筑涂料有极大发展。有机高分子涂料依其主要成膜物质和稀释剂的不同又可分为三类。

①溶剂型涂料

溶剂型涂料系以合成树脂为主要成膜物质、有机溶剂为稀释剂，经研磨而成的涂料。它形成的涂膜细腻、光洁而坚韧，有较好的硬度、光泽和耐水性；耐候性、气密性好。但有机溶剂在施工时会挥发有害气体，污染环境。如果在潮湿的基层上施工，会引起脱皮现象。常见的溶剂型涂料有苯乙烯内墙涂料、聚乙烯醇缩丁醛内、外墙涂料，过氯乙烯内墙涂料以及812建筑涂料等。

②水溶型涂料

水溶型涂料是以水溶性合成树脂为主要成膜物质，以水为稀释剂、经研磨而成的涂料。它的耐水性差、耐候性不强、耐洗刷性亦差，故只适用作内墙涂料。

水溶型涂料价格便宜、无毒无怪味，并具有一定透气性，在较潮湿基层上亦可操作，但施工时温度不宜太低。当温度10℃以下时不易成膜，冬期施工应注意。常见的水溶型涂料有聚乙烯醇系列内墙涂料和多彩内墙涂料等。

③乳胶涂料

乳胶涂料又称乳胶漆，它是由合成树脂借助乳化剂的作用，以极细微粒子溶于水中，构成乳液为主要成膜物，然后研磨成的涂料。它以水为稀释剂，价格便宜，具有无毒、无味、不易燃烧、不污染环境等特点。同时还有一定的透气性，可在潮湿基层上施工。

在外墙面装修中使用较多的要数彩色胶砂涂料。彩色胶砂涂料简称彩砂涂料，是以丙烯酸酯类涂料与骨料混合配制而成的一种珠粒状的外墙饰面材料。彩砂涂料具有粘结强度高，耐水性、耐碱性、耐候性以及保色性均较好等特点，据国际涂料工业预测，今后涂料工业将是丙烯酸的时代。我国目前所采用的彩色胶砂涂料可用于水泥砂浆、混凝土板、石棉水泥板、加气混凝土板等多种基层上，以取代水刷石、干粘石饰面装修。

（3）无机和有机复合涂料

有机涂料或无机涂料虽各有特点，但在单独作用时，存在着各种问题。为取长补短，故研究出了有机、无机相结合的复合涂料。如早期的聚乙烯醇水玻璃内墙涂料，就比单纯的使用聚乙烯醇涂料的耐水性有所提高。另外以硅溶液、丙烯酸系列复合的外墙涂料在涂膜的柔韧性及耐候性方面能更适应大气温度的变化。总之，无机、有机或无机与有机的复合建筑涂料的研制，为墙面装修提供了新型、经济的新材料。

4.4 楼地层

楼层与地层是水平分隔建筑空间的建筑构件，楼层分隔上下空间，地层分隔

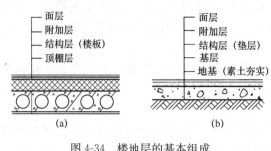

图 4-34　楼地层的基本组成

(a) 楼层；(b) 地层

底层空间并与土层直接相连。由于它们所处的位置不同，受力状况不同，因而结构层有所不同。楼层的结构层为楼板，楼板将所承受的荷载传递给梁或墙，再通过柱或墙传给基础。地层的结构层为垫层，垫层将所承受的荷载均匀地传给地基。楼层和地层一般有相同的面层，供人们在上面活动。楼地层基本组成见图 4-34。

4.4.1　楼板层的基本组成及设计要求

1）楼板层的基本组成

楼板层通常由面层、结构层、顶棚三部分组成（图 4-34）。

（1）面层：又称楼面或地面，其作用是保护楼板并传递荷载，对室内有重要的清洁及装饰作用。其做法和要求与地层的面层相同。

（2）结构层：是承重部分，一般包括梁和板。主要功能是承受楼板层上的全部荷载，并将这些荷载传递给墙或柱，同时还对墙身起水平支撑作用，加强房屋的整体刚度。

（3）顶棚：又称天花，除美观要求外，常安装灯具。

（4）附加层：可根据构造和使用要求设置结合层、找平层、防水层、保温隔热层、隔声层、管道敷设层等不同构造层次。

2）楼板层的设计要求

为保证楼板的正常使用，楼板层必须符合以下设计要求：

（1）必须具有足够的强度和刚度，以保证结构的安全性；

（2）具有一定的隔声能力，避免楼层上下空间相互干扰；

（3）必须具有一定的防火能力，保证人员生命及财产的安全；

（4）必须有一定的热工要求，对有温、湿度要求的房间，在楼板层内设置保温材料；

（5）对有水侵袭的楼板层，须具有防潮、防水能力，保证建筑物正常使用；

（6）对某些特殊要求，须具备相应的防腐蚀、防静电、防油、防爆（不发火）等能力；

（7）满足现代建筑的"智能化"要求，须合理安排各种设备管线的走向。

4.4.2　楼板层的类型

根据所采用的材料不同，楼板可分为木楼板、钢筋混凝土楼板及压型钢板组合楼板等多种形式（图 4-35）。目前，木楼板除木材产地外已很少采用；钢筋混凝土楼板具有强度高、刚度好及良好的可塑性和防火性，且便于工业化生产和机械化施工等，是过去我国工业与民用建筑中常采用的楼板形式。

1）现浇整体式钢筋混凝土楼板

现浇整体式钢筋混凝土楼板，是在施工现场经过支模、绑扎钢筋、浇灌混凝

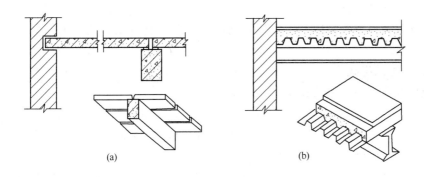

图 4-35 楼板的类型

（a）钢筋混凝土楼板；（b）钢衬板楼板

土、养护、拆模等施工程序而形成的楼板。其优点是整体性好，可以适应各种不规则的建筑平面，预留管道孔洞较方便；缺点是湿作业量大，工序繁多，需要养护，施工工期较长，而且受气候条件影响较大。

2）预制装配式钢筋混凝土楼板

预制装配式钢筋混凝土楼板，是把楼板分成若干构件，在预制加工厂或施工现场外预先制作，然后运到施工现场进行安装的钢筋混凝土楼板。这样可节省模板、缩短工期，但整体性较差，一些抗震要求较高的地区不宜采用。

3）压型钢板组合楼板

压型钢板组合楼板是一种钢与混凝土组合的楼板。系利用压型钢板作衬板（简称钢衬板）与现浇混凝土浇筑在一起，支撑在钢梁上构成的整体型楼板结构。主要适用于大空间、高层民用建筑及大跨工业厂房中，目前在国际上已普遍采用。

压型钢板两面镀锌，冷压成梯形截面。板宽为 500～1000mm，肋或肢高 35～150mm。钢衬板有单层钢衬板和双层孔格式钢衬板之分（图 4-36）。

压型钢板组合楼板主要由楼面层、组合楼板（包括现浇混凝土和钢衬板）与钢梁等几部分组成，可根据需要设吊顶（图 4-37）。组合楼板的跨度为 1.5～4.0m。

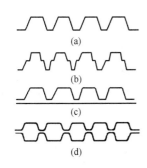

图 4-36 压型钢衬板的形式

（a）楔形板；（b）肢形压型板；
（c）楔形板与平板形成孔格式衬板；
（d）双楔形板形成的孔格式衬板

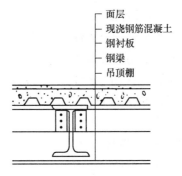

图 4-37 压型钢板组合楼板的组成

185

4.4.3　地坪构造

地坪是指建筑物底层与土层接触的结构构件，它承受着地坪上的荷载，并均匀传给地基。

1）地坪的组成

地坪是由面层、垫层和基层所构成（图 4-38）。

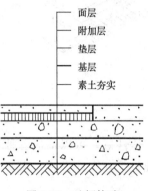

图 4-38　地坪构造

面层：是人们日常生活直接接触的表面，与楼层的面层在构造和要求上一致，均属室内装修范畴，统称地面。

垫层：是地坪的结构层，起着承重和传力的作用。通常采用 C15 混凝土 60～80mm 厚，荷载大时可相应增加厚度或配筋。混凝土垫层应设分仓缝，缝宽一般为 5～20mm；纵缝间距为 3～6m，横缝间距为 6～12m。

基层：多为垫层与地基之间的找平层或填充层，主要起加强地基、帮助结构层传递荷载的作用。基层可就地取材，如北方可用灰土或碎砖，南方多用碎砖石或三合土，均须夯实。

附加层：为了满足某些特殊使用功能要求而设置的一些层次，如结合层、保温层、防水层、埋设管线层等。其材料常为 1∶6 水泥焦渣，也可用水泥陶粒、水泥珍珠岩等。

2）地面的分类

地面的名称是依据面层所用材料而命名的。按面层所用材料和施工方式不同，常见地面可分为以下几类：整体类地面：包括水泥砂浆、细石混凝土、水磨石及菱苦土地面等；镶铺类地面：包括黏土砖、大阶砖、水泥花砖、缸砖、陶瓷锦砖、地砖、人造石板、天然石板及木地板等地面；粘贴类地面：包括油地毡、橡胶地毡、塑料地毡及无纺织地毯等地面；涂料类地面：包括各种高分子合成涂料所形成的地面。

3）地面的设计要求

（1）具有足够的坚固性，且表面平整光洁，易清洁不起灰；

（2）面层的温度性能要好，导热系数小，冬季使用不感寒冷；

（3）面层应具有一定弹性，行走舒适，亦可减小噪声；

（4）满足某些特殊要求：防水、防火、耐燃、防腐蚀、防静电、防油、防爆等。

4）地面装修构造

（1）整体类地面

①水泥砂浆地面

水泥砂浆地面简称水泥地面。它构造简单，坚固耐磨，防潮防水，造价低廉，是过去普遍使用的一种低档地面，如图 4-39 所示。但水泥砂浆地面导热系数大，对不供暖的建筑，在严寒的冬季走上去感到寒冷；另外它的吸水性差、容易返潮；

它还存在易起灰、不易清洁等问题。

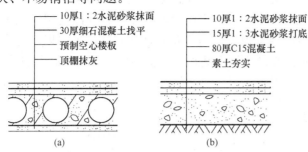

图 4-39 水泥砂浆地面
(a) 楼层地面，单层做法；(b) 底层地面，双层做法

水泥砂浆地面有双层和单层构造之分。双层做法分为面层和底层，常以 15～20mm 厚 1：3 水泥砂浆打底，找平，再以 5～10mm 厚 1：1.5 或 1：2 的水泥砂浆抹面。单层构造是在结构层上抹水泥砂浆结合层一道后，直接抹 15～20mm 厚 1：2 或 1：2.5 的水泥砂浆一道，抹平，终凝前用铁板压光。双层构造质量较好。

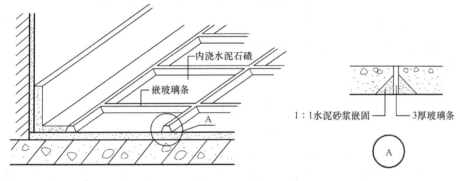

图 4-40 水磨石地面构造

②水磨石地面

又称磨石子地面，其特点是表面光洁、美观、不易起灰，如图 4-40 所示。其造价较水泥地面高、霉天容易反潮，常用作公共建筑的大厅、走廊、楼梯以及卫生间的地面。

水磨石地面系分层构造。在结构层上常用 10～15mm 厚 1：3 水泥砂浆打底，10 厚 1：1.5～1：2 水泥、石碴粉面。石碴要求颜色美观，中等硬度，易磨光，故多用白云石或彩色大理石石碴，粒径为 3～20mm。水磨石有水泥本色和彩色两种。后者系采用彩色水泥或白水泥加入颜料以构成美术图案，颜料以水泥重的 4%～5% 为好，不宜太多，否则将影响地面强度。面层一般是先在底层上按图案嵌固玻璃条（也可嵌铜条或铝条）进行分格。分格的作用，一是为了分大面为小块，以防面层开裂。分块后，万一局部损坏，维修也比较方便，不影响整体；二是可按设计图案分区，定出不同颜色，以增添美观。分格形状有正方形、矩形及多边形不等。尺寸有 400～1000mm，视需要而定。分格条高 10mm，用 1：1 水泥砂浆嵌固。然后将拌和好的石碴浆浇入，石碴浆应比分格条高出 2mm。再浇水养护 6～7d 后用磨石机磨光，最后打蜡保护。

如上所述，整体类地面由于地面主要采用的材料是密实的水泥砂浆或混凝土，地面的导热系数大，热惰性大，表面吸水性较差；因此遇到空气中湿度大的黄梅天，很容易出现表面结露现象。为了解决这个问题，采取以下几个构造措施，将会有所改善：在面层与结构层之间加一层保温层，如图 4-41（a）、图 4-41（b）所示；改换面层材料，如图 4-41（c）所示；架空地面，如图 4-41（d）所示。

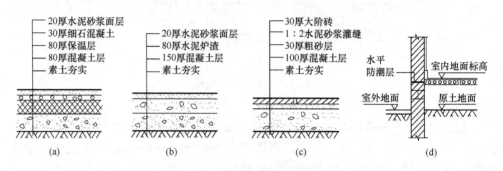

图 4-41　改善地面返潮现象的构造措施
(a) 设保温层；(b) 设炉渣层；(c) 大阶砖填砂；(d) 架空地面

（2）镶铺类地面

又称为块料地面，是利用各种预制块材或板材镶铺在基层上的地面，常见有以下几种：

①陶瓷砖地面

陶瓷地砖包括缸砖和马赛克。缸砖系陶土烧制而成，颜色红棕色。有方形、六角形、八角形等。可拼成多种图案。砖背图面有凹槽，便于与基层结合。方形尺寸一般为 100mm×100mm、150mm×150mm，厚 10～15mm。缸砖质地坚硬、耐磨、防水、耐腐蚀、易于清洁。适用于卫生间、实验室及有腐蚀的地面。铺贴方式为在结构层找平的基础上，用5～8mm厚1：1水泥砂浆粘贴。砖块间有 3mm 左右的灰缝。

马赛克质地坚硬、经久耐用、色泽多样，具有耐磨、防水、耐腐蚀、易清洁等特点，适用于作卫生间、厨房、化验室及精密工作间地面。其构造做法如图 4-42所示。

②人造石板和天然石板地面

人造石板有水泥花砖、水磨石板和人造大理石板等，规格有 200mm×200mm、300mm×300mm、500mm×500mm，厚 20～50mm。

天然石板包括大理石、花岗石板，由于其质地坚硬、色泽艳丽、美观，属高档地面装修材料。常用的为 600mm×600mm，厚 20mm。尺寸也可另行加工。一般多用作高级宾馆、公共建筑的大厅，影剧院、体育馆的入口处等地面，构造如图 4-43 所示。

③木地面

木地面具有弹性好、导热系数小、不起尘、易清洁等特点，是理想的地面材料。但我国木材资源少、造价高，作为地面仅用于有特殊要求的建筑中。

木地面一般铺设的是长条企口地板，20厚50～150mm 宽，左右板缝具有凹凸企

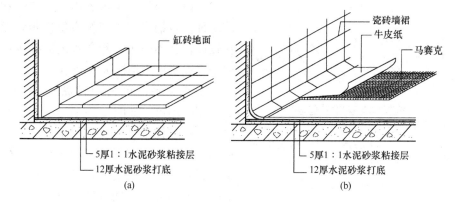

图 4-42 缸砖、马赛克铺地

（a）缸砖地面；（b）马赛克地面

口，用暗钉钉于基层木搁栅上，如图 4-44 所示。要求较高的房间如舞厅、会客室等可采用拼花地板，它是由长度只有 200、250、300mm 窄条硬木地板纵横穿插镶铺而成，故又名芦席纹地板，简称席纹地板。考究的席纹地板采用双层铺法，第一层为毛板，直接斜铺在搁栅上，上面再铺席纹地板，如图 4-45 所示。

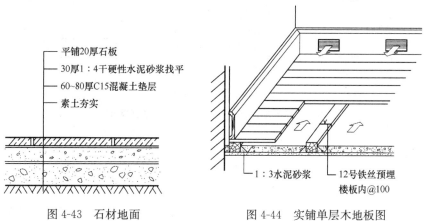

图 4-43 石材地面　　　　　　图 4-44 实铺单层木地板图

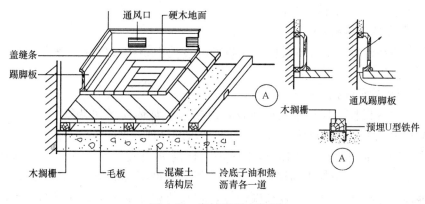

图 4-45 实铺双层木地板

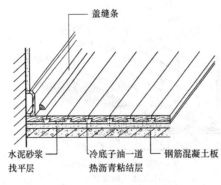

图 4-46　粘贴式木地板

木地面的基层是木搁栅,有空铺和实铺两种。空铺多用于建筑底层楼板,耗木料较多,又不防火,除产木地区外现已少用。现以实铺木地面为主介绍。

实铺地面也可采用粘贴式做法,条形、席纹均可,如图 4-46 所示。将木板直接粘贴在结构层上的找平层上,如用沥青粘贴,其找平层宜采用沥青砂浆找平层,粘结材料一般有沥青胶、环氧树脂、乳胶等。粘贴地面具有防潮性能好、施工简便经济等优点,故应用较多。

在地面与墙面交接处,通常按地面做法进行处理,即作为地面的延伸部分,这部分称踢脚线,也有的称踢脚板。踢脚线的主要功能是保护墙面,可以防止墙面因受外界的碰撞而损坏,也可避免清洗地面时污损墙面。

踢脚线的高度一般为 100~150mm,材料基本与地面一致,构造亦按分层制作,通常比墙面抹灰突出 4~6mm。踢脚线构造如图 4-47 所示。

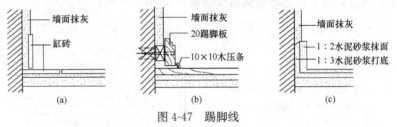

图 4-47　踢脚线

(a) 缸砖踢脚线;(b) 木踢脚线;(c) 水泥踢脚线

4.5　阳台与雨篷

4.5.1　阳台构造

阳台是楼房建筑中突出于外墙面或凹于外墙以内的平台。专供人们晾晒衣物、休息及其他活动之用。根据阳台凹凸于外墙的情况,有凸阳台、凹阳台、半凸阳台以及转角阳台等几种形式(图 4-48)。

1) 阳台的结构布置

阳台的结构形式及其布置应与建筑物的楼地板结构布置统一考虑,有现浇与预制之分。见图 4-49、图 4-50。

2) 阳台的细部构造

(1) 阳台栏杆、栏板形式应多样,风格应与整体建筑协调统一,见图 4-51。栏杆与扶手、阳台板的连接,以及栏杆与栏板的处理,见图 4-52、图 4-53。

(2) 阳台临空高度在 24m 以下时,栏杆高度不应低于 1.05m,临空高度在 24m 及 24m 以上(包括中高层住宅)时,栏杆高度不应低于 1.10m。栏杆高度应从楼地面至栏杆扶手顶面垂直高度计算,如底部有宽度大于或等于 0.22m,且高度低于或等于 0.45m 的可踏部位,应从可踏部位顶面起计算。

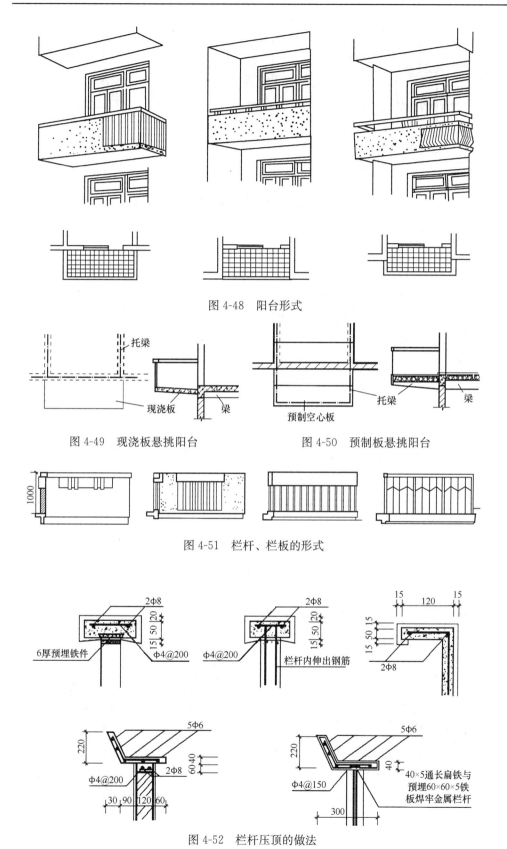

图 4-48 阳台形式

图 4-49 现浇板悬挑阳台　　　　　　图 4-50 预制板悬挑阳台

图 4-51 栏杆、栏板的形式

图 4-52 栏杆压顶的做法

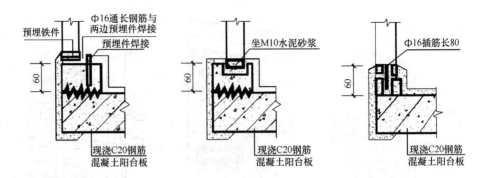

图 4-53　栏杆与阳台板的连接

（3）栏杆离楼面 0.10m 高度内不宜留空。

（4）住宅、托儿所、幼儿园、中小学及少年儿童专用活动场所的栏杆必须采用防止少年儿童攀登的构造，当采用垂直杆件做栏杆时，其杆件净距不应大于 0.11m。

（5）文化娱乐建筑、商业服务建筑、体育建筑、园林景观建筑等允许少年儿童进入活动的场所，当采用垂直杆件做栏杆时，其杆件净距也不应大于 0.11m。

3）阳台排水

由于阳台常外露，为防止雨水流入室内，设计时应将阳台标高低于室内地面 20~50mm，并在阳台一侧下方设置排水孔，见图 4-54、图 4-55。

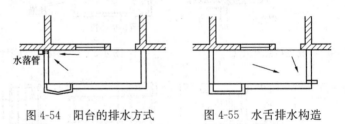

图 4-54　阳台的排水方式　　　图 4-55　水舌排水构造

4.5.2　雨篷构造

雨篷是建筑物外门顶部悬挑的水平挡雨构件。多采用现浇钢筋混凝土悬臂板，有板式和梁板式之分，其悬臂长度一般为 1~1.5m。为防止雨篷产生倾覆，常将雨篷与入口处门过梁（或圈梁）浇筑在一起，如图 4-56、图 4-57 所示。

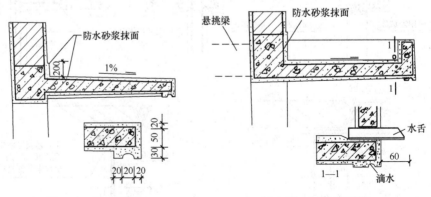

图 4-56　板式雨篷　　　　　　图 4-57　梁板式雨篷

4.6 楼梯、台阶与坡道

建筑物各个不同楼层之间的联系，需要有上、下交通设施，该项设施有楼梯、电梯、自动扶梯、台阶、坡道以及爬梯等。楼梯作为竖向交通和人员紧急疏散的主要交通设施，使用最为广泛。楼梯设计要求：坚固、耐久、安全、防火；做到上下通行方便，能搬运必要的家具物品，有足够的通行和疏散能力；另外，楼梯尚应有一定的美观要求。电梯用于层数较多或有特种需要的建筑物中，而且即使设有电梯或自动扶梯作为主要交通设施的建筑物，也必须同时设置楼梯，以便紧急疏散时使用。在建筑物入口处，因室内外地面的高差而设置的踏步段，称为台阶。为方便车辆、轮椅通行，应设坡道。坡道用于多层车库、医疗建筑或其他民用建筑中的无障碍交通设施。爬梯专用于检修等。

4.6.1 楼梯的组成、分类与形式

1）楼梯的组成

楼梯主要由楼梯梯段、楼梯平台及栏杆扶手三部分组成（图 4-58）。

（1）楼梯梯段

联系两个不同标高平台，设有踏步的倾斜构件称为梯段。踏步又分为踏面（供行走时踏脚的水平部分）和踢面（形成踏步高差的垂直部分）。

为了减轻疲劳，每个梯段的踏步不应超过 18 级，亦不应少于 3 级，因为个数太少不易被人们察觉，容易摔倒。

（2）梯段平台

楼梯平台是指连接两梯段之间的水平部分。平台用作楼梯转折、连通某个楼层或供使用者稍事休息。平台的标高有时与某个楼层相一致，有时介于两个楼层之间。与楼层标高相一致的平台称为楼层平台，介于两个楼层之间的平台称之为休息平台或中间平台。

（3）栏杆扶手

栏杆是设置在楼梯梯段和平台边缘处起安全保障的围护构件。扶手一般设于栏杆顶部，也可附设于墙上，称为靠墙扶手。

楼梯作为建筑空间竖向联系的主要构件，其位置应明显，起到提示引导人流的作用，既要充分考虑其造型美观、人流通行顺畅、行走舒适、结构安全、防火可靠，又要满足施工和经济条件要求。因此，需要合理地选择楼梯的形式、坡度、材料、构造做法，精心处理好其细部构造。

2）楼梯的形式（图 4-59）

（1）直行单跑式。中间不设休息平台，只有一个楼梯段，所占梯段宽度较小，一般用于层高较小的建筑，而不适用于层高较大的建筑。

（2）平行双跑式。应用最广泛的一种形式。相邻两个楼层是靠两个平行且方向相反的梯段和一个休息平台来联系的，因第二跑梯段折回，所以楼梯间占用的房间进深较小，便于建筑平面组合。

（3）平行双分（平行双合）式。双分式由一个较宽的梯段上至休息平台，再

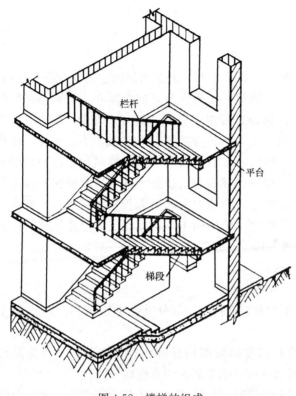

图 4-58 楼梯的组成

分成两个较窄的梯段上至楼层。双合式是由两个较窄的梯段上至休息平台，再合成一个较宽的梯段上至楼层。多用于公共建筑。

（4）三跑式、四跑式。一般用于楼梯间接近于正方形的公共建筑，因这种形式的楼梯井较大，不适用于住宅及中小学校。

（5）交叉（剪刀）式。交叉式楼梯相当于两个直行单跑式楼梯交叉设置，多用于塔式住宅建筑。剪刀式楼梯相当于两个双跑楼梯对接，多用于人流量较大的公共建筑。

（6）弧形式和螺旋式。常用于公共建筑的门厅，有较强的装饰效果，但不利于人流疏散。

4.6.2 楼梯各部位的名称及尺寸（图 4-60）

1）踏步

如图 4-60（c）、图 4-60（d）所示，踏步是由踏面和踢面组成。踏面（踏步宽度）与成人的平均脚长相适应，一般不宜小于 260mm。为了适应人们上下楼时脚的活动情况，踏面宜适当宽一些，常用 260～320mm。在不改变梯段长度的情况下，为加宽踏面，可将踏步的前缘挑出，形成突缘，挑出长度一般为 20～30mm，也可将踢面做成倾斜面，见图 4-60（e）、图 4-60（f）。踏步高度一般宜在 140～175mm 之间，各级踏步高度均应相同。在通常情况下踏步尺寸可根据经验公式：$b+2h=600\sim620mm$，600～620mm 为一般人的平均步距，室内楼梯选用低值，室外台阶选用高值。楼梯踏步最小宽度与最大高度如表 4-6 所示。

楼梯踏步最小宽度与最大高度   表 4-6

楼 梯 类 别	最小宽度	最大高度
住宅共用楼梯	0.26	0.175
幼儿园、小学校等楼梯	0.26	0.15
电影院、剧场、体育馆、商场、医院、旅馆和大中学校等楼梯	0.28	0.16
其他建筑楼梯	0.26	0.17
专用疏散楼梯	0.25	0.18
服务楼梯、住宅套内楼梯	0.22	0.20

注：无中柱螺旋楼梯和弧形楼梯离内侧扶手中心 0.25m 处的踏步宽度不应小于 0.22m。

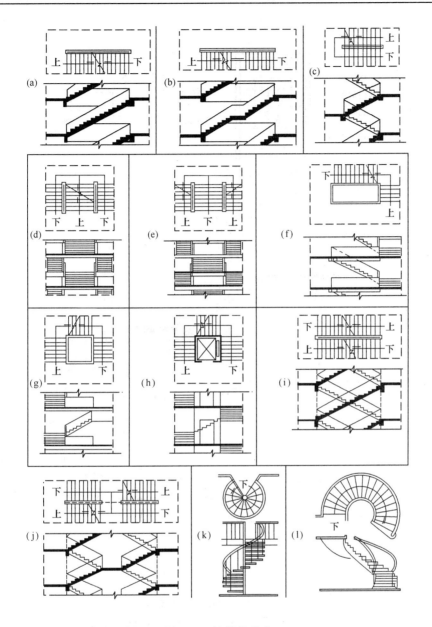

图 4-59 楼梯的形式

(a) 直行单跑楼梯；(b) 直行多跑楼梯；(c) 平行双跑楼梯；(d) 平行双分楼梯；
(e) 平行双合楼梯；(f) 折行双跑楼梯；(g) 折行三跑楼梯；(h) 设电梯折行
三跑楼梯；(i)、(j) 交叉跑剪刀楼梯；(k) 螺旋楼梯；(l) 弧形楼梯

2）梯段和平台尺度

墙面至扶手中心线或扶手中心线之间的水平距离即楼梯梯段宽度。除应符合防火规范的规定外，供日常主要交通用的楼梯的梯段宽度应根据建筑物使用特征，按每股人流为 $0.55+(0\sim0.15)$m 的人流股数确定，并不应少于两股人流。$0\sim0.15$m 为人流在行进中人体的摆幅，公共建筑人流众多的场所应取上限值。

梯段的长度取决于梯段的踏步数及其踏面宽度。如果梯段踏步数为 n 步，则该

195

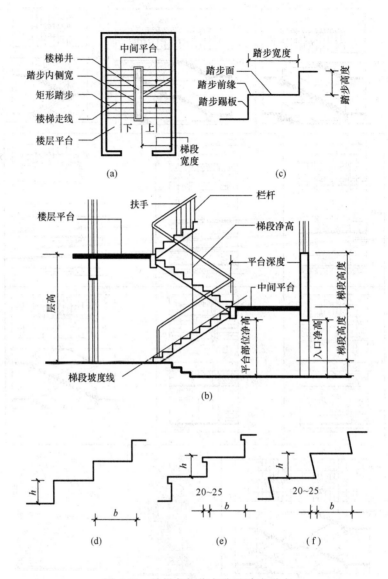

图 4-60　楼梯各部位名称及踏步形式

（a）楼梯平面部位名称；（b）楼梯剖部位名称；（c）楼梯踏步部位名称；

（d）一般楼梯踏步形式；（e）带踏口楼梯踏步形式；（f）斜踢面楼梯踏步形式

梯段的长度为 $b \times (n-1)$，b 为踏面宽度。

　　平台的长度一般等同于楼梯间的开间尺寸，梯段改变方向时，扶手转向端处的平台最小宽度不应小于梯段宽度，并不得小于 1.20m。在下列情况下应适量加宽平台深度：

　　（1）当有搬运大型物件需要时；

　　（2）楼层平台通向多个出入口或有门向平台方向开启时；

　　（3）有突出的结构构件影响到平台的实际深度时（图 4-61）。

3) 楼梯栏杆扶手高度

楼梯栏杆扶手的高度是指从踏步前缘至扶手上表面的垂直距离。一般室内楼梯栏杆扶手的高度不宜小于900mm（通常取900mm）。室外楼梯栏杆扶手高度（特别是消防楼梯）应不小于1100mm。在幼儿建筑中，需要在500～600mm高度再增设一道扶手，以适应儿童的身高（图4-62）。另外，与楼梯有关的水平护身栏杆（长度大于500mm）应不低于1050mm。当楼梯段的宽度大于1650mm时，应增设靠墙扶手。楼梯段宽度超过2200mm时，还应增设中间扶手。

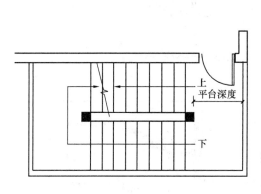

图 4-61　结构对平台深度的影响

图 4-62　栏杆扶手高度

4) 净空高度

楼梯各部分的净高关系到行走安全和通行的便利，它是楼梯设计中的重点也是难点。楼梯的净高包括梯段部位和平台部位的净高，楼梯平台上部及下部过道处的净高不应小于2m，梯段净高不宜小于2.20m，如图4-63所示。

注：梯段净高为自踏步前缘（包括最低和最高一级踏步前缘线以外0.30m范围内）量至上方突出物下缘间的垂直高度。

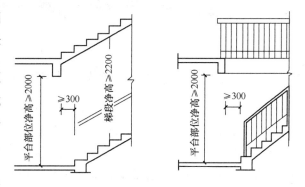

图 4-63　楼梯净空高度示意

当底层休息平台下做出入口时，为使平台下净高满足要求，可以采用以下几种处理方法：

（1）采用长短跑梯段。增加底层楼梯第一跑的踏步数量，使底层楼梯的两个梯段形成长短跑，以此抬高底层休息平台的标高（图4-64a）。当楼梯间进深不足以布置加长后的梯段时，可以将休息平台外挑。

（2）局部降低平台下地坪标高。充分利用室内外高差，将部分室外台阶移至室内。为防止雨水流入室内，应使室内最低点的标高高出室外地面标高不小于0.1m（图4-64b）。

（3）采用长短跑和降低平台下地坪标高相结合的方法。在实际工程中，经常将

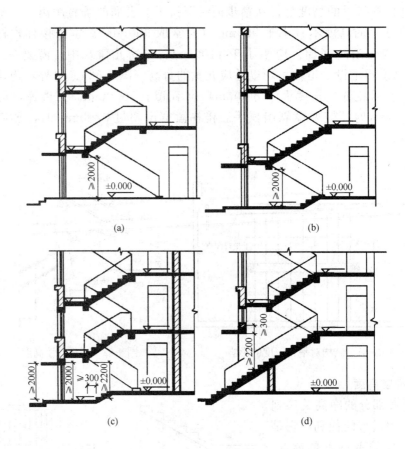

图 4-64　底层休息平台下做出入口的处理方式

以上两种方法结合起来，统筹考虑解决楼梯平台下部通道的高度问题（图 4-64c）。

（4）底层采用直跑楼梯。当底层层高较低（一般不大于 3000mm）时可将底层楼梯由双跑改为直跑，二层以上恢复双跑。这样做可将平台下的高度问题较好地解决（图 4-64d），但要注意踏步数量不应超过 18 步。

　　5）楼梯井

楼梯的两梯段之间的距离，这个宽度称为梯井。公共建筑梯井水平净宽度不小于 150mm，住宅、中小学则不应大于 200mm，否则应采取安全措施。

　　6）楼梯设计实例

【例】　某三层办公楼，砌体结构，墙厚 240mm，其楼梯间开间为 3.6m，进深 5.4m，层高为 3.3m，试设计一个双跑楼梯。

【解】　按双跑等跑楼梯布置，踏步宽度为 300mm，高度为 150mm，3300÷2 ＝1650mm，1650÷150＝11 个高，10 个宽。楼梯井宽度选择 160mm，则梯段宽（3600－120×2－160）÷2＝1600mm。休息平台净宽选择 1800mm。验算其他满足要求，绘图见图 4-65。

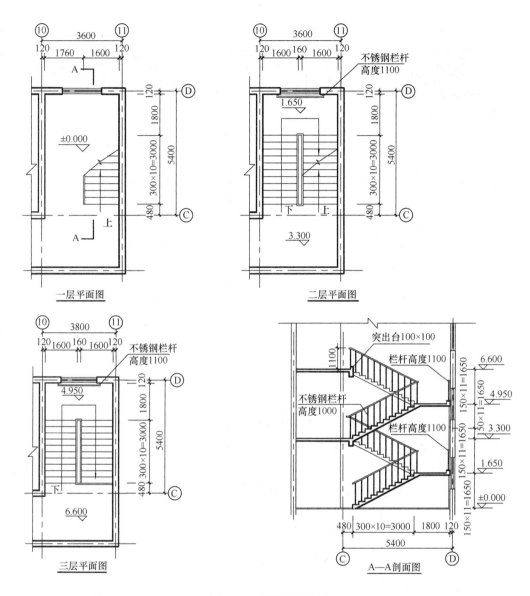

图 4-65 楼梯设计实例

4.6.3 钢筋混凝土楼梯构造

楼梯的形式虽然很多，但基本组成不外乎梯段、平台和栏杆扶手三部分。钢筋混凝土楼梯常用现浇整体式。现浇钢筋混凝土楼梯的整体性能好，刚度大，有利于抗震，但模板耗费大，施工周期长。一般适用于抗震要求高、楼梯形式和尺寸变化多的建筑物。

现浇钢筋混凝土楼梯按楼段的结构形式不同，可分为板式楼梯和梁板式楼梯两种（图 4-66）。

1）板式楼梯

板式楼梯通常由梯段板、平台梁和平台板组成。梯段板是一块带踏步的斜板，它承受着梯段的全部荷载，然后通过平台梁将荷载传给墙体或柱子，如图 4-67

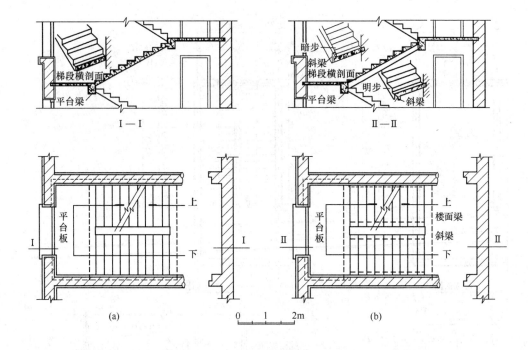

图 4-66　现浇钢筋混凝土楼梯的形式
(a) 板式；(b) 梁式

(a)。必要时，也可取消梯段板一端或两端的平台梁，使平台板与梯段板连为一体，形成折线形的板，直接支承于墙或梁上（图 4-67b）。

　　近年来在一些公共建筑和庭园建筑中，出现了一种悬臂板式楼梯，其特点是梯段和平台均无支承，完全靠上下楼梯段与平台组成的空间板式结构与上下层楼板结构共同来受力，其造型新颖、空间感好（图 4-68）。

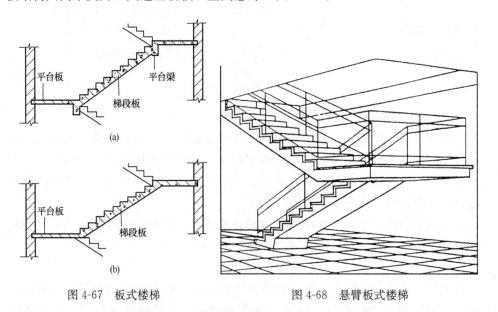

图 4-67　板式楼梯　　　　　　　图 4-68　悬臂板式楼梯

2）梁板式楼梯

梁板式楼梯段是由踏步板和梯段斜梁（简称梯梁）组成。梯段的荷载由踏步板传递给梯梁，梯梁再将荷载传给平台梁，最后，平台梁将荷载传给墙体或柱子。

梯梁通常设两根，分别布置在踏步板的两端。梯梁与踏步板在竖向的相对位置有两种：

（1）梯梁在踏步板之下，踏步外露，称为明步式，如图 4-69（a）所示。

（2）梯梁在踏步板之上，形成反梁，踏步包在里面，称为暗步式如图 4-69（b）。

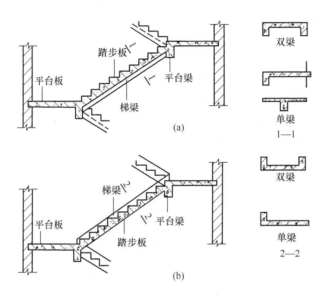

图 4-69　梁板式楼梯
(a) 明步楼梯；(b) 暗步楼梯

梯梁也可以只设一根，通常有两种形式：一种是踏步板的一端设梯梁，另一端搁置在墙上，省去一根梯梁，可减少用料和模板，但施工不便；另一种是用单梁悬挑踏步板，即梯梁布置在踏步板中部或一端，踏步板悬挑，这种形式也称现浇梁悬臂式楼梯，如图 4-70 所示。

当荷载或梯段跨度较大时，梁板式楼梯比板式楼梯的钢筋和混凝土用量少、自重轻，因此，采用梁板式楼梯比较经济。但同时也要注意到梁板式楼梯在支模、绑扎钢筋等施工操作方面较板式楼梯复杂。

3）楼梯的细部构造

楼梯踏步面层应便于行走、耐磨、防滑并保持清洁。踏步面层的材料，视装修要求而定，一般与门厅或走道的楼地面材料一致，常用的有水泥砂浆、花岗石、大理石和防滑砖等。

为防止行人使用楼梯时滑倒，踏步表面应有防滑措施，特别是人流量大或踏步表面光滑的楼梯，必须对踏步表面进行处理。防滑处理的方法通常是在接

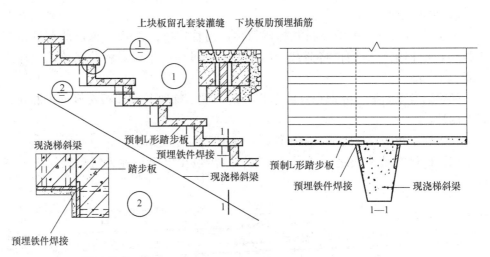

图 4-70 现浇梁悬臂式楼梯

近踏口处设置防滑条，防滑条的材料主要有：金刚砂、马赛克、橡皮条和金属材料等。

楼梯栏杆有空花栏杆、栏板式和组合式栏杆三种。

扶手位于栏杆顶部。空花栏杆顶部的扶手一般采用硬木、塑料和金属材料制作，其中硬木和金属扶手应用较为普遍。

4.6.4 台阶

一般建筑物的室内地面都高于室外地面。为了便于出入，应根据室内外高差来设置台阶。在台阶和出入口之间一般设置平台，作为缓冲之处，平台表面应向外倾斜约 1‰～4‰坡度，以利排水。台阶踏步的高宽比应较楼梯平缓，每级高度一般为 100～150mm，踏面宽度为 300～400mm。

建筑物的台阶应采用具有抗冻性能好和表面结实耐磨的材料，如混凝土、天然石、缸砖等。普通砖的抗水性和抗冻性较差，用来砌筑台阶，整体性差，很易损坏。若表面用水泥砂浆抹面，虽有帮助，但也很容易剥落。大量的建筑物以采用混凝土台阶最为广泛（图4-71a）。

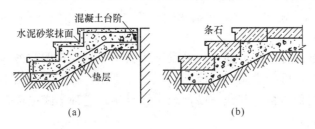

图 4-71 台阶构造类型

（a）混凝土台阶；（b）天然石台阶

台阶的基础，一般情况下较为简单，只要挖去腐殖土做垫层即可，如图 4-71(a)、(b) 所示。

4.6.5 坡道

室外门前为便于车辆进出，或医院室内地坪高差不大，为便于病人车辆通行，常做坡道，也有台阶和坡道同时应用者，如入口平台左右作坡道，正面作台阶，如图 4-72 所示。

坡道的坡度与使用要求、面层材料及构造做法有关。室内坡道坡度不宜大于

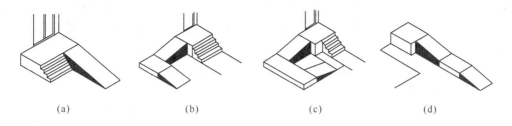

图 4-72 坡道的形式

(a) 一字形坡道；(b) L 形坡道；(c) U 字形坡道；(d) 一字形多段式坡道

1∶8，室外坡道坡度不宜大于 1∶10；室内坡道水平投影长度超过 15m 时，宜设休息平台，平台宽度应根据使用功能或设备尺寸所需缓冲空间而定；供轮椅使用的坡道不应大于 1∶12，困难地段不应大于 1∶8；参见《无障碍设计规范》GB 50763—2012；自行车推行坡道每段坡长不宜超过 6m，坡度不宜大于 1∶5。

与台阶一样，坡道也应采用耐久、耐磨和抗冻性好的材料，其构造与台阶类似，多采用混凝土材料（图 4-73a）。坡道对防滑要求较高或坡度较大时可设置防滑条或做成锯齿形（图 4-73b）。

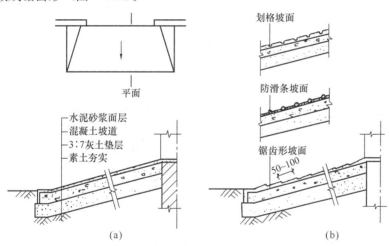

图 4-73 坡道构造

(a) 混凝土坡道；(b) 混凝土防滑坡道

4.7 门与窗

4.7.1 门窗的作用和设计要求

门和窗是房屋建筑中的两个围护构件。门的主要功能是交通出入、分隔联系建筑空间，并兼有采光和通风作用。窗的主要功能是采光和通风。开门以沟通内外联系，开窗以沟通人与大自然的联系。它们在不同使用条件要求下，还有保温、隔热、隔声、防水、防火、防尘、防爆及防盗等功能。此外，门窗的大小、比例尺度、位置、数量、材料、造型、排列组合方式对建筑物的造型和装修效果影响很大。

203

在构造上，门窗应满足以下主要设计要求：①开启方便，关闭紧密；②功能合理，便于清洁与维修；③坚固耐用；④符合《建筑模数协调标准》GB/T 50002—2013 要求。

4.7.2　门窗的类型与开启方式

1）门的类型与开启方式

门的类型：通常按材料分为木门、钢门、铝合金门、塑钢门和玻璃门。相比之下，木质门制作方便，造价低廉，亲切宜人；钢门尤其是彩钢门，强度高，表面质感细腻，美观大方；铝合金门尺寸精确，密闭性能良好，轻巧便宜；玻璃门平整透光，美观大方。

门的开启方式主要是由使用要求决定的，常见的有如图 4-74 所示的几种：

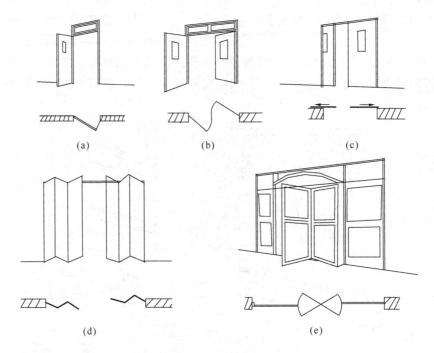

图 4-74　门的开启方式
(a) 平开门；(b) 弹簧门；(c) 推拉门；(d) 折叠门；(e) 转门

（1）平开门。特点是制作简便，开关灵活，构造简单，大量用于人行、车行之门，有单、双扇及内开、外开之分。

（2）弹簧门。门扇装设有弹簧铰链，能自动关闭，开关灵活，使用方便，使用于人流频繁或要求自动关闭的场所。弹簧门有单面、双面及地弹簧门之分。常用的弹簧铰链有单面弹簧、双面弹簧、地弹簧等数种（图 4-75）。其构造如图 4-76 所示。

（3）推拉门。特点是门扇在轨道上左右水平或上下滑行，开启不占室内空间，但构造复杂，五金零件数量多。居住类建筑中使用较广泛。

（4）转门。系 2 至 4 扇门组合在中部的垂直轴上，作水平旋转，其特点是对隔绝室内外气流有一定作用，但构造复杂，造价昂贵，多见于标准较高的、设有集中空调或供暖的公共建筑的外门。

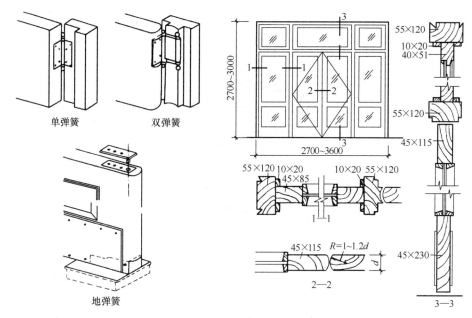

图 4-75　门用弹簧形式　　　　　　　图 4-76　弹簧门构造

（5）卷帘门。门扇是由一块块的连锁金属片条或木板组成，分页片式和空格式。帘板两端放在门两边的滑槽内，开启时由门洞上部的卷动辊轴将门扇页片卷起，可用电动或人力操作。当采用电动开关时，必须考虑停电时手动开关的备用措施。卷帘门开启时不占空间，适用于非频繁开启的高大洞口，但制作较复杂，造价较高，故多用作商业建筑外门和厂房大门。

2）窗的类型与开启方式

窗的材料类型与门相似。窗的开启方式主要取决于窗扇转动五金的位置及转动方式，通常有以下几种（图 4-77）：

（1）平开窗。铰链安装在窗扇一侧与窗框相连，向外或向内水平开启。有单扇、双扇、多扇及向内开与向外开之分。平开窗构造简单，开启灵活，制作维修均方便。

（2）固定窗。无窗扇、不能开启的窗为固定窗。固定窗的玻璃直接嵌固在窗框上，可供采光和眺望之用，不能通风。固定窗构造简单，密闭性好，多与门亮

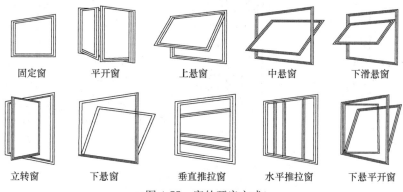

图 4-77　窗的开启方式

205

子和开启窗配合使用。

（3）悬窗。根据铰链和转轴位置的不同，可分为上悬窗、中悬窗和下悬窗（见图4-78）。

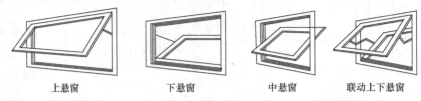

上悬窗　　　　　下悬窗　　　　　中悬窗　　　　联动上下悬窗

图 4-78　悬窗

（4）立旋窗。窗扇沿垂直轴旋转，通风效果优良，但防雨和密闭性较差，且不易安装纱窗，故民用建筑使用不多。

（5）推拉窗。窗扇沿导轨或滑槽滑动，分水平推拉和垂直推拉两种，推拉窗开启时不占空间，窗扇受力状态好，适于安装大玻璃，通常用于金属及塑料窗。

（6）双层窗。双层窗通常用于有保温、隔声要求的建筑以及恒温室、冷库、隔音室中。采用双层玻璃窗可降低冬季的热损失。双层玻璃窗，由于窗扇和窗樘的构造不同通常可分为子母窗扇、内外开窗、大小扇双层内外开窗和中空玻璃窗，如图4-79～图4-81所示。

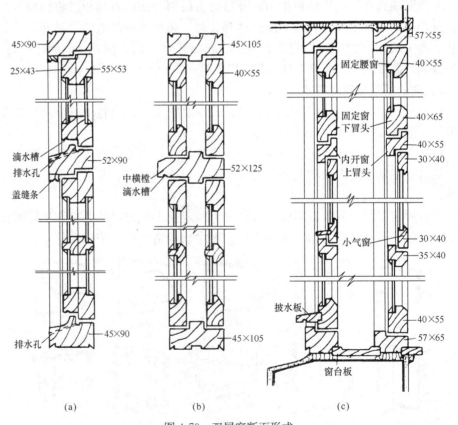

（a）　　　　　　　　（b）　　　　　　　　（c）

图 4-79　双层窗断面形式

（a）内开子母窗扇；（b）内外开窗扇；（c）大小扇双层内开窗

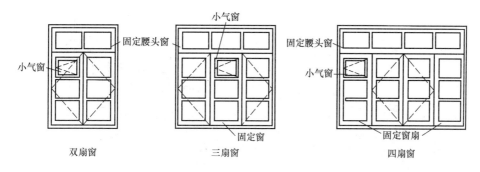

图 4-80　双层窗的固定扇布置

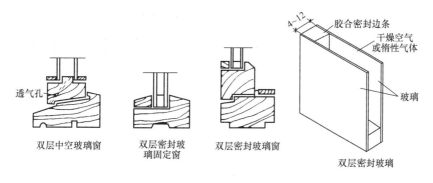

图 4-81　双层中空玻璃窗

4.7.3　门窗的组成与尺度

门一般是由门框、门扇、亮子和五金配件等部分组成，如图 4-82 所示。

门扇通常有玻璃门、镶板门、夹板门、百叶门和纱门等。亮子又称腰头窗，在门的上方，供通风和辅助采光用，有固定、平开及上、中、下悬等方式。门框是门扇及亮子与墙洞的联系构件，有时还有贴脸和筒子板等装修构件。五金零件多式多样，通常有铰链、门锁、插销、风钩、拉手、闭门器等。门的尺度应根据交通需要、家具规格及安全疏散要求来设计。常用的平开木门的洞口宽一般在 700～3300mm 之间，高度则保持在 2100～3300mm 之间。单扇门的宽度一般不超过 1000mm，门扇高度不低于 2000mm，带亮子的门的亮子高度为 300～600mm。公共建筑和工业建筑的门可按需要适当提高，具体尺寸可查阅当地标准图集。

窗子一般由窗框、窗扇玻璃和五金配件组成，图 4-83 给出平开木窗各组成部件示意。窗扇有玻璃窗扇、纱窗扇、板窗扇和百叶窗扇等。在窗扇和窗框间为了转动和启闭中的临时固定装有铰链、风钩、插销、拉手以及导轨、转轴、滑轮等五金零件。窗框与墙连接处，根据不同的要求，有时要加设窗台、贴脸、窗帘盒等。平开窗一般为单层玻璃窗，为防止蚊蝇，还可加设纱窗，为遮阳还可设置百叶窗；为保温或隔声需要，尚可设置双层窗。窗的尺度一般根据采光通风要求、结构构造要求和建筑造型等因素决定，同时应符合模数制要求。从构造上讲，一般平开窗的窗扇宽度为 400～600mm，高度为 800～1500mm，亮子窗高约 300～600mm。固定窗和推拉窗扇尺度可适当大些。窗洞口常用宽度 600～2400mm，高度则为 900～2100mm，基本尺度以 300mm 为扩大模数。选时可查阅当地标准图集。

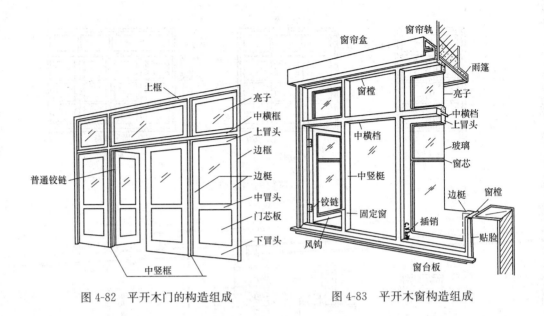

图 4-82　平开木门的构造组成　　　　　　　图 4-83　平开木窗构造组成

4.8　屋顶

4.8.1　屋顶概述

1）屋顶的形式

屋顶主要是由屋面工程和支承结构所组成。屋顶的形式与房屋的使用功能、屋面材料、结构选型以及建筑造型等有关。常见的屋顶类型有平屋顶、坡屋顶，除此之外，还有球面、曲面、折面等形式的屋顶（图 4-84）。

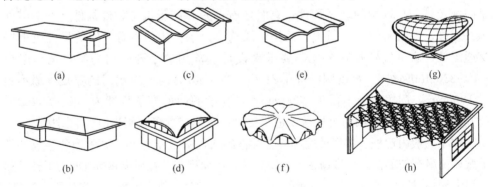

图 4-84　屋顶类型

（a）平屋顶；（b）坡屋顶；（c）折板；（d）壳体；
（e）筒壳屋顶；（f）抛物面壳屋顶；（g）悬壳；（h）网架

2）屋面工程的基本要求与原则

屋面工程应符合下列基本要求：

（1）具有良好的排水功能和阻止水侵入建筑物内的作用；

（2）冬季保温减少建筑物的热损失和防止结露；

（3）夏季隔热降低建筑物对太阳辐射热的吸收；

（4）适应主体结构的受力变形和温差变形；

（5）承受风、雪荷载的作用不产生破坏；

（6）具有阻止火势蔓延的性能；

（7）满足建筑外形美观和使用的要求。

屋面工程设计应遵照"保证功能、构造合理、防排结合、优选用材、美观耐用"的原则。屋顶工程施工应遵照"按图施工、材料检验、工序检查、过程控制、质量验收"的原则。

3）屋面的坡度范围

屋面坡度是由多方面的因素决定的。屋面排水坡度应根据屋顶结构形式，屋面基层类别，防水构造形式，材料性能及当地气候等条件确定，并应符合表4-7的规定。其中屋面覆盖材料与屋面坡度的关系比较大。一般情况下，屋面防水材料的透水性越差，单块面积越大，搭接缝隙越小，它的屋面排水坡度亦越小。反之，屋面排水坡度就应大些。通常将屋面坡度＞10％的称为坡屋顶，坡度≤10％的称为平屋顶。

屋面的排水坡度 表4-7

屋面类别	屋面排水坡度（％）	屋面类别	屋面排水坡度（％）
卷材防水、刚性防水的平屋面	2～5	网架、悬索结构金属板	≥4
平瓦	20～50	压型钢板	5～35
波形瓦	10～50	种植土屋面	1～3
油毡瓦	≥20		

注：1. 平屋面采用结构找坡不应小于3％，采用材料找坡宜为2％；

2. 卷材屋面的坡度不宜大于25％，当坡度大于25％时应采取固定和防止滑落的措施；

3. 卷材防水屋面天沟、檐沟纵向坡度不应小于1％，沟底水落差不得超过200mm，天沟、檐沟排水不得流经变形缝和防火墙；

4. 平瓦必须铺置牢固，地震设防地区或坡度大于50％的屋面，应采取固定加强措施；

5. 架空隔热屋面坡度不宜大于5％，种植屋面坡度不宜大于3％。

4.8.2 屋面防水

屋面渗漏是当前房屋建筑中最为突出的质量问题之一，已引起用户的不满和社会关注。所以屋顶积水（积雪）以后，应很快地排除，以防渗漏。

屋面漏水到室内，不仅使用户无法正常使用室内空间，毁坏设备、设施和生活用品。而且浸泡墙体，使装修面层脱落，甚至破坏墙体结构，引起开裂、疏松甚至倒塌，危及人身安全。使电气线路受潮也有可能引起短路，发生火灾。屋面渗漏也会使墙体等构配件受潮发霉、生锈，产生异味，影响室内卫生环境。总之，屋面渗漏不仅仅是使用功能问题，也存在着危害人身安全和健康的隐患，必须作为一个重要的质量问题加以严格控制。

1）建筑屋面防水等级划分和设防要求

屋面防水应划分等级，这是多年来通过大量工程实践经验的总结。尤其是讲求经济效益。如一般建筑使用高档次的防水材料，就会大大提高房屋造价，造成不必要的浪费，而重要的建筑耐久年限较长，如果使用低档次的防水材料，则难以满足其使用功能要求，经常维修和更换，也会造成浪费。《屋面工程技术规范》GB 50345—2012 规定：

屋面防水工程应根据建筑物的类别、重要程度、使用功能要求确定防水等级，并应按相应等级进行防水设防；对防水有特殊要求的建筑屋面，应进行专项防水设计。屋面防水等级和设防要求应符合表 4-8 的规定。

屋面防水等级和设防要求　　　　　　　　　　　　　　　表 4-8

防水等级	建筑类别	设防要求	防水做法
Ⅰ 级	重要建筑和高层建筑	两道防水设防	卷材防水层和卷材防水层、卷材防水层和涂膜防水层、复合防水层
Ⅱ 级	一般建筑	一道防水设防	卷材防水层、涂膜防水层、复合防水层

注：在Ⅰ级屋面防水做法中，防水层仅作单层卷材时，应符合有关单层防水卷材屋面技术的规定。

对防水有特殊要求的建筑一般是特别重要的民用建筑，如国家级博物馆、档案馆、剧场及纪念性建筑等，以及对防水有特殊要求的工业建筑；重要的建筑与高层建筑，如省、市级的博物馆、档案馆、剧场、宾馆等；一般的建筑，如住宅、办公楼、学校、一般厂房仓库等。

2）屋面防水层分类

屋面防水层包括卷材防水层、涂膜防水层和复合防水层。屋面防水层二道或二道以上组合时，可以用卷材与卷材防水层组合，也可以卷材与涂料防水组合，一道防水设防时，一般用卷材防水材料。

柔性防水屋面是指用柔性防水材料做防水层的屋面。由于柔性防水材料弹性好，耐候性强，防水效果好，可适应微小变形，经济适用，故在屋面防水设计中被广泛使用。涂料防水屋面又称涂膜防水屋面，主要是用于防水等级为Ⅰ级屋面多道防水设防中的一道防水层。

4.8.3　平屋顶概述

平屋顶是一种较常见的屋顶形式。由于其屋面较平坦，可用作各种活动场地。这种屋顶形式可使建筑外观简洁，其结构和构造较坡屋顶简单。

1）平屋顶组成

平屋顶主要由屋面层、结构层和顶棚层组成（图 4-85）。

屋面层：主要是防水层。

结构层：承受屋顶荷载并将荷载传递给墙或柱。

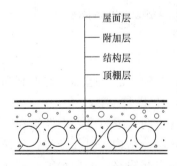

图 4-85　平屋顶基本组成

常用钢筋混凝土楼板。

顶棚层：作用与构造做法与楼板层的顶棚层相同。

附加层：根据不同情况而设置的保温层、隔热层、隔汽层、找平层、结合层等。

2) 平屋顶排水

（1）排水找坡

要屋面排水通畅，首先是选择合适的屋面排水坡度。从排水角度考虑，排水坡度越大越好；但从结构、经济以及上人活动角度考虑，又要求坡度越小越好。一般常视屋面材料的防水性能和功能需要而定，上人屋面的坡度一般采用 1‰～2‰，不上人屋面的坡度一般采用 2‰～3‰。

平屋顶排水坡度的形成分为搁置找坡和垫置找坡两种方式。

①搁置找坡：又称结构找坡。是把支承屋面板的墙或梁做成一定的坡度，屋面板铺设在其上后就形成相应的坡度。这种作法的特点是省工省料、较为经济，适用于平面形状较简单的建筑物如图 4-86，图 4-87 所示。

图 4-86　横墙、横梁搁置找坡

（a）横墙搁置屋面板；（b）横梁搁置屋面板；（c）屋架搁置屋面板

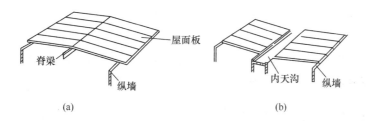

图 4-87　纵墙、纵梁搁置找坡

（a）纵梁纵墙搁置屋面板；（b）内外纵墙搁置屋面板

②垫置找坡：又称材料找坡。是在水平的屋面板上，采用价廉、质轻的材料铺垫成一定的坡度，上面再做防水层（图 4-88）。须设保温层的地区，也可利用保温材料来形成坡度。找坡材料多用炉渣等轻质材料加水泥或石灰形成。

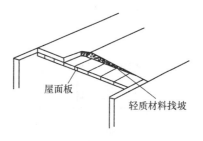

图 4-88　垫置找坡

（2）排水方式

平屋顶的排水坡度较小，要把屋面上的雨雪水尽快地排出，就要组织好屋顶的排水系统，选择合理的排水方式。屋顶的排水方式分为无组织排水和有组织排水两种。

①无组织排水：又称自由落水。是使屋面的雨水由檐口自由滴落到室外地面。这种作法构造简单、经济，一般适用于低层和雨水少的地区（图 4-89）。

②有组织排水：是将屋面划分成若干个排水区，按一定的排水坡度把屋面雨

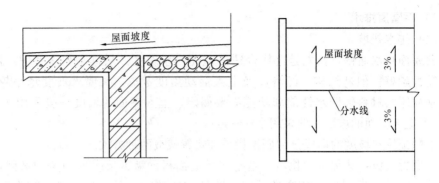

图 4-89   无组织排水

水有组织地排到檐沟或雨水口,通过雨水管排泄到散水或明沟中(图 4-90)。

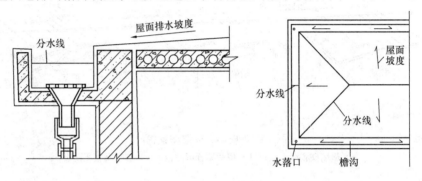

图 4-90   有组织排水

有组织排水可分为外排和内排两种。一般大量性民用建筑多采用外排水方式
(图 4-91);某些大型公共建筑、高层建筑以及严寒地区为防止雨水管冰冻堵塞可
采用内排水方式,如图 4-92 所示。

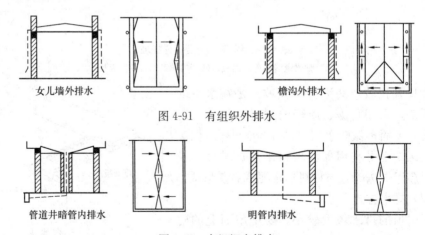

图 4-91   有组织外排水

图 4-92   有组织内排水

3)平屋顶的类型

平屋顶依其使用功能可分为上人和不上人两种;按照其面层所用的材料可分
为卷材防水屋面、涂料防水屋面等;根据室内使用要求可分为有保温隔热(隔汽)
和无保温隔热(隔汽)屋顶。

4.8.4 坡屋顶概述

1）坡屋顶的形式

坡屋顶是由一个倾斜面或几个倾斜面相互交接形成的屋顶，又称斜屋顶。根据斜面数量的多少，可分为单坡屋顶、双坡屋顶、四坡屋顶及其他形式屋顶数种。屋面坡度随所采用的屋面材料与铺盖方法不同而异，一般屋面坡度大于10%。

2）坡屋顶的坡面组织名称

坡屋顶的坡面组织是由房屋平面和屋顶形式所决定，对屋顶的结构布置和排水方式均有一定的影响。坡屋顶的倾斜面相互交接成线，其位置不同名称各异，如图4-93所示。

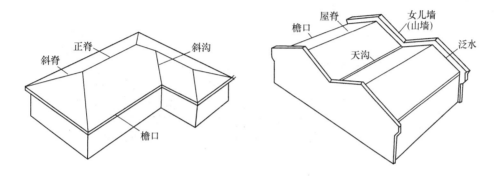

图 4-93 坡屋顶的坡面组织名称

3）坡屋顶的组成

坡屋顶主要由结构层、屋面、顶棚层和附加层组成（图4-94）。

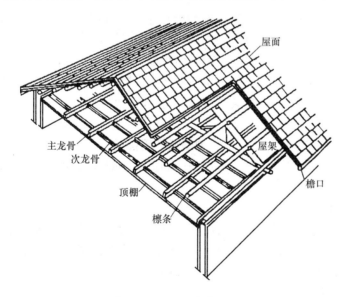

图 4-94 坡屋顶基本构造组成

结构层：承受屋顶荷载并将荷载传递给墙或柱，一般有屋架或大梁、檩条、椽子等。

屋面层：是屋顶上的覆盖层，直接承受风雨、冰冻和太阳辐射等大自然气候的作用。它包括屋面盖料和基层（如挂瓦条、屋面板等）。

顶棚层：是屋顶下面的遮盖部分，使室内上部平整，有一定光线反射，起保温隔热和装饰作用。其构造做法与楼板层的顶棚层相同。

附加层：根据不同情况而设置的保温层、隔热层、隔汽层、找平层、结合层等。

4）坡屋顶的承重结构系统

（1）有檩体系屋顶

有檩体系屋顶是由屋架（屋面梁）、檩条、屋面板组成的屋顶体系（图 4-95）。其特点是构件较小、重量轻、吊装容易；但构件数量多、施工繁琐、整体刚度较差。多用于中、小型厂房。

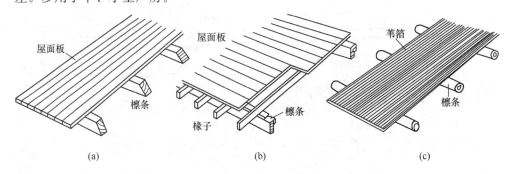

图 4-95　有檩体系屋顶

(a) 支承屋面板；(b) 支承椽子、屋面板；(c) 支承植物杆—苇箔

（2）无檩体系屋顶

无檩体系屋顶是大型屋面板直接铺设在屋架（或屋面梁）上弦上的屋顶体系（图 4-96）。

大型屋面板的经济尺寸为 6m×1.5m，其特点是屋顶较重、构件大、数量少、刚度好、工业化程度高、安装速度快，是目前大、中型厂房广泛采用的屋顶形式。

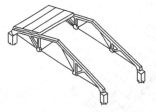

图 4-96　无檩体系屋顶

5）坡屋顶的屋面层

坡屋顶的屋面材料种类较多，常见有以下几种屋面类型（图 4-97）：

（1）瓦屋面

有平瓦、小青瓦、筒板瓦、平板瓦、石片瓦等。这些瓦大多数是由黏土成型后烧制的。边长一般在 200～500mm。本身有一定厚度，需要搭接和坡度才能较好地排除雨水，排水坡度常在 20%～30% 之间。

（2）波形瓦屋面

有水泥波形瓦、镀锌铁皮波瓦、铝合金波瓦、玻璃钢波瓦以及压型薄钢板波瓦等。规格各不相同，一般宽为 600～1000mm，长度为 1800～2800mm，因厚度较薄，上下左右都需要有一定的搭接，由于每张瓦的覆盖面积大，排水坡度可比瓦屋面小些，一般在 10%～50%，常用坡度为 25%～40% 之间。

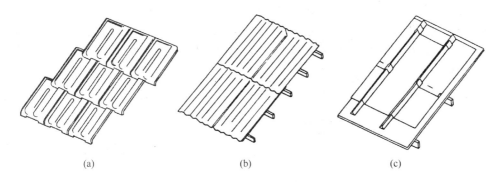

图 4-97 常用屋面的类型

(a) 平瓦屋面；(b) 波瓦屋面；(c) 金属皮屋面

（3）平金属皮屋面

又称金属薄板屋面，是以金属薄板覆盖的屋面。有镀锌薄钢板、涂塑薄钢板、铜板、铝板、铝合金板和不锈钢板等，一般构造做法是在屋面板上铺放金属皮，两块金属皮之间用咬口相接，一般与流水方向平行的做咬口立缝，与流水方向垂直的做咬口平缝，使屋面形成一个密封的覆盖层，坡度可做得很小，但不小于4%，常用10%～20%。这种屋面质量轻，可减少屋顶支承结构的荷载，而且密封性好，不易漏水，但造价高，常用于大跨度建筑，并可用于曲面的屋顶。

（4）阳光板屋面

阳光板（聚碳酸酯多层板，简称PC）融合透光与隔热的性能特点，透光率最高达80%左右；传热系数值低，隔热性好，节能量是相同厚度玻璃的1.5～1.7倍；质量是相同厚度玻璃的1/15；可冷弯，安全弯曲半径为其板厚的175倍以上；抗冲击性能好，200J的冲击功（10kg重锤从2m高下落），对10mm厚的双层板冲击后，无破裂，无裂纹；使用温度范围宽，在－40～120℃范围内物理性能稳定；耐候性能好，一般属难燃材料。

阳光板屋面广泛应用于采光通廊、公用建筑采光、园林小品、体育场采光顶盖、车棚、停车场采光顶盖、现代温室、隔声屏障等。

4.9 变形缝

变形缝是保证房屋在温度变化、基础不均匀沉降或地震时有一定的自由伸缩，以防止墙体开裂、结构破坏而预先在建筑上留的竖直的缝。

变形缝包括伸缩缝、沉降缝和防震缝。

预留变形缝会增加相应的构造措施，也不经济，设置通长缝影响建筑美观，故在设计时，应尽量不设缝。可通过验算温度应力，加强配筋、改进施工工艺（如分段浇筑混凝土）；或适当加大基础面积；对于地震区，可通过简化平、立面形式、增加结构刚度这些措施来解决。换言之，即只有当采取上述措施仍不能防止结构变形的不得已情况下才设置变形缝。

4.9.1 伸缩缝的设置条件及要求

建筑物因受温度变化的影响而产生热胀冷缩，在结构内部产生温度应力，当建筑物长度超过一定限度、建筑平面变化较多或结构类型变化较大时，建筑物会因热胀冷缩变形而产生开裂。为预防这种情况发生，常常沿建筑物长度方向每隔一定距离或结构变化较大处预留缝隙，将建筑物断开。这种因温度变化而设置的缝隙就称为伸缩缝或温度缝。

建筑物设置伸缩缝的最大间距，应根据不同材料的结构而定。见表 4-9 与表 4-10。

砌体结构伸缩缝的最大间距（m）　　　　　　　　　　　　　　表 4-9

屋盖或楼盖类别		间　距
整体式或装配整体式钢筋混凝土结构	有保温层或隔热层的屋盖、楼盖	50
	无保温层或隔热层的屋盖	40
装配式无檩体系钢筋混凝土结构	有保温层或隔热层的屋盖、楼盖	60
	无保温层或隔热层的屋盖	50
装配式有檩体系钢筋混凝土结构	有保温层或隔热层的屋盖	75
	无保温层或隔热层的屋盖	60
瓦材屋盖、木屋盖或楼盖、轻钢屋盖		100

注：1. 对烧结普通砖、烧结多孔砖、配筋砌块砌体房屋，取表中数值；对石砌体、蒸压灰砂普通砖、蒸压粉煤灰普通砖、混凝土砌块、混凝土普通砖和混凝土多孔砖房屋，取表中数值乘以 0.8 的系数，当墙体有可靠外保温措施时，其间距可取表中数值。
　　2. 在钢筋混凝土屋面上挂瓦的屋盖应按钢筋混凝土屋盖采用。
　　3. 屋高大于 5m 的烧结普通砖、烧结多孔砖、配筋砌块砌体结构单层房屋，其伸缩缝间距可按表中数值乘以 1.3。
　　4. 温差较大且变化频繁地区和严寒地区不供暖的房屋及构筑物墙体的伸缩缝的最大间距，应按表中数值予以适当减小。
　　5. 墙体的伸缩缝应与结构的其他变形缝相重合，缝宽度应满足各种变形缝的变形要求；在进行立面处理时，必须保证缝隙的变形作用。

钢筋混凝土结构伸缩缝最大间距（m）　　　　　　　　　　　　表 4-10

结　构　类　别		室内或土中	露　天
排架结构	装配式	100	70
框架结构	装配式	75	50
	现浇式	55	35
剪力墙结构	装配式	65	40
	现浇式	45	30
挡土墙、地下室墙壁等类结构	装配式	40	30
	现浇式	30	20

注：1. 装配整体式结构的伸缩缝间距，可根据结构的具体情况取表中装配式结构与现浇式结构之间的数值；
　　2. 框架—剪力墙结构或框架—核心筒结构房屋的伸缩缝间距，可根据结构的具体情况取表中框架结构与剪力墙结构之间的数值；
　　3. 当屋面无保温或隔热措施时，框架结构、剪力墙结构的伸缩缝间距宜按表中露天栏的数值取用；
　　4. 现浇挑檐、雨罩等外露结构的局部伸缩缝间距不宜大于 12m。

伸缩缝是将建筑基础以上的建筑构件全部打开，并在两个部分之间留出适当的缝隙，以保证伸缩缝两侧的建筑构件能在水平方向自由伸缩。缝宽 20～30mm。

墙体伸缩缝一般做成平缝、错口缝、企口缝等截面形式（图 4-98），主要视墙体材料、厚度及施工条件而定，但地震地区只能用平缝。

4.9.2　沉降缝的设置条件及要求

沉降缝是为了预防建筑物各部分由于不均匀沉降引起的破坏而设置的变形缝。

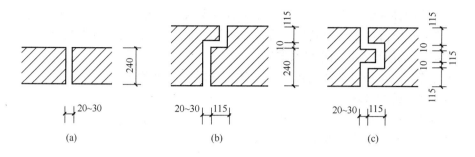

图 4-98　砖墙伸缩缝的截面形式

（a）平缝；（b）错口缝；（c）企口缝

沉降缝设置位置如图 4-99 所示。

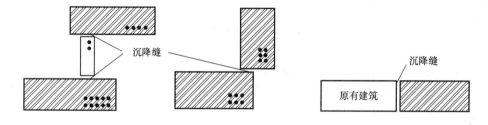

图 4-99　沉降缝设置部位示意

建筑物的下列部位，宜设置沉降缝：

（1）建筑平面的转折部位；

（2）高度差异或荷载差异处；

（3）长高比过大的砌体承重结构或钢筋混凝土框架结构的适当部位；

（4）地基土的压缩性有显著差异处；

（5）建筑结构或基础类型不同处；

（6）分期建造房屋的交界处。

沉降缝构造复杂，给建筑、结构设计和施工都带来一定的难度，因此，在工程设计时，应尽可能通过合理地选址、地基处理、建筑体型的优化、结构选型和计算方法的调整以及施工程序上的配合（如高层建筑与裙房之间采用后浇带的方法）避免或克服不均匀沉降，从而达到不设或尽量少设缝的目的，并应根据不同情况区别对待。

沉降缝是建筑物从基础到屋顶全部断开。同时沉降缝也应兼顾伸缩的作用，故在构造设计时应满足伸缩和沉降双重要求。

沉降缝应有足够的宽度，缝宽可按表 4-11 选用。

房屋沉降缝的宽度	表 4-11
房屋层数	沉降缝宽度（mm）
二～三	5～80
四～五	80～120
五层以上	不小于 120

　　沉降缝与伸缩缝最大的区别在于：伸缩缝只需保证建筑物在水平方向的自由伸缩变形，而沉降缝主要应满足建筑物各部分在垂直方向的自由沉降变形。

4.9.3　防震缝的设置条件及要求

　　防震缝是将体型复杂的房屋划分为体型简单、刚度均匀的独立单元，以便减少地震力对建筑的破坏。

　　多层砌体结构房屋有下列情况之一的宜设防震缝，缝两侧均应设置墙体，缝宽应根据烈度和房屋高度确定，可采用 70～100mm：

　　（1）建筑立面高差在 6m 以上；

　　（2）建筑有错层，且楼板高差大于层高的 1/4；

　　（3）建筑物相邻各部分结构刚度、质量截然不同。

　　上述各种对钢筋混凝土结构房屋同样适用，此外钢筋混凝土结构遇下列情况时，宜设置防震缝：

　　（1）建筑平面中，凹角长度较长或突出部分较多；

　　（2）建筑物相邻各部分荷载相差悬殊；

　　（3）地基不均匀，各部分沉降差过大。

　　建筑的结构类型不同、设防烈度不同，防震缝宽度不同，最小宽度参见表4-12。

防 震 缝 最 小 宽 度　　　　　　　　　　　　　　　　表 4-12

砌体结构多层房屋		70～100mm
单层砖柱厂房		
（1）轻型屋盖；		可不设防震缝
（2）钢筋混凝土屋盖厂房与贴建的建（构）筑物间宜设		50～70mm
单层钢筋混凝土厂房		
（1）在厂房纵横跨交接处，大柱网厂房或不设		
柱间支撑的厂房；		100～150mm
（2）其他情况		50～90mm
多层框架	H≤15m 时	100mm
	H>15m 时，在 70mm 基础上	
	设防烈度 6 度每增 5m 增	20mm
	设防烈度 7 度每增 4m 增	20mm
	设防烈度 8 度每增 3m 增	20mm
	设防烈度 9 度每增 2m 增	20mm

　　注：1. 本表数据来源于《建筑抗震设计规范》GB 50011—2010，编者综合而成。
　　　　2. 框架—抗震墙结构房屋的防震缝宽度不应小于表 4-12 中多层框架房屋规定数值的 70%，抗震墙结构房屋的防震缝宽度不应小于表 4-12 中多层框架房屋规定数值的 50%；且均不宜小于 100mm。

　　防震缝应沿房屋全高设置，基础可不设防震缝，但在防震缝处应加强上部结构和基础的连接。

　　防震缝应与伸缩缝、沉降缝统一布置，并满足防震缝的设计要求。一般情况下，防震缝基础可不分开，但在平面复杂的建筑中，或建筑相邻部分刚度差别很大时，也需将基础分开。按沉降缝要求的抗震缝也应将基础分开。

4.9.4 变形缝的盖缝构造

1）墙体变形缝构造

为防止外界自然条件对墙体及室内环境的侵袭，变形缝外墙一侧常用浸沥青的麻丝或木丝板及泡沫塑料条、橡胶条、油膏等有弹性的防水材料填充，当缝隙较宽时，缝口可用镀锌薄钢板、彩色薄钢板、铝皮等金属调节片做盖缝处理。内墙可用具有一定装饰效果的金属片、塑料片或木盖条覆盖。所有填缝及盖缝材料和构造应保证结构在水平方向自由伸缩而不产生破裂（图 4-100、图 4-101、图4-102）。

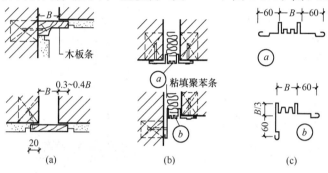

图 4-100　墙体伸缩缝构造

（a）内墙伸缩缝构造；（b）外墙伸缩缝构造；（c）外墙伸缩缝盖缝板

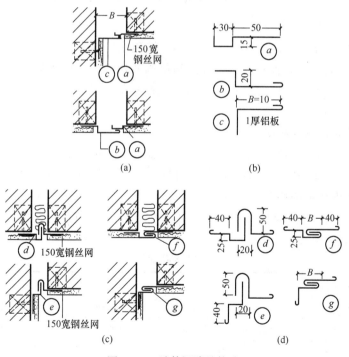

图 4-101　墙体沉降缝构造

（a）内墙沉降缝构造；（b）内墙沉降缝盖缝板；

（c）外墙沉降缝构造；（d）外墙沉降缝盖缝板

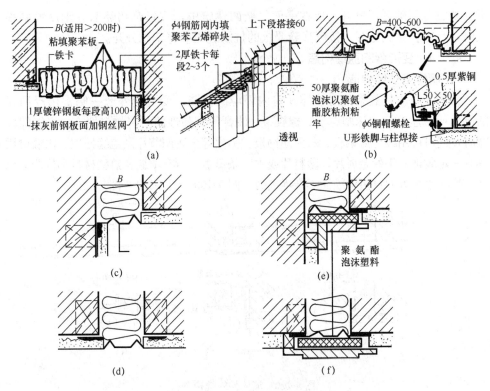

图 4-102　墙体防震缝构造

（a）、（b）、（c）、（d）外墙防震缝；（e）、（f）内墙防震缝

2）楼地板层变形缝构造

楼地板层伸缩缝的位置、缝宽与墙体、屋顶变形缝一致，缝内常用可压缩变形的材料（如油膏、沥青麻丝、橡胶或塑料调节片等）做封缝处理，上铺活动盖板或橡胶、塑料地板等地面材料，以满足地面平整、光洁、防滑、防水及防尘等功能（图 4-103）。

3）屋顶变形缩缝构造

屋面变形缝处的盖缝构造做法。其中的盖缝和塞缝材料可以另行选择，但防水构造必须满足屋面防水规范的要求，如图 4-104 与图 4-105 所示。

4）三种变形缝的关系

伸缩缝、沉降缝和防震缝在构造上有一定的区别，但也有一定的联系。三种变形缝之比较，见表 4-13。

三种变形缝比较　　　　　　　　　　表 4-13

缝的类型	伸缩缝	沉降缝	防震缝
对应变形原因	因温度产生的变形	不均匀沉降	地震力
墙体缝的形式	平缝、错口缝、企口缝	平缝	平缝
缝的宽度（mm）	20～30	（见表 4-11）	（见表 4-12）
盖缝板的允许变形方向	水平方向自由变形	垂直方向自由变形	水平与垂直方向自由变形
基础是否断开	可不断开	必须断开	宜断开

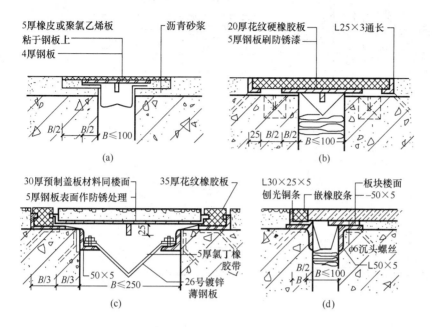

图 4-103 楼面变形缝构造

(a) 粘贴盖缝面板的做法；(b) 搁置盖缝面板的做法；

(c) 采用与楼板面层同样材料盖缝的做法；(d) 单边挑出盖缝板的做法

图 4-104 顶棚变形缝盖板

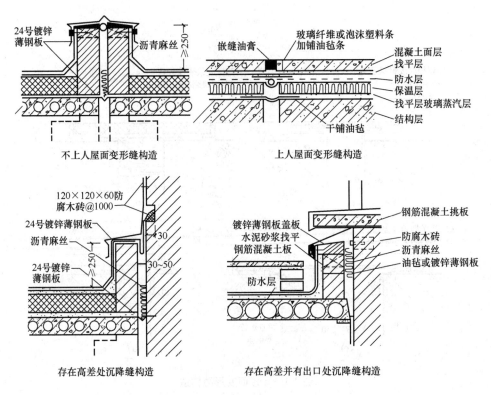

图 4-105　屋顶变形缝构造

复习思考题

1. 简述连续基础的分类及构造特点。

2. 某普通 240 砖墙承重住宅建筑，该地区 8 度设防，建筑进深为 8m，该建筑最高可建设到多少米？

3. 圈梁和过梁有何不同？

4. 屋面防水等级划分与技术要求是什么？

5. 建筑的什么部位宜设置沉降缝？

6. 建筑的什么部位宜设置防震缝？

7. 变形缝的种类，不同种类的变形缝的做法有何相同之处和不同之处？

第5章　建筑结构形式

学习要求

本章主要介绍了建筑的不同结构形式，有砌体混合结构、钢筋混凝土结构和钢结构等。了解建筑结构形式的分类，熟悉各种建筑结构的概念，掌握框架结构、钢筋混凝土结构等结构形式的特点，熟悉层数与结构形式的适配性，了解建筑结构有关抗震设防的知识，掌握建筑抗震设防的类别和设防标准。

重难点知识讲解（扫封底二维码获得本章补充学习资料）

1. 钢筋混凝土结构的特点。

2. 剪力墙结构体系。

3. 筒式结构。

4. 建筑层数与结构选型的适配性。

5. 抗震设防烈度。

结构是指建筑物的承重骨架，是建筑物赖以支承的主要构件，即用以抵抗施加在建筑物上的荷载的建筑物的组成部分。

民用建筑的结构形式，根据建筑物的使用规模、构件所用材料及受力情况的不同，而有着不同的形式。

按建筑物本身使用性质和规模的不同，可分为单层、多层、大跨和高层建筑等。这些建筑中，单层及多层建筑的主要结构形式又可分为墙承重结构、框架承重结构。墙承重结构是指由墙体作为建筑物承重构件的结构形式，而框架结构则主要是由梁、柱作为承重构件的结构形式。

大跨建筑常见的结构形式有拱结构、网架、薄壳、折板、悬索等空间结构形式。

按结构构件所使用材料的不同，目前有木结构、混合结构、钢筋混凝土结构和钢结构之分。

5.1　概述

5.1.1　结构与建筑物的关系

建筑结构的发展与建筑材料和建筑技术的发展密切相关，而建筑结构形式的选用对建筑物的使用以及建筑形式又有着极大的影响。结构必须能够抵抗可能施加在建筑物上的任何荷载，达到安全状态，必须具有足够的强度，必须具有足够的刚度，必须具有稳定性，达到平衡状态。

一个好的建筑设计，必须要有一个适宜的结构形式才能实现。结构形式的好坏，关系到建筑物是否适用、经济、美观。一个好的结构形式的选择，不仅要考虑建筑的功能，结构上的安全合理，施工上的可能条件，也要考虑造价上的经济可行和艺术上的造型美观。本章只是对主要的建筑结构形式进行介绍。

5.1.2　建筑结构体系

1）混合结构体系

混合结构房屋一般是指楼盖和屋盖采用钢筋混凝土或钢、木结构，而墙、柱和基础采用砌体结构建造的房屋。大多用在住宅、办公楼、教学楼建筑中。因为砌体的抗压强度高而抗拉强度很低，所以住宅建筑最适合采用混合结构，一般在 6 层以下。混合结构不宜建造大空间的房屋。混合结构根据承重墙所在的位置，划分为纵墙承重和横墙承重两种方案。纵墙承重方案的特点是楼板支承于梁上，梁把荷载传递给纵墙，横墙的设置主要是为了满足房屋刚度和整体性的要求。其优点是房屋的开间大，使用灵活。横墙承重方案的主要特点是楼板直接支承在横墙上，横墙是主要承重墙。其优点是房屋的横向刚度大，整体性好，但平面使用灵活性差。

2）框架结构体系

框架结构是利用梁、柱组成的纵、横两个方案的框架形成的结构体系。它同时承受竖向荷载和水平荷载。其主要优点是建筑平面布置灵活，可形成较大的建筑空间，建筑立面处理也比较方便；主要缺点是侧向刚度较小，当层数较多时，会产生过大的侧移，易引起非结构性构件（如隔墙、装饰等）破坏，而影响使用。

框架结构梁、柱节点的连接构造直接影响结构安全、经济及施工的方便。因此，对梁、柱节点的混凝土强度等级，梁、柱纵向钢筋伸入节点内的长度，梁、柱节点区域的钢筋的间距等，都应符合规范的构造规定。如图 5-1 所示。钢筋混凝土框架结构是当前使用最广泛的结构形式。

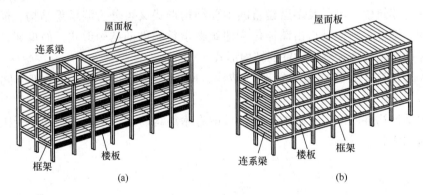

图 5-1　框架结构体系
（a）横向框架体系；（b）纵向框架体系

在非地震区，框架结构一般不超过 15 层。在地震区不设剪力墙的钢筋混凝土框架结构体系的建筑，一般不超过 10 层。框架体系是 6～10 层房屋的一种理想的结构形式。随着轻质材料的发展，即使层数较少，正被开始采用的轻板框架体系可以取代砌体结构体系。

3）剪力墙结构体系（包括框—剪、全剪、筒体结构）

剪力墙体系是利用建筑物的墙体（内墙和外墙）做成剪力墙来抵抗水平力。剪力墙一般为钢筋混凝土墙，厚度不小于 140mm。剪力墙的间距一般为 3～8m，适用于小开间的住宅和旅馆等。因为剪力墙既承受垂直荷载，也承受水平荷载，对高层建筑主要荷载为水平荷载，墙体既受剪又受弯，所以称剪力墙。剪力墙结构的优点是侧向刚度大，水平荷载作用下侧移小；缺点是剪力墙的间距小，结构建筑平面布置不灵活，不适用于大空间的公共建筑，另外结构自重也较大。

5.1.3 建筑结构形式分类

根据建筑物主要承重构件材料的不同，建筑结构形式可以分为砌体结构、钢筋混凝土结构、钢结构等。

1）砌体结构

砌体结构的承重墙体主要是由砌块与砂浆砌筑而成的，是低、多层建筑物主要结构形式之一，其特点是可根据各地情况，因地制宜，就地取材，降低造价。当前黏土砖已禁止使用，被工业砌块代替，该结构形式也是砌体结构。

砌体结构的优点是成本低，施工方便，结构的耐久性、耐火性以及保温隔热性能都比较好，其缺点是自重大，强度低，房屋层数受限，抗震性能差。故多用在中小型房屋建筑中，此外，还广泛用于烟囱、水塔、重力式挡土墙中。

由于它有很好的经济指标和优点，故一般五层或五层以下的楼房，如住宅、宿舍、办公室、学校、医院等中小型工业与民用建筑都适宜采用砌体结构。

2）钢筋混凝土结构

钢筋混凝土结构是指建筑物的主要承重构件均采用钢筋混凝土制成。由于钢筋混凝土的骨料可以就地取材，耗钢量少，加之水泥原料丰富，造价亦较便宜，防火性能和耐久性能好，而且混凝土构件既可现浇，又可预制，为构件生产的工厂化和安装机械化提供了条件。所以钢筋混凝土结构是应用较广的一种结构形式，也是我国目前多层、高层建筑所采用的主要结构形式。

钢筋混凝土由钢筋和混凝土两种力学性能不同的材料组成。混凝土的抗压强度较高，抗拉强度却很低，钢筋的抗压和抗拉强度都很高。因此将两种材料合理地组合在一起，让混凝土主要承受压力，钢筋主要承受拉力，这样两种材料可以各自发挥其优势，使其具有良好的工作性能。

钢筋和混凝土能够结合在一起有效地共同工作，主要原因是：

（1）混凝土硬化后，钢筋与混凝土的接触面能牢固地粘合在一起，互相间不致滑动而能整体工作。

（2）钢筋和混凝土两种材料的温度线膨胀系数非常接近，当温度变化时，不致因各自伸缩不同，使其粘结破坏各自分离。

（3）钢筋埋入混凝土中，钢筋周围有混凝土形成的保护层，能防止钢筋锈蚀，使钢筋和混凝土能长期可靠地共同工作。

钢筋混凝土结构具有下列优点：

（1）耐久性。在钢筋混凝土结构中，混凝土的强度随时间增长而增长，同时钢筋受混凝土保护不易锈蚀，因此其耐久性很好。

（2）耐火性。混凝土导热性能不良，火灾时，钢筋因有混凝土包裹而不致很快升温到失去承载力的程度，因此它比钢结构、木结构的耐火性能好。

（3）整体性。钢筋混凝土结构尤其是现浇的钢筋混凝土结构，其整体性能很好，有利于抗震、抗爆。

（4）可模性。混凝土可根据设计需要浇筑成各种形状和尺寸的结构。

钢筋混凝土结构的缺点是自重大、费工、模板用料多、施工周期长，且施工还受气候条件的限制。此外钢筋混凝土结构隔热、隔声的性能较差，加固或拆修也较困难。

高强度混凝土材料和各种低合金高强度钢筋和钢丝的出现，以及结构设计理论水平的提高，钢筋混凝土结构的应用跨度和高度都在不断增加，使钢筋混凝土结构成为应用最为广泛的结构。

3）钢结构

钢结构则是指建筑物的主要承重构件采用钢材制作的结构。它具有强度高，构件重量轻，且平面布局灵活，抗震性能好，施工速度快等特点。由于钢材造价高，目前主要用于大跨度、大空间以及高层建筑中。随着钢铁工业的发展，今后钢结构在建筑上的应用将会逐步扩大。此外，目前由于轻型冷轧薄壁型材及压型钢板的发展，也使得轻钢结构在低层以及多层、高层建筑的围护结构中得以广泛应用。钢结构有如下优点：

（1）强度高、自重小。

（2）塑性、韧性好。

（3）钢材材质均匀，质量稳定，各向同性，可靠性高。

（4）适于机械化加工，工业化生产。

（5）有利于环保，发展循环经济。采用钢结构可大大减少砂、石、灰的用量，减轻对不可再生资源的破坏。钢结构拆除后可回炉再生循环利用；有的还可以搬迁重复作用，可大大减少建筑垃圾。因此采用钢结构有利于保护环境，节约资源，被认为是环保产品。

钢结构的缺点是：

（1）虽然钢材耐热性能好，但耐火性能差。需要有相应的隔热及防火措施。

（2）钢材易锈蚀。锈蚀严重时会影响结构的使用寿命，必须采取良好的防锈措施。

5.1.4　建筑美观和结构合理协调的例子

在建筑的发展过程中，建筑美观和结构合理协调的例子数不胜数，现仅举几例，以作示例。

1）埃菲尔铁塔

著名的巴黎埃菲尔铁塔（见图 5-2）。原设计是为 1889 年巴黎博览会建造的标志性建筑，高 320m，用钢量 9000t，它不仅满足了展览功能，并且以其造型优美、结构合理、建筑与结构的完美统一而被世人称颂，一直保留至今。因为主持建造的是结构工程师，他首先注意的是结构受力合理，按当时的技术水平，要建造当时世界最高的建筑物还是十分不容易的，如果采用不合理的结构就建不起这么高的建筑。而当时有些建筑师还不认同。经历了风雨沧桑，埃菲尔铁塔已被世人所公认，也得到广大建筑师的赞许。从力学方面分析，铁塔可看成是嵌固在地基上的悬臂梁，对于高耸入云的铁塔来说，风荷载将是其主要荷载。由于铁塔的总体外形与风荷载引起的弯矩图十分相似，因此充分利用了塔身材料的强度和刚度，受力非常合理；塔身底部所设大拱，轻易地跨越了一个大跨度，车流、人流在塔下畅通无阻，更显铁塔的雄伟壮观。埃菲尔铁塔可谓建筑与结构完美统一的代表，人们一看到铁塔，就会想起巴黎，想起法国；一提到法国马上会想起埃菲尔铁塔，如今它已成为巴黎和法国的象征。

图 5-2 巴黎埃菲尔铁塔（1889 年）

2）西尔斯大厦

1974 年美国芝加哥市建成了西尔斯大厦，大厦 110 层，高 443m（包括天线高 500m），底层平面为 68.6m×68.6m 的正方形，由于框筒边长过大，为减少剪力滞后现象，采用了特大框筒分为 9 个小框筒的筒束体系，小框筒为 22.9m×22.9m 的正方形，向上在 50 层、66 层和 90 层分别减少 2~3 个小框筒，最后剩两个小框筒到顶，如图 5-3、图 5-4 所示。框筒密柱采用 H 形截面，柱截面底层为 1070mm×609mm×102mm（高×宽×翼厚），向上逐渐分段减小，顶层柱截面为 1070mm×305mm×19mm。设计总用钢量为 7.6 万 t，平均用钢量约为 150kg/m²，比世界贸易中心大楼还少 10kg/m²。可见合理的结构体系，对于超高层建筑是十分重要的。

图 5-3 西尔斯大厦照片

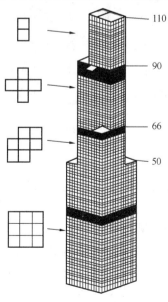

图 5-4 西尔斯大厦

227

3）香港中国银行大厦

建于 1990 年的香港中国银行大厦是桁架筒体系（在筒体结构中增加斜撑来抵抗水平荷载，进一步提高结构承受水平荷载的能力，增加体系的刚度），平面为 52m×52m 的正方形，70 层，高 315m，至天线顶部为 367.4m（见图 5-5）。上部结构为 4 个巨型三角形桁架，斜腹杆为钢结构，竖杆为钢筋混凝土结构。钢结构楼面支承在巨型桁架上。4 个巨型桁架支承在底部 3 层高的巨大钢筋混凝土框架上，最后由 4 根巨型柱将全部荷载传至基础。4 个巨型桁架延伸到不同的高度，最后只有 1 个桁架到顶。

4）佛罗伦萨运动场大看台

这是一个钢筋混凝土的梁板结构，雨篷的挑梁伸出 17m，如图 5-6 所示。建筑师把挑梁的外形与其弯矩图统一起来，但又不是简单的统一，建筑师利用混凝土的可塑性对挑梁的外轮廓做了艺术处理，在挑梁的支座附近开了一个孔，这样即减轻了结构自重，受力也合理了，同时获得了很好的艺术享受。

这个建筑，直接显示了结构的自然形体，进行了简单的恰如其分的艺术加工，而未做任何多余的装饰。使结构的形式与建筑空间艺术形象高度地融合起来，形态优美，轻巧自然，给人以美的享受。此例表明，建筑物的重量感、重量的传递可以成为建筑艺术表现力的重要源泉。

图 5-5　香港中国银行大厦

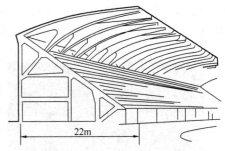

图 5-6　佛罗伦萨运动场大看台

5.2　剪力墙结构体系

5.2.1　剪力墙的概念

当房屋层数更多或高宽比更大时，骨架式框架结构的梁、柱截面将增大到不经济甚至不合理的地步。这时，采用高强度的结构材料，虽然能够减少构件尺寸和减轻房屋的重量，但反过来这样又会使房屋更加柔软，并且对于水平力作用的反应更为敏感。因为框架结构在水平荷载作用下表现出"抗侧力刚度小，水平位移大"的柔性特点，框架对水平荷载的动力反应特别敏感，故风荷载或地震作用作为高层房屋设计中的决定因素。因此，当房屋向更高层发展时，解决问题的正确途径，应该是对高层建筑从提高抗侧力刚度方面着手，而提高抗侧力刚度的有效措施，就是在房屋中设置一些墙片——剪力墙。

5.2.2 剪力墙结构体系

"剪力墙"作为抗侧力构件用于高层建筑上，其主要效能在于提高房屋的抗侧力刚度。随着房屋高度的不断增加，所需抗侧力的要求也逐渐增长，为了满足房屋在一定高度时对刚度的要求，就必须运用"剪力墙"这一手段，并创造出各式各样的新型结构体系。

当前，剪力墙结构体系主要有如下四大类：

（1）框架—剪力墙结构

就是在框架体系的房屋中设置一些剪力墙来代替部分框架，如图5-7所示。在整个体系中，框架与剪力墙同时存在，剪力墙承担绝大部分的水平荷载，而框架则以负担

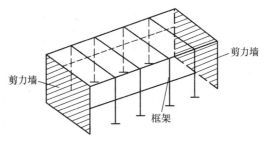

图 5-7　框架-剪力墙结构

竖向载荷为主，两者共同受力，合理分工，物尽其用。

由于框—剪结构是以框架体系为主体，以剪力墙为辅助补救框架结构之不足的一种组合体系，因此，这种结构体系属半刚性结构体系，这种结构适用于10～20层的房屋，最高不宜超过30层。

（2）剪力墙结构

随着房屋层数和高度的进一步增加，水平载荷对房屋的影响更加厉害，如果仍然采用框架—剪力墙体系，则需要设置的剪力墙数将要大幅度增加，以至整个房屋中剩下的框架寥寥无几，为简化设计、施工起见，则宜采用全部剪力墙结构。

剪力墙结构是全部由剪力墙承重而不设框架的结构体系，剪力墙体系的墙体布置，实际上等于将砌体结构的砖墙换成现浇的钢筋混凝土墙。由于剪力墙结构体系全部由纵横墙体所组成，故房屋的刚度比框—剪体系更好，适用层数比框—剪更多。从经济上或使用上看，全剪力墙结构体系用于40层以下比较合适。

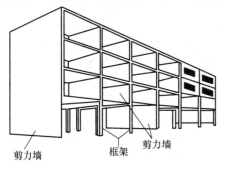

图 5-8　框支剪力墙结构

（3）框支剪力墙结构

在旅馆或住宅等高层建筑中，往往底层作商店或停车场而需要大空间，这种情况下，常采用底层为框架的剪力墙结构，即所谓框支剪力墙结构体系，如图 5-8所示。

这种结构体系由于以框架代替了若干片剪力墙，所以房屋的抗侧力刚度有所削弱，其刚度当然比全剪力墙体系差，不过

又比框架—剪力墙体系要好，因为它毕竟还相当于全剪力墙体系的类型，就墙片本身来看，框支剪力墙的墙片相当于开大洞的剪力墙。

框支剪力墙结构对抗震要求较高的房屋，宜经过专门的试验研究后采用。

（4）筒式结构

筒式结构是由框—剪结构与全剪结构的演变发展而来的，它将剪力墙集中到房屋的内部或外部形成封闭的筒体，筒体在水平载荷作用下好像一个竖向悬臂封闭箱，形象地说，好像一个碉堡。它的空间结构体系刚度极大，抗扭性能也好，又因为剪力墙的集中而不妨碍房屋的使用空间，使建筑平面设计重新获得良好的灵活性，所以适用于各种高层公共建筑和商业建筑。

目前，世界绝大多数最高建筑是筒式结构体系，如纽约的世界贸易中心大楼（已毁）。筒式结构体系中，常常利用房屋中的电梯井、楼梯间、管道井及服务间等作为核心筒体，也有利用四周外墙作为外筒体的。

核心筒与外筒都属单筒体系，单筒常与框架结合在一起，故也称"框筒"。

对于超高层房屋，特别是办公室一类的建筑，另一种体系已经形成，这种体系就是所说的"外筒"，通过与之相互作用的剪力墙式内核"内筒"组成，即所谓筒中筒结构体系。

筒中筒的出现，是对高度要求高，刚度要求大，内核与外筒之间要求有广阔的自由空间的房屋的一个合理解决办法。内核可作安置服务设施之用，结构上又有可以获得额外刚度的好处；外筒则可作为安装立面玻璃的框架之用。筒中筒结构体系适用于 30 层以上的超高层房屋，但经济高度以不超过 80 层为好。

各种筒式结构房屋的实体透视，如图 5-9 所示。

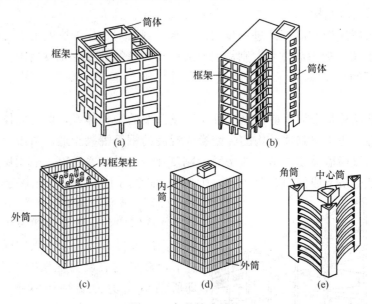

图 5-9　各种筒式结构

（a）框架内单筒结构；（b）单筒外移式框架内单筒结构；（c）框架外单筒结构；
（d）筒中筒结构；（e）组合筒结构

5.3 大跨度屋面建筑结构

大跨度结构不仅出现于工业厂房，而且也出现于各种公共建筑，如体育馆、展览馆、礼堂、机修库等。大跨度楼房结构包括门式刚架结构、薄腹梁结构、桁架结构、拱结构、薄壳结构、网架结构、悬索结构、薄膜结构和充气结构等，其中前4项属于平面结构体系，其余属于空间结构体系。下面仅对部分形式进行简要的说明。

5.3.1 桁架结构

桁架是由杆件组成的结构体系。在进行内力分析时，节点一般假定为铰节点，当荷载作用在节点上时，杆件只有轴向力，其材料的强度可得到充分发挥。桁架结构的优点是可利用截面较小的杆件组成截面较大的构件。单层厂房的屋架常选用桁架结构，如图5-10所示。

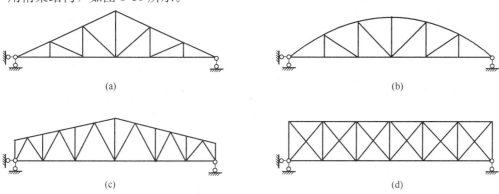

(a)   (b)

(c)   (d)

图 5-10 各种形式屋架

（a）三角形屋架；（b）拱形屋架；（c）梯形屋架；（d）矩形屋架

5.3.2 拱结构

拱的受力特点是一种有推力的结构，它的主要内力是轴向压力。由于拱式结构受力合理，在建筑和桥梁中被广泛应用。如图5-11所示我国有名的赵州桥就是

图 5-11 赵州桥

拱结构形式。拱结构适用于体育馆、展览馆等建筑中。如图 5-12 所示，巴黎国家工业与技术展览中心，跨度 206m，拱式结构，是当今世界有名的大跨度建筑。

拱是一种有推力的结构，拱脚必须能够可靠地传承水平推力。解决这个问题非常重要，通常可采用推力由拉杆承受或推力由两侧框架承受等措施。

图 5-12 巴黎国家工业与技术展览中心

5.3.3 网架结构

网架是一种新兴的屋盖结构，它是由平面桁架发展起来的。把梁的中间受力不大的部分适当挖空就形成桁架，桁架的支承跨度比梁就可以增大几倍。但桁架毕竟还是单向受力的平面结构，如果利用几个平面桁架互相交叉结合起来就形成网架，如图 5-13 所示。所以，网架就是由复杂的杆件系统组成的超静定次数极高的空间结构。它具有各向受力性能，其支承跨度比桁架进一步增大，而材料消耗却比桁架减少。所以，网架结构是大、中跨度屋盖结构的一种理想的结构形式。

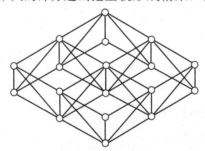

图 5-13 网架结构示意图

网架结构的各种杆件之间相互起支持作用，因此，它的整体性强，稳定性好，空间刚度大，是一种良好的抗震结构形式，尤其对大跨度建筑，其优越性更为显著。

网架结构具有如下优点：

（1）网架是多向受力的空间结构，比单向受力的平面桁架适用跨度更大，一般可达到 30～60m，甚至 60m 以上。如图 5-14 所示。

（2）由于网架的整体空间作用，杆件互相交持，刚度大，稳定性好，具有各向受力性能，应力分布均匀，用料方面可比桁架结构节省 30%。

（3）网架是高次超静定结构。结构安全度特别大，倘若某一构件受压弯曲，

图 5-14 网架结构内景

也不会导致破坏。

（4）网架屋盖的网格形式，为屋面铺设覆盖材料和无天花装饰或灯具布置等
提供方便，使之衬托得更加壮丽、优美。

网架结构不仅适用于中小跨度的工业与民用建筑，而且尤其适用于大跨度的
体育馆、展览馆、影剧院、大会堂等屋盖结构。它适用于多种建筑平面形状，如
圆形、方形、多边形等，造型也很壮观，因此，应用逐渐广泛。

上海体育馆是网架结构工程，如图 5-15 所示。该馆位于上海市西南郊，包括
比赛馆、练习馆、运动员宿舍、食堂及其他附属建筑。体育馆建筑面积为 3.1 万
m²，可容纳 1.8 万名观众，固定看台有 1.6 万个座席，活动看台 2 千个座席。观
众厅为圆形，屋盖直径为 110m，使用球节点三向钢网架结构，周边支承在 36 根柱
子上。网架高度为 6m，网格尺寸为 6.11m，用钢量为 47kg/m²（节点 4.6kg/m²）。

图 5-15 上海体育馆透视图

屋面采用铝合金板、三防布、望板钢檩条体系。

5.3.4　悬索结构

悬索结构是大跨度屋盖的一种理想结构形式，在工程上应用最早的是悬索桥。

悬索结构的受力很简单，如图 5-16 所示。索本身受控，支座受力有水平拉力。悬索是轴心受拉，轴心受力的构件能充分利用材料的强度。利用钢材做索，能充分发挥钢材受拉性能好的优点。所以钢悬索就是一种理想的结构。

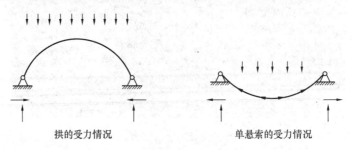

拱的受力情况　　　　　　　单悬索的受力情况

图 5-16　悬索与拱的受力比较

不过单索结构与拱结构一样，都是平面结构体系。如果我们利用单索互相交叉组成"索网"，就形成多向受力的空间结构——悬索结构。

（1）主要承重构件就是索，索网仅受轴向拉力，既无弯矩，也无剪力，受力简单。更有利于钢材做"索"。

（2）钢索材料采用高强度的钢绞线或钢丝绳，因而整个索网的结构自重小，强度大，能够跨越很大的跨度。

（3）悬索与拱一样，应注意对支座水平反力的处理，采用合理的支座形式。索网的支座叫"边缘构件"。

（4）边缘构件是索网的边框，无边框则索网不能成型。所以边缘构件是悬索结构的重要组成部分，而且是决定悬索结构形式的重要依据。图 5-17 为悬索屋盖的组成部分。

北京亚运会的奥林匹克体育中心的屋面就是悬索结构，如图 5-18 所示。

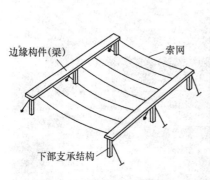

图 5-17　悬索屋盖的组成　　　　　图 5-18　北京亚运会的奥林匹克体育中心

5.3.5 壳体结构

壳体结构属于薄壁空间结构，它的厚度比其他尺寸（如跨度）小得多，所以称薄壁。它属于空间受力结构，主要承受曲面内的轴向压力，弯矩很小。它的受力比较合理，材料强度能得到充分利用。薄壳常用于大跨度的屋盖结构，如展览馆、俱乐部、飞机库等。薄壳结构多采用现浇钢筋混凝土，费模板、费工时。

如图 5-19 所示，北京天文馆顶盖为半球形圆顶，直径 25m，壳面厚 6cm，结构自重约 $200kg/m^2$。北京火车站大厅，35m×35m 的双曲面扁壳屋盖，壳板为 8cm，宽敞明亮，是一成功的范例，如图 5-20 所示。

图 5-19 北京天文馆顶盖   图 5-20 北京火车站

5.4 典型建筑简介

（1）奥运"鸟巢"（国家体育场）与"水立方"（国家游泳中心）建筑

2008 年北京奥运会工程中有两个大跨度结构格外耀眼，一是目前世界上跨度最大的钢结构建筑——"鸟巢"（国家体育场），另一个是世界上首个基于"肥皂泡理论"建造的多面体钢架结构建筑——"水立方"（国家游泳中心）。这两个堪称"世界之最"的场馆建筑，无疑为世界留下崭新的"奥运建筑遗产"。

北京奥运会（第 29 届）主会场国家体育场"鸟巢"（见图 5-21）的设计方案是经全球设计竞赛产生的，由瑞士赫尔佐格和德梅隆设计事务所、ARUP 工程顾问

图 5-21 国家体育场"鸟巢"效果图及钢结构施工

公司及中国建筑设计研究院设计联合体共同设计的。该方案主体由一系列钢桁架围绕碗状座席区编制而成，空间结构新颖，建筑和结构浑然一体，独特、美观，具有很强的震撼力和视觉冲击力。它的立面与结构统一在一起，形成格栅一样的结构。格栅由 1.2m×1.2m 的银色钢梁组成，宛如金属树枝编织而成的巨大鸟巢。体育场表层架构之间的空间覆盖 ETFE（四氟乙烯）薄膜。坐落在北京奥林匹克公园内，建筑面积 25.8 万 m^2，采用钢结构。钢结构屋盖呈双曲面马鞍形，东西轴长 298m、南北轴长 333m、最高点 69m、最低点 40m，"鸟巢"能容纳观众 9.1 万人，其中包括 1.1 万个临时座席。2008 年北京奥运会开、闭幕式都在此举行，这里同时还承担奥运会田径和足球项目的比赛。"鸟巢"于 2003 年 12 月开工，混凝土主体看台工程于 2005 年 11 月 15 日封顶，钢结构主体工程于 2006 年 8 月 31 日完成合拢。在 2007 年 10 月全部"搭成"。

国家游泳中心（见图 5-22）是 2008 年奥运会比赛场馆之一，其创意来自肥皂泡的结构，因其外观酷似一个蓝色方盒子而被称为"水立方"。它是世界上第一个尝试实现这一肥皂泡结构体系的建筑。

图 5-22　"水立方"效果图及施工现场

国家游泳中心墙体和屋盖钢结构工程采用国内外首创的新型多面体空间钢架结构，总构件数为 30513 个，共用钢 6700 t。"水立方"的建筑外维护采用新型的环保节能 ETFE（四氟乙烯）膜材料，由 3000 多个气枕组成，覆盖面积达到 10 万 m^2。

（2）北京大兴国际机场

北京大兴国际机场建设 82 个近机位，跑道建设东一（3400m×60m），北一（3800m×60m），西一（3800m×60m），西二（3800m×45m），西三（3800m×45m）跑道，其中西一、东一跑道间距达 2350m，为日后机场扩建留下了充足的发展空间。航站楼一期采用集中式布局理念，迎机面长 2600m。

北京大兴国际机场航站楼形如展翅的凤凰，与 T3 航站楼"一"字造型不同，是五指廊的造型，换句话说是 5 条腿的放射形，这个造型完全以旅客为中心，如图 5-23 所示。整个航站楼有 82 个登机口，但是旅客从航站楼中心步行到达任何一个登机口，所需的时间不超过 8min。

为了有效缓解地下轨道运行的振动对于航站楼运行的影响，技术人员专门设计了横间的隔振技术——这是航站楼工程的亮点和难点，属于国内首创。新机场航站楼的柱子并非直直的由上而下，而是每根柱子在地上地下的交界处都支了一

图 5-23　北京大兴国际机场

层橡胶垫，所以整个航站楼不是硬硬地戳在地上，而是支在 1100 个软软的橡胶垫上，这也使大兴机场成为全球最大的隔振建筑。大兴机场采用"双层出发车道边"设计，相当于把传统的平面化的航站楼变成了立体的航站楼。传统的航站楼只有出发和到达两层，大兴机场实际上是四层航站楼，出发和到达分别是两层，相当于把平房变成楼房，整个机场因此节能集约。

一层是国际到达；二层是国内到达；三层是国内自助，快速通关；四层是国际出发和国内托运行李。再加上地下的轨道交通可以很方便地把旅客送到楼内，通过地下一层的直梯直接到达出发层。大兴机场是北边的 T1 航站楼，建成后可以满足 4500 万人次的年旅客吞吐量、高峰小时进出港 1.26 万人次的容量需求，相当于 T3 航站楼的总量；以后将在南侧扩建一座卫星航站楼，以达到承担 7200 万人次的年旅客吞吐量、高峰小时进出港 1.95 万人次的容量需求。远期规划在航站区南端再建设新的航站楼，以达到 1 亿人次左右年旅客吞吐量的终端目标。

（3）几个超高层建筑简介

摩天大楼从地面升起，是现代大都市最令人敬畏的建筑。它们自 20 世纪 30 年代以来一直在世界各地建造，通过将生活从城市街道延伸到天空，巧妙地解决了拥挤的城市地区出现的空间问题。目前世界上最高的十座摩天大楼，拥有创纪录的高度和屡获殊荣的设计，依次是迪拜哈利法塔（829.8m）、上海中心大厦（632m）、麦加皇家钟楼酒店（601m）、深圳平安国际金融中心（599m）、首尔乐天世界大厦（555m）、世界贸易中心一号大楼（541m）、广州 CTF 金融中心（530m）、北京中信大厦（又名中国尊，高 528m）、台北 101（509.2m）、上海环球金融中心（492m）、香港国际商务中心（484m）。世界上最高的十座摩天大楼，中国有六座在内，但名次在不断变化中。

哈利法塔自建成后一直是世界上最高的摩天大楼，于 2010 年完成，如图 5-24 所示。该建筑高 828m，楼层总数 162 层，造价 15 亿美元，大厦本身的修建耗资至少 10 亿美元，还不包括其内部大型购物中心、湖泊和稍矮的塔楼群的修筑费用。

该建筑是阿拉伯联合酋长国政府长期倡议的一部分，旨在将经济从单纯的石油转变为更加注重服务和以旅游业为中心的经济。

作为上海陆家嘴金融区中心最高的摩天大楼，上海中心大厦花了 8 年时间建成，是世界上第二高的建筑，如图 5-25 所示。它于 2015 年完工，但直到 2016 年才向公众开放。美国 Gensler 建筑设计事务所的"龙形"方案中标，大厦细部深化设计以"龙形"方案作为蓝本，由同济大学建筑设计研究院完成施工图。该塔由九个圆柱形建筑组成，彼此叠加。建筑物在上升时扭曲，并拥有 360°全景的公共空间。

图 5-24　迪拜哈利法塔　　　　　　　图 5-25　上海中心大厦

深圳平安国际金融中心是在 2015 年 4 月见顶，使其成为中国第二大塔和世界第四大建筑，如图 5-26 所示。最初，该金融中心计划超越上海中心大厦，成为中国最高的建筑，但由于可能会阻碍飞行路径，因此设计在顶部的 60m 天线在 2015 年初被放弃了。该建筑位于中国深圳中央商务区内。

另一座中国巨型摩天大楼，广州 CTF 金融中心是两座广州双子塔中的第二座，位于天河区，俯瞰珠江，如图 5-27 所示。CTF 金融中心也称为周大福金融中心或广州东塔，于 2016 年开业。该大楼为综合性城市综合体，共 111 层。该塔楼设有通往公共交通的地下连接以及连接相邻建筑物的二级桥梁。

图 5-26　深圳平安国际金融中心　　　　　图 5-27　广州 CTF 金融中心

5.5　结构抗震知识简介

地震，是人们通过感觉和仪器感受到的地面振动。它与风雨、雷电一样，是一种极为普遍的自然现象。强烈的地面振动，即强烈地震，会直接和间接造成破坏，成为灾害，凡由地震引起的灾害，统称为地震灾害。

地震的发震时刻、震中和震级，称为地震三要素。发震时刻就是地震发生的时刻。地震发生的地点叫作震中，常用经度和纬度来表示，当然也要标明该地的地名。

地球是一个略微有点扁的圆球，由地壳、地幔、地核三部分组成。地球上每天都要发生上万次地震，这些地震都发生在地壳和地幔中的特殊部位，我们把地球内部发生地震的地方叫作震源。震源在地面的投影叫震中。实际上震中是一个区域，即震中区。震源到地面的垂直距离叫震源深度。根据震源深度可分为浅源地震（$h<70$km）、中源地震（$h=70\sim300$km）和深源地震（$h>300$km）。

地震分为天然地震和人工地震两大类。

天然地震主要是构造地震。它是由于地下深处岩石破裂、错动把长期积累起来的能量急剧释放出来，以地震波的形式向四面八方传播出去，到地面引起的房摇地动。构造地震约占地震总数的 90％以上。其次是由火山喷发引起的地震，称为火山地震，约占地震总数的 7％。此外，某些特殊情况下也会产生地震，如岩洞崩塌（陷落地震）、大陨石冲击地面（陨石冲击地震）等。人工地震是由人为活动引起的地震。如工业爆破、地下核爆炸造成的震动；在深井中进行高压注水以及大水库蓄水后增加了地壳的压力，有时也会诱发地震。一般所说的地震，多指天然地震，特别是构造地震，它对人类的危害最大。

（1）地震作用

地震作用指地震时地面运动引起建筑结构的动态作用。地震作用分为水平地震作用和竖向地震作用。各类建筑结构应考虑各构件最不利方向的水平地震作用。9 度设防烈度的大跨度结构、长悬臂结构、烟囱等高耸结构、9 度设防烈度的高层建筑，应考虑竖向地震作用。

（2）地震级

地震级是衡量一次地震所释放能量大小的尺度，一次地震，震级只有一个。地震的大小用震级 M 来表示。国际通用的是里氏地震级。小于 2 级的地震称为无感地震或微震，2～5 级地震，称为有感地震，5 级以上地震，称为破坏性地震，其中 7 级以上，称为强烈地震。一次地震只有一个震级。如一次 5 级地震释放的能量相当于二万吨 TNT 爆炸时所释放的能量。震级相差 1.0 级，能量相差 30 倍。

（3）地震烈度

地震烈度是指地面及各种建筑物遭受一次地震破坏的强弱程度。相应这次地震，不同地区则有不同的抗震烈度；抗震设防烈度是按照国家规定的权限批准作为一个地区抗震设防依据的地震烈度。分为 1～12 度。一次地震对远近不同地点有不同的烈度。也就是说，对于某一个给定的地区来说，每次发生地震的震级是不定的；但是抗震设防烈度是国家规定好的，这个就目前来说是固定不变的。

地震烈度在建筑结构设计时分为基本烈度和设计烈度两种。基本烈度是指一地区在今后一定时期内，在一般场地条件下可能遭遇的最大地震烈度。设计烈度又称设防烈度，指建筑物抗震设计时实际采用的抗震烈度。一般情况下可采用基本烈度作为设防烈度；而做过抗震防灾规划的城市，可按批准的抗震设计区划进行抗震设防。设防烈度是地震区建筑物进行抗震设计的基本依据。

（4）中国地震烈度区划图

地震烈度区划是根据国家抗震设防需要和当前的科学技术水平，按照长时期内各地可能遭受的地震危险程度对国土进行划分，以图件的形式展示地区间潜在地震危险性的差异。中国从 20 世纪 30 年代开始做地震区划工作。中华人民共和国成立以来，曾三次（1956 年、1977 年、1990 年）编制全国性的地震烈度区划图。现行的《中国地震烈度区划图》（1990 年）的编制采用当前国际上通用的地震危险性分析的综合概率法，并做了重要的改进。1992 年 5 月经国务院批准由国家地震局和建设部联合颁布使用。图上所标示的地震烈度值系指在 50 年期限内、一般场地土条件下、可能遭遇的地震事件中超越概率为 10％所对应的烈度值（50 年期限内超越概率为 10% 的风险水平是国际上普遍采用的一般建筑物抗震设计标准）。因此这张图可以作为中小工程（不包括大型工程）和民用建筑的抗震设防依据、国家经济建设和国土利用规划的基础资料，同时也是制定减轻和防御地震灾害对策的依据。

（5）抗震设计

抗震设计中，根据使用功能的重要性把建筑物分为甲、乙、丙、丁四个抗震设防类别。甲类建筑应属于重大建筑工程和地震时可能发生严重次生灾害的建筑，乙类建筑应属于地震时使用功能不能中断或需尽快恢复的建筑，丙类建筑应属于除甲、乙、丁类以外的一般建筑，丁类建筑应属于抗震次要建筑。

各抗震设防类别建筑的抗震设防标准，应符合下列要求：

甲类建筑，地震作用应高于本地区抗震设防烈度的要求，其值应按批准的地震安全性评价结果确定；抗震措施，当抗震设防烈度为 6~8 度时，应符合本地区抗震设防烈度提高一度的要求，当为 9 度时，应符合比 9 度抗震设防更高的要求。

乙类建筑，地震作用应符合本地区抗震设防烈度的要求；抗震措施，一般情况下，当抗震设防烈度为 6~8 度时，应符合本地区抗震设防烈度提高一度的要求，当为 9 度时，应符合比 9 度抗震设防更高的要求；地基基础的抗震措施，应符合有关规定。对较小的乙类建筑，当其结构改用抗震性能较好的结构类型时，应允许仍按本地区抗震设防烈度的要求采取抗震措施。

丙类建筑，地震作用和抗震措施均应符合本地区抗震设防烈度的要求。

丁类建筑，一般情况下，地震作用仍应符合本地区抗震设防烈度的要求；抗震措施应允许比本地区抗震设防烈度的要求适当降低，但抗震设防烈度为 6 度时不应降低。

当抗震设防烈度为 6 度时，除规范有具体规定外，对乙、丙、丁类建筑可不进行地震作用计算，但仍采取相应的抗震措施。

（6）抗震设防目标

抗震设防目标是指建筑结构遭遇不同水准的地震影响时，对结构、构件、使用功能、设备的损坏程度及人身安全的总要求。建筑设防目标要求建筑物在使用期间，对不同频率和强度的地震，应具有不同的抵抗能力，对一般较小的地震，发生的可能性大，故又称多遇地震，这时要求结构不受损坏，在技术上和经济上都可以做到；而对于罕遇的强烈地震，由于发生的可能性小，但地震作用大，在此强震作用下要保证结构完全不损坏，技术难度大，经济投入也大，是不合算的，这时若允许有所损坏，但不倒塌，则将是经济合理的。因此，中国的《建筑抗震设计规范》中根据这些原则将抗震目标与三种烈度相应，分为三个水准，具体描述为：

第一水准：当遭受低于本地区抗震设防烈度的多遇地震（或称小震）影响时，建筑物一般不受损坏或不需修理仍可继续使用。第二水准：当遭受本地区规定设防烈度的地震（或称中震）影响时，建筑物可能产生一定的损坏，经一般修理或不需修理仍可继续使用。第三水准：当遭受高于本地区规定设防烈度的预估的罕遇地震（或称大震）影响时，建筑可能产生重大破坏，但不致倒塌或发生危及生命的严重破坏。通常将其概括为："小震不坏，中震可修、大震不倒"。也就是说，6 度设防的工程项目，假如地震烈度为 5 度以下（含 5 度），建筑物不坏；地震烈度为 6 度，建筑物可修；地震烈度为 7 度，建筑物不倒。

上面提到的小震、基本烈度、大震之间的大致关系为：小震比基本烈度低 1.55 度；大震比基本烈度高 1 度左右。

复习思考题

 1. 简述钢筋混凝土框架结构特点与适用层数。

 2. 钢筋混凝土结构具有哪些优点？

 3. 钢结构的特点有哪些？

 4. 大跨建筑平面结构类型与特点是什么？

 5. 大跨建筑空间结构类型与特点是什么？

 6. 简述建筑的抗震设防类别和设计标准。

 7. 抗震设防目标的三个水准是什么？

第6章　建筑施工概述

学习要求

本章主要是建筑工程施工的内容概述，了解建筑工程的施工过程及内容，掌握基础工程、砌体工程、钢筋混凝土工程等的施工顺序、过程及要求，熟悉施工过程中重要施工部位的质量控制措施，保证建筑施工过程的质量安全。

重难点知识讲解（扫封底二维码获得本章补充学习资料）

1. 深基坑土方开挖的原则与方法。
2. 桩的施工方法。
3. 后浇带。
4. 施工缝的留置原理和部位。
5. 钢筋代换。
6. 钢筋的主要焊接方式。

建筑工程施工的基本任务是研究建筑工程施工技术和组织的一般规律、建筑工程施工工艺原理和土木工程施工新技术、新工艺的发展和应用。内容包括土方工程、基础工程、钢筋混凝土工程、流水施工基本原理、网络计划技术、施工组织设计等。本章仅对主要的建筑施工过程做简要介绍。

6.1　建筑物定位测量

建筑物的定位是根据设计所给定的条件，将建筑物四周外廓主轴线的交点（简称角桩），测设到地面上，作为测设建筑物桩位轴线的依据，这就是通常所说的建筑物定位测量。由于在桩基础施工时，所有的角桩均要因施工而被破坏无法保存，为了满足桩基础竣工后续工序恢复建筑物桩位轴线和测设建筑物开间轴线的需要，所以在建筑物定位测量时，不是直接测设建筑物外廓主轴线交点的角桩，而是在距建筑物四周外廓 5~10m，并平行建筑物处，首先测设一个建筑物定位矩形控制网，作为建筑物定位基础，然后测出桩位轴线在此定位矩形控制网上的交点桩，称之为轴线控制桩（或叫引桩）。

1）编制桩位测量放线图及说明书

为便于桩基础施工测量，在熟悉资料的基础上，在作业前需编制桩位测量放线图及说明书。

（1）确定定位轴线。为便于施测放线，对于平面成矩形，外形整齐的建筑物一般以外廓墙体中心线作为建筑物定位主轴线，对于平面成弧形，外形不规则的复杂建筑物是以十字轴线和圆心轴线作为定位主轴线。以桩位轴线作为承台桩的定位轴线。

（2）根据桩位平面图所标定的尺寸，建立与建筑物定位主轴线相互平行的施工坐标系统，一般应以建筑物定位矩形控制网西南角的控制点作为坐标系的起算点，其坐标应假设成整数。

（3）为避免桩点测设时的混乱，应根据桩位平面布置图对所有桩点进行统一编号，桩点编号应由建筑物的西南角开始，从左到右，从下而上的顺序编号。

（4）根据设计资料计算建筑物定位矩形网、主轴线、桩位轴线和承台桩位测设数据，并把有关数据标注在桩位测量放线图上。

（5）根据设计所提供的水准点（或标高基点），拟定高程测量方案。

2）建筑物的定位

根据设计所给定的定位条件不同，建筑物的定位主要有 5 种不同形式：一是根据原建筑物定位；二是根据道路中心线（或路沿）定位；三是根据城市建设规划红线定位；四是根据建筑物施工方格网定位；五是根据三角点或导线点定位。

在建筑物定位测量时，可根据设计所给的定位形式选用直角坐标法、内分法、极坐标法、角度或距离交会法、等腰三角形与勾股弦等测量方法，为确保建筑物的定位精度，对角度的测设均要按经纬仪的正倒镜位置测定，距离丈量必须按精密测量方法进行。

6.2　土方施工

土方工程的施工主要包括土方开挖、土方运输、土方回填和填土的压实等作业。

开挖前先进行测量定位、抄平放线，设置好控制点。

6.2.1　土方开挖

根据《住房和城乡建设部办公厅关于实施〈危险性较大的分部分项工程安全管理规定〉有关问题的通知》（建办质〔2018〕31 号），对深基坑工程的范围界定如下：开挖深度超过 5m（含 5m）的基坑（槽）的土方开挖、支护、降水工程。

1）浅基坑开挖

基坑开挖程序一般是：测量放线—分层开挖—排降水—修坡—整平—留足预留土层等。

开挖前，应根据工程结构形式、基坑深度、地质条件、周围环境、施工方法、施工工期和地面荷载等资料，确定基坑开挖方案和地下水控制施工方案。

基坑边缘堆置土方和建筑材料，或沿挖方边缘移动运输工具和机械，一般应距基坑上部边缘不少于 2m，堆置高度不应超过 1.5m。在垂直的坑壁边，此安全距离还应适当加大，软土地区不宜在基坑边堆置弃土。

基坑周围地面应进行防水、排水处理，严防雨水等地面水浸入基坑周边土体。

基坑开挖完成后，应及时清底、验槽，减少暴露时间，防止暴晒和雨水浸刷破坏地基土的原状结构。

2）深基坑开挖

深基坑一般采用"开槽支撑、先撑后挖、分层开挖、严禁超挖"的开挖原则进行。

土方开挖顺序，必须与支护结构的设计工况严格一致。

深基坑工程的挖土方案，主要有放坡挖土、中心岛式（也称墩式）挖土、盆式挖土和逆作法挖土。前者无支护结构，后三种皆有支护结构。

放坡开挖是最经济的挖土方案。当基坑开挖深度不大、周围环境允许，经验算能确保土坡的稳定性时，可采用放坡开挖。

中心岛（墩）式挖土，宜用于大型基坑，支护结构的支撑形式为角撑、环梁式或边桁（框）架式，中间具有较大空间情况下。此时可利用中间的土墩作为支点搭设栈桥。挖土机可利用栈桥下到基坑挖土，运土的汽车亦可利用栈桥进入基坑运土。优点：可以加快挖土和运土的速度。缺点：由于首先挖去基坑四周的土，支护结构受荷时间长，在软黏土中时间效应显著，有可能增大支护结构的变形量，对于支护结构受力不利。

盆式挖土是先开挖基坑中间部分的土，周围四边留土坡，土坡最后挖除。优点：周边的土坡对围护墙有支撑作用，有利于减少围护墙的变形。缺点：大量的土方不能直接外运，需集中提升后装车外运。

当基坑较深，地下水位较高，开挖土体大多位于地下水位以下时，应采取合理的人工降水措施，降水时应经常注意观察附近已有建筑物或构筑物、道路、管线，有无下沉和变形。

开挖时应对平面控制桩、水准点、基坑平面位置、水平标高、边坡坡度等经常进行检查。

6.2.2 基坑验槽及局部不良地基的处理方法

1）验槽时必须具备的资料

（1）详勘阶段的岩土工程勘察报告；

（2）附有基础平面和结构总说明的施工图阶段的结构图；

（3）其他必须提供的文件或记录。

2）验槽程序

（1）在施工单位自检合格的基础上进行。施工单位确认自检合格后提出验收申请。

（2）由总监理工程师或建设单位项目负责人组织建设、监理、勘察、设计及施工单位的项目负责人、技术质量负责人，共同按设计要求和有关规定进行。

3）验槽的主要内容

不同建筑物对地基的要求不同，基础形式不同，验槽的内容也不同，验槽主要有以下几点：

（1）根据设计图纸检查基槽的开挖平面位置、尺寸、槽底深度是否与设计图纸相符，开挖深度是否符合设计要求。

（2）仔细观察槽壁、槽底土质类型、均匀程度和有关异常土质是否存在，核对基坑土质及地下水情况是否与勘察报告相符。

（3）检查基槽之中是否有旧建筑物基础、古井、古墓、洞穴、地下掩埋物及地下人防工程等。

（4）检查基槽边坡外缘与附近建筑物的距离，基坑开挖对建筑物稳定是否有影响。

（5）天然地基验槽应检查核实分析钎探资料，对存在的异常点位进行复核检查。桩基应检测桩的质量合格。

4）验槽方法

地基验槽通常采用观察法。对于基底以下的土层不可见部位，通常采用钎探法。

（1）观察法

观察槽壁、槽底的土质情况，验证基槽开挖深度，初步验证基槽底部土质是否与勘察报告相符，观察槽底土质结构是否被人为地破坏。验槽时应重点观察柱基、墙角、承重墙下或其他受力较大部位；基槽边坡是否稳定。

（2）钎探法

钎探是用锤将钢钎打入坑底以下的土层内一定深度，根据锤击次数和入土难易程度来判断土的软硬情况及有无古井、古墓、洞穴、地下掩埋物等。钎探后的孔要用砂灌实。

（3）轻型动力触探

遇到下列情况之一时，应在基底进行轻型动力触探：

①持力层明显不均匀。

②浅部有软弱下卧层。

③有浅埋的坑穴、古墓、古井等，直接观察难以发现时。

④勘察报告或设计文件规定应进行轻型动力触探时。

6.2.3　土方回填

1）土料要求与含水量控制

填方土料应符合设计要求，保证填方的强度和稳定性。一般不能选用淤泥、淤泥质土、膨胀土、有机质大于5％的土、含水溶性硫酸盐大于5％的土、含水量不符合压实要求的黏性土。填方土应尽量采用同类土。土料含水量一般以手握成团、落地开花为适宜。在气候干燥时，须采取加速挖土、运土、平土和碾压过程，以减少土的水分散失。当填料为碎石类土（充填物为砂土）时，碾压前应充分洒水湿透，以提高压实效果。

2）基底处理

清除基底上的垃圾、草皮、树根、杂物，排除坑穴中积水、淤泥和种植土，将基底充分夯实和碾压密实。

应采取措施防止地表滞水流入填方区，浸泡地基，造成基土下陷。

当填土场地地面陡于1/5时，应先将斜坡挖成阶梯形，阶高不大于1m，台阶高宽比为1：2，然后分层填土，以利结合和防止滑动。

3）土方填筑与压实

填方的边坡坡度应根据填方高度、土的种类和其重要性确定。对使用时间较长的临时性填方边坡坡度，当填方高度小于10m时，可采用1：1.5；超过10m，可做成折线形，上部采用1：1.5，下部采用1：1.75。

填土应从场地最低处开始，由下而上整个宽度分层铺填。每层虚铺厚度应根据夯实机械确定，一般情况下每层虚铺厚度及压实遍数见表 6-1。

填土施工分层厚度及压实遍数

表 6-1

压实机具	平碾	振动压实机	柴油打夯机	人工打夯
分层厚度（mm）	250～300	250～350	200～250	＜200
每层压实遍数（次）	6～8	3～4	3～4	3～4

填方应在相对两侧或周围同时进行回填和夯实。

填土应尽量采用同类土填筑，填方的密实度要求和质量指标通常以压实系数 λ_C 表示。压实系数为土的控制（实际）干土密度 ρ_d 与最大干土密度 ρ_{dmax} 的比值。最大干土密度 ρ_{dmax} 是当最优含水量时，通过标准的击实方法确定的。填土应控制土的压实系数 λ_C 满足设计要求。

6.3　基础工程

一般工业与民用建筑物多采用天然浅基础，它造价低，施工简便。如果天然浅土层软弱，可采用机械压实、深层搅拌、堆载预压、砂桩挤密、化学加固等方法进行人工加固，形成人工地基浅基础。建筑物上部载荷很大的工业建筑或对变形和稳定有严格要求的一些特殊建筑或高层建筑，无法采用浅基础时，经过技术经济比较后采用深基础。

深基础是指桩基础、墩基础、深井基础、沉箱基础和地下连续墙等，其中桩基础应用最广。深基础不但可用深部较好的土层来承受上部荷载，还可以用深基础周壁的摩擦阻力来共同承受上部载荷，因而其承载力高、变形小、稳定性好，但其施工技术复杂、造价高、工期长。

6.3.1　桩基

桩基础是一种常用的深基形式，它由桩和桩顶的承台组成。

按桩的受力情况，桩分为摩擦桩和端承桩两类。前者桩上的荷载由桩侧摩擦力和桩端阻力共同承受；后者桩上的荷载主要由桩端阻力承受。

按桩的施工方法，桩分为预制桩和灌注桩两类。预制桩是在工厂或施工现场制成的各种材料和形式的桩（如木桩、钢筋混凝土方桩、预应力钢筋混凝土管桩、钢管或型钢的钢桩等），而后用沉桩设备将桩打入、压入、旋入或振入（有时还兼用高压水冲）土中。

钢筋混凝土预制桩能承受较大的荷载、坚固耐久、施工速度快，但对周围环境影响较大，是我国广泛应用的桩型之一。常用的为钢筋混凝土方形实心断面桩和圆形实心断面桩。除此之外，预应力混凝土桩也正被推广应用。钢筋混凝土方桩的截面尺寸，边长多为 250～550mm。单根桩或多节桩的单根长度，应根据桩架高度、制作场地、运输和装卸能力而定。多节桩如用电焊法点焊接桩时，节点的竖向位置尚应避开土层中的硬夹层。桩的接头不宜超过两个。如在工厂制作，长度不宜超过 12m；如在现场预制，长度不宜超过 30m。

钢筋混凝土圆柱体空心管桩，是以离心法在工厂生产预制桩，通常都施加预应力，直径为 400mm 和 600mm，壁厚 100mm，每节长 8～10m，用法兰连接。下节桩底端可设桩尖，亦可以是开口的。

灌注桩是在施工现场的桩位上用机械或人工成孔，然后在孔内灌注混凝土或钢筋混凝土而成。根据成孔方法不同分为钻孔、挖孔、冲孔灌注桩以及沉管灌注桩和爆破桩。在成孔内灌注砂、石灰等，则称为砂桩、石灰桩等。

灌注桩能适应地层的变化，无须接桩，施工时无振动、无挤土和噪声小，宜在建筑物密集地区使用。但其操作要求严格，施工后需一定养护期，且不能立即承受荷载。

6.3.2　地下连续墙

地下连续墙是近几十年来在地下工程和深基础工程中发展起来并应用较广泛的一项技术。近年来，高层建筑、地铁及各种大型地下设施日益增多，其基础埋置深度大，再加上周围环境和施工场地的限制，无法采用传统的施工方法，地下连续墙便成为深基础施工的有效手段。地下连续墙可以用作深基坑的支护结构，亦可以用作建筑物的地下室外墙，后者更为经济。我国的广州白天鹅宾馆、花园饭店，北京的王府井宾馆，上海的金茂大厦、海伦宾馆、国际贸易中心、地铁1号线的各车站等基础工程和地下工程皆有效地采用了地下连续墙技术。

地下连续墙的优点是刚度大，既挡土又挡水，施工时无振动，噪声低，可用于任何土质，还可用于逆筑法施工。其缺点是成本高，施工技术较复杂，需配备专用设备，施工中用的泥浆要妥善处理，否则有一定的污染性。

地下连续墙的施工过程，是利用专用的挖槽机械在泥浆护壁下开挖一定长度（一个单元槽段），挖至设计深度并清除沉渣后，插入接头管，再将在地面上加工好的钢筋笼用起重机吊入充满泥浆的沟槽内，最后用导管浇筑混凝土，待混凝土初凝后拔出接头管，一个单元槽段即施工完毕。如此逐段施工，即形成地下连续的钢筋混凝土墙。

6.4　砌体工程

砌筑工程是指普通黏土砖、硅酸盐类砖、石块和各种砌块的施工。

砖石建筑在我国有悠久的历史，目前在建筑工程中仍占有一定的比重。其优点是：生产方面取材方便、制造简单、成本低廉；功能方面有一定的保温、隔热、隔声、防火、防冻效果；受力方面有一定的承载能力；施工方面操作简单，不需大型设备。当然也存在一些缺点：以手工操作为主、施工速度慢、劳动强度大、生产效率低、自重大，尤其是大量使用黏土砖占用大量农田。鉴于此种情况，我国各地对砖墙材料不断进行改革，我国已明令禁止使用黏土实心砖。

利用工业废料而制作的砌块，如粉煤灰硅酸盐砌块、普通混凝土空心砌块、煤矸石硅酸盐空心砌块等越来越普及。新工艺材料如加气混凝土砌块、蒸压灰砂砖，它们在尺寸、强度各方面可以完全代替烧制黏土砖。研发新型墙体材料以及改善砌体施工工艺是砌筑工程改革的重点。

砌筑工程是一个综合的施工过程，它包括砂浆制备、材料运输、脚手架搭设和墙体砌筑等。

6.4.1　材料准备工作

砖砌体墙由砖和砂浆两种材料组成。

（1）砖

砖的种类很多，按组成材料分有灰砂砖、页岩砖、煤矸石砖、水泥砖及各种工业废料砖，如粉煤灰砖、炉渣砖等；按生产形状分有实心砖、多孔砖、空心砖等。

黏土砖有普通黏土砖和烧结多孔砖，是以黏土为主要原料，经成型、干燥、焙烧而成。根据生产方法的不同，有青砖和红砖之分。而免烧黏土砖是采用山地黏土，配以适量的水泥、化学添加剂等，经半干压制成型后养护而成。

砖的强度以强度等级分为 MU30、MU25、MU20、MU15、MU10 共五级。

砌筑烧结普通砖、烧结多孔砖、蒸压灰砂砖、蒸压粉煤灰砖砌体时，砖应提前 1～2d 适度湿润，严禁采用干砖或处于吸水饱和状态的砖砌筑，块体湿润程度宜符合下列规定：

①烧结类块体的相对含水率 60%～70%；

②混凝土多孔砖及混凝土实心砖不需浇水湿润，但在气候干燥炎热的情况下，宜在砌筑前对其喷水湿润。其他非烧结类块体的相对含水率 40%～50%。

（2）砂浆

砂浆是砌体的粘结材料。它将砖块胶结成为整体，并将砖块之间的空隙填平、密实，便于使上层砖块所承受的荷载逐层均匀地传至下层砖块，保证砌体的强度。

砌筑墙体的砂浆常用的有水泥砂浆、石灰砂浆和混合砂浆三种。砂浆种类选择及其等级的确定，应根据设计要求。

水泥砂浆属水硬性材料，强度高，较适合于砌筑潮湿环境下的砌体。

石灰砂浆属气硬性材料，强度不高，多用于砌筑次要的民用建筑中地面以上的墙体，不宜用于潮湿环境的砌体及基础，因为石灰属气硬性胶凝材料，在潮湿环境中，石灰膏不但难以结硬，而且会出现溶解流散现象。

混合砂浆由水泥、石灰膏、砂加水拌和而成，这种砂浆强度较高，和易性和保水性较好，常用于砌筑地面以上的砌体。

制备混合砂浆和石灰砂浆用的石灰膏，应经筛网过滤并在化灰池中熟化 7d 以上，严禁使用脱水硬化的石灰膏。

水泥砂浆及预拌砌筑砂浆强度分 7 级：M5、M7.5、M10、M15、M20、M25、M30。水泥混合砂浆分 4 级：M5、M7.5、M10、M15。

砂浆的拌制一般用砂浆搅拌机，要求拌和均匀。为改善砂浆的保水性可掺入黏土、电石膏、粉煤灰等塑化剂。

现场拌制的砂浆应随拌随用，拌制的砂浆应在 3h 内使用完毕；当施工期间最高气温超过 30℃时，应在 2h 内使用完毕。预拌砂浆及蒸压加气混凝土砌块专用砂浆的使用时间应按照厂方提供的说明书确定。

砌筑砂浆应进行配合比设计。当砌筑砂浆的组成材料有变更时，其配合比应重新确定。砌筑砂浆的稠度宜按表 6-2 的规定采用。

砌筑砂浆的稠度   表 6-2

砌 体 种 类	砂浆 稠 度（mm）
烧结普通砖砌体、蒸压粉煤灰砖砌体	70～90
混凝土实心砖、混凝土多孔砖砌体 普通混凝土小型空心砌块砌体、蒸压灰砂砖砌体	50～70
烧结多孔砖、空心砖砌体 轻骨料小型空心砌块砌体、蒸压加气混凝土砌块 砌体	60～80
石砌体	30～50

注：1. 采用薄灰砌筑法砌筑蒸压加气混凝土砌块砌体时，加气混凝土粘结砂浆的加水量按照其产品说明
书控制；
2. 当砌筑其他块体时，其砌筑砂浆的稠度可根据块体吸水特性及气候条件确定。

6.4.2 脚手架与材料运输

（1）脚手架

砌筑用脚手架是砌筑过程中堆放材料和工人进行操作的临时性设施。按其搭设位置分为外脚手架和里脚手架两大类；按其所用材料分为木脚手架、竹脚手架与金属脚手架；按其构造形式分为多立杆式、框式、桥式、吊式、挂式、升降式以及用于楼层之间操作的工具式脚手架等。对脚手架的基本要求是：其宽度应满足工人操作、材料堆置和运输的需要，坚固稳定，装拆简便，能多次周转使用。脚手架的宽度一般为 1.2～1.5m，砌筑用脚手架的步架高一般为 1.2～1.4m，外脚手架考虑到砌筑、装饰两用，其步架高一般为 1.6～1.8m。

（2）材料运输

砌筑工程中不仅要运输大量的砖（或砌块）、砂浆，而且还要运输脚手架、脚手板和各种预制构件。不仅有垂直运输，而且有地面和楼面的水平运输。其中垂直运输是决定砌筑工程施工速度的重要因素。

常用的垂直运输机有塔式起重机、井架及龙门架。塔式起重机生产效率高，并可兼作水平运输，在可能条件下宜优先选用。井架也是砌筑工程垂直运输常用设备之一。

6.4.3 砖墙的组砌方式

砖墙的组砌方式是指砖块在砌体中的排列方式。以标准砖为例，砖墙可根据砖块尺寸和数量采用不同的排列，与砂浆形成的灰缝，组合成各种不同的墙体。

标准砖的规格为 53mm×115mm×240mm（厚×宽×长），以灰缝为 10mm 进行组合时，从尺寸上它以砖厚加灰缝、砖宽加灰缝后与砖长之间成 1：2：4 为其基本特征。如图 6-1 所示。即（4 个砖厚十 3 个灰缝）＝（2 个砖宽十 1 个灰缝）＝1砖长。用标准砖砌筑墙体，常见的墙体厚度名称见表 6-3。

墙体在砌筑时，以这些尺寸为基础，并以 115＋10＝125mm 为模数进行。而这一模数在使用过程中往往与我国现行的《建筑统一模数制》中的扩大模数 3M 不协调，在使用中应注意，当墙段长度超过 1m 时，可不再考虑砖模数。

门窗洞口位置和墙段尺寸应满足结构需要的最小尺寸，为了避免应力集中在小墙段上导致墙体的破坏，转角处的墙段和承重窗间墙应满足表 6-4 的要求。

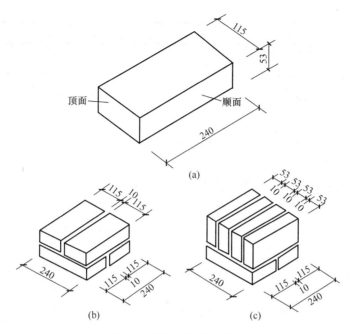

图 6-1 标准砖的尺寸关系

(a) 标准砖；(b) 砖的组合；(c) 砖的组合

墙 厚 名 称   表 6-3

墙厚名称	习惯称呼	实际尺寸	墙厚名称	习惯称呼	实际尺寸
半砖墙	12 墙	115	一砖半墙	37 墙	365
3/4 砖墙	18 墙	178	两砖墙	49 墙	490
一砖墙	24 墙	240	两砖半墙	62 墙	615

砖墙组砌时要求砂浆饱满，横平竖直，并应注意错缝搭接，使上下每皮砖的垂直缝交错，保证砖墙的整体性。如果垂直缝在一条线上，即形成通缝，在荷载作用下，会使墙体的稳定性和强度降低。实体墙常用的组砌方式有全顺式、一顺一丁式、十字式（每皮顶顺相间式）及 3/4 砖墙（两平一侧式）等，如图 6-2 所示。

在抗震设防地区，砖墙的局部尺寸应符合现行《建筑抗震设计规范》的要求，具体尺寸见表 6-4。

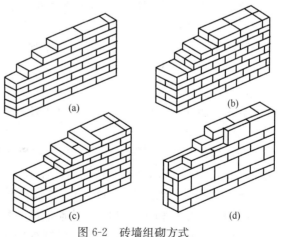

图 6-2 砖墙组砌方式

(a) 全顺式；(b) 一顺一丁；(c) 梅花丁（丁顺夹砌）；(d) 二平一侧

房屋的局部尺寸限值（m）   表 6-4

部 位	6、7 度	8 度	9 度
承重窗间墙最小宽度	1.0	1.2	1.5

续表

部　位	6、7度	8度	9度
承重外墙尽端至门窗洞边的最小距离	1.0	1.2	1.5
非承重外墙尽端至门窗洞边的最小距离	1.0	1.0	1.0
内墙阳角至门窗洞边的最小距离	1.0	1.5	2.0
无锚固女儿墙（非出入口处）的最大高度	0.5	0.5	0.0

注：1. 局部尺寸不足时，应采取局部加强措施弥补，且最小宽度不宜小于1/4层高和表列数据的80%；
　　2. 出入口处的女儿墙应有锚固。

6.4.4　烧结普通砖砌体施工技术

1）砌砖工艺

砌筑砖墙通常包括抄平、放线、摆砖样、立皮数杆、挂准线、铺灰、砌砖等工序。如是清水墙，则还要进行勾缝。

砌筑方法有"三一"砌筑法、挤浆法（铺浆法）、刮浆法和满口灰法四种。通常宜采用"三一"砌筑法，即一铲灰、一块砖、一揉压的砌筑方法。当采用铺浆法砌筑时，铺浆长度不得超过750mm，施工期间气温超过30℃时，铺浆长度不得超过500mm。

设置皮数杆：在砖砌体转角处、交接处应设置皮数杆，皮数杆上标明砖皮数、灰缝厚度以及竖向构造的变化部位。皮数杆间距不应大于15m，在相对两皮数杆上砖上边线处拉水准线。

砖墙砌筑形式：根据砖墙厚度不同，可采用全顺、两平一侧、全丁、一顺一丁、梅花丁或三顺一丁等砌筑形式。

砖厚承重墙的每层墙的最上一皮砖，砖墙阶台水平面上及挑出层，应整砖丁砌。砖墙挑出层每次挑出宽度应不大于60mm。

2）砌筑要求

砌砖工程质量的基本要求是：横平竖直、砂浆饱满、灰缝均匀、上下错缝、内外搭砌、接槎牢固。

砖墙灰缝宽度宜为10mm，且不应小于8mm，也不应大于12mm。砖墙的水平灰缝砂浆饱满度不得小于80%；垂直灰缝宜采用挤浆或加浆方法，不得出现透明缝、瞎缝和假缝。

在砖墙上留置临时施工洞口，其侧边离交接处墙面不应小于500mm，洞口净宽不应超过1m。临时施工洞口应做好补砌。

施工脚手眼补砌时，灰缝应填满砂浆，不得用干砖填塞。

砖墙的转角处和交接处应同时砌筑，严禁无可靠措施的内外墙分砌施工。对不能同时砌筑而又必须留置的临时间断处应砌成斜槎，斜槎水平投影长度不应小于高度的2/3。如图6-3所示。

非抗震设防及抗震设防烈度为6度、7度地区的临时间断处，当不能留斜槎时，除转角处外，可留直槎，但直槎必须做成凸槎，且应加设拉结钢筋，拉结钢筋的数量为每120mm墙厚放置1φ6拉结钢筋（120mm厚墙应放置2φ6拉结钢筋）；间距沿墙高不应超过500mm；且竖向间距偏差不应超过100mm；埋入长度从留槎处算起每边均不应小于 500mm，对抗震设防烈度 6 度、7 度的地区，不应小于 1000mm；末端应有 90°弯钩。如图 6-4 所示。

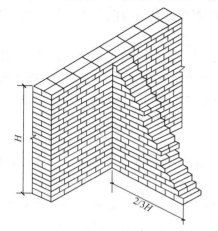

图 6-3　斜槎水平投影长度不应小于高度的 2/3

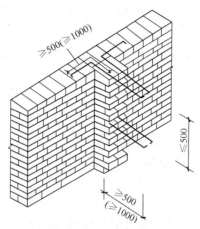

图 6-4　直槎处拉结钢筋示意图

　　设有钢筋混凝土构造柱的抗震多层砖房，应先绑扎钢筋，然后砌砖墙，最后浇筑混凝土，做法参见 4.3.6。该层构造柱混凝土浇筑完以后，才能进行上一层施工。

　　砖墙工作段的分段位置，宜设在变形缝、构造柱或门窗洞口处；相邻工作段的砌筑高差不得超过一个楼层高度，也不宜大于 4m。

　　正常施工条件下，砖砌体、小砌块砌体每日砌筑高度宜控制在 1.5m 或一步脚手架高度内；石砌体不宜超过 1.2m。

　　砖墙砌筑高度当可能遇到大风时，其允许自由高度不得超过规范规定。否则，必须采取临时支撑等有效措施。

3）不得在下列墙体或部位设置脚手眼

（1）120mm 厚墙、清水墙、料石墙、独立柱和附墙柱；

（2）过梁上与过梁呈 60°角的三角形范围及过梁净跨度 1/2 的高度范围内；

（3）宽度小于 1m 的窗间墙；

（4）门窗洞口两侧石砌体 300mm，其他砌体 200mm 范围内；转角处石砌体 600mm，其他砌体 450mm 范围内；

（5）梁或梁垫下及其左右 500mm 范围内；

（6）设计不允许设置脚手眼的部位；

（7）轻质墙体；

（8）夹心复合墙外叶墙。

6.4.5　混凝土小型空心砌块砌体工程

（1）混凝土小型空心砌块分普通混凝土小型空心砌块和轻集料混凝土小型空心砌块两种。

（2）普通混凝土小砌块施工前一般不宜浇水；当天气干燥炎热时，可提前洒水湿润小砌块。轻集料混凝土小砌块施工前可洒水湿润，但不宜过多。

（3）小砌块施工时，必须与砖砌体施工一样设立皮数杆，拉水准线。

（4）小砌块施工应对孔错缝搭砌，灰缝应横平竖直，宽度宜为 8～12mm。砌体水平灰缝和竖向灰缝的砂浆饱满度，按净面积计算不得低于 90%，不得出现瞎缝、透明缝等。

（5）墙体转角处和纵横交接处应同时砌筑。临时间断处应砌成斜槎，斜槎水平投影长度不应小于斜槎高度。施工洞口可预留直槎，但在洞口砌筑和补砌时，应在直槎上下搭砌的小砌块孔洞内用强度等级不低于 C20（或 Cb20）的混凝土灌实。

（6）填充墙砌体工程

填充墙砌体砌块一般选择烧结空心砖、蒸压加气混凝土砌块、轻骨料混凝土小型空心砌块等。

在厨房、卫生间、浴室等处采用轻骨料混凝土小型空心砌块、蒸压加气混凝土砌块砌筑墙体时，墙底部宜现浇细石混凝土坎台，其高度宜为 150mm。

填充墙砌体砌筑，应待承重主体结构检验批验收合格后进行。填充墙与承重主体结构间的空（缝）隙部位施工，应在填充墙砌筑 14d 后进行。

其他施工要求参见《砌体结构工程施工质量验收规范》GB 50203—2011。

6.5　钢筋混凝土工程

钢筋混凝土工程分为装配式钢筋混凝土工程和现浇钢筋混凝土工程。装配式钢筋混凝土工程的施工工艺是在构件预制厂或施工现场预先制作好结构构件，再在施工现场将其安装到设计位置。现浇钢筋混凝土工程则是在建筑物的设计位置现场制作结构构件的一种施工方法，由钢筋工程、模板工程及混凝土工程三部分组成，特点是结构整体性好、抗震性能好、节约钢材、不需大型起重机械。但是模板消耗量多、现场运输量大、劳动强度高、施工易受气候条件影响。

6.5.1　钢筋工程

在钢筋混凝土结构中起着关键性的作用。由于在混凝土浇筑后，其质量难于检查，因此钢筋工程属于隐蔽工程，需要在施工过程中进行严格的质量控制，并建立必要的检查和验收制度。

钢筋进场时，应按国家现行相关标准的规定抽取试件作力学性能和重量偏差检验，检验结果必须符合有关标准的规定。合格后方准使用。

检查数量：按进场的批次和产品的抽样检验方案确定。

检验方法：检查产品合格证、出厂检验报告和进场复验报告。

1）钢筋加工

（1）钢筋加工包括调直、除锈、下料切断、接长、弯曲成型等。

（2）钢筋宜采用无延伸功能的机械设备进行调直，也可采用冷拉方法调直。当采用冷拉方法调直时，HPB300 光圆钢筋的冷拉率不宜大于 4%；HRB335、HRB400、HRB500、HRBF335、HRBF400、HRBF500 及 RRB400 带肋钢筋的冷拉率不宜大于 1%。钢筋调直过程中不应损伤带肋钢筋的横肋。调直后的钢筋应平直，不应有局部弯折。

（3）钢筋除锈：一是在钢筋冷拉或调直过程中除锈；二是可采用机械除锈机除锈、喷砂除锈、酸洗除锈和手工除锈等。

（4）钢筋下料切断可采用钢筋切断机或手动液压切断器进行。钢筋的切断口不得有马蹄形或起弯等现象。

（5）钢筋弯曲成型可采用钢筋弯曲机、四头弯筋机及手工弯曲工具等进行。

2）钢筋配料

钢筋配料是根据构件配筋图，先绘出各种形状和规格的单根钢筋简图并加以编号，然后分别计算钢筋下料长度、根数及重量，填写钢筋配料单，作为申请、备料、加工的依据。为使钢筋满足设计要求的形状和尺寸，需要对钢筋进行弯折，而弯折后钢筋各段的长度总和并不等于其在直线状态下的长度，所以要对钢筋剪切下料长度加以计算。各种钢筋下料长度计算如下：

直钢筋下料长度＝构件长度－保护层厚度＋弯钩增加长度

弯起钢筋下料长度＝直段长度＋斜段长度－弯曲调整值＋弯钩增加长度

箍筋下料长度＝箍筋周长＋箍筋调整值

如果上述钢筋需要搭接，还要增加钢筋搭接长度。

3）钢筋代换

钢筋代换原则：按等强度代换或等面积代换。当构件配筋受强度控制时，按钢筋代换前后强度相等的原则进行代换；当构件按最小配筋率配筋时，或同钢号钢筋之间的代换，按钢筋代换前后面积相等的原则进行代换。当构件受裂缝宽度或挠度控制时，代换前后应进行裂缝宽度和挠度验算。

4）钢筋连接

（1）钢筋的连接方法

焊接、机械连接和绑扎连接三种。

（2）钢筋的焊接

常用的焊接方法有：闪光对焊、电弧焊（包括帮条焊、搭接焊、熔槽焊、坡口焊、预埋件角焊和塞孔焊等）、电渣压力焊、气压焊、埋弧压力焊和电阻点焊等。直接承受动力荷载的结构构件中，纵向钢筋不宜采用焊接接头。

（3）钢筋机械连接

有钢筋套筒挤压连接、钢筋锥螺纹套筒连接和钢筋直螺纹套筒连接（包括钢筋镦粗直螺纹套筒连接、钢筋剥肋滚压直螺纹套筒连接）等三种方法。

钢筋机械连接通常适用的钢筋级别为 HRB400、RRB400；钢筋最小直径宜为 16mm。

（4）钢筋绑扎连接（或搭接）

钢筋搭接长度应符合规范要求。

当受拉钢筋直径大于 25mm、受压钢筋直径大于 28mm 时，不宜采用绑扎搭接接头。

轴心受拉及小偏心受拉杆件（如桁架和拱架的拉杆等）的纵向受力钢筋和直接承受动力荷载结构中的纵向受力钢筋均不得采用绑扎搭接接头。

（5）钢筋接头位置

钢筋的接头宜设置在受力较小处。同一纵向受力钢筋不宜设置两个或两个以上的接头。接头末端至钢筋弯起点的距离不应小于钢筋公称直径的 10 倍。构件同一截面内钢筋接头数应符合设计和施工规范要求。

5）钢筋安装

（1）准备工作

现场弹线，并剔凿、清理接头处表面混凝土浮浆、松动石子、混凝土块等，整理接头处插筋。

核对需绑扎钢筋的规格、直径、形状、尺寸和数量等是否与料单、料牌和图纸相符。

准备绑扎用的铁丝和绑扎工具等。

（2）柱钢筋绑扎

柱钢筋的绑扎应在柱模板安装前进行。

框架梁、牛腿及柱帽等钢筋，应放在柱子纵向钢筋的内侧。

柱中的竖向钢筋搭接时，角部钢筋的弯钩应与模板呈 45°（多边形柱为模板内角的平分角，圆柱形应与模板切线垂直），中间钢筋的弯钩应与模板呈 90°。

箍筋的接头（弯钩叠合处）应交错布置在四角纵向钢筋上；箍筋转角与纵向钢筋交叉点均应扎牢（钢筋平直部分与纵向钢筋交叉点可间隔扎牢）、绑扎箍筋时绑扣相互间成八字形。

（3）梁、板钢筋绑扎

当梁的高度较小时，梁的钢筋架空在梁模板顶上绑扎，然后再落位；当梁的高度较大（≥1.0m）时，梁的钢筋宜在梁底模上绑扎，其两侧或一侧模板后安装。板的钢筋在模板安装后绑扎。

梁纵向受力钢筋采取双层排列时，两排钢筋之间应垫以≥25mm 的短钢筋，以保证其设计距离。钢筋的接头（弯钩叠合处）应交错布置在两根架立钢筋上，其余同柱。

板的钢筋网绑扎，四周两行钢筋交叉点应每点扎牢，中间部分交叉点可相隔交错扎牢，但必须保证受力钢筋不移位。双向主筋的钢筋网，则须将全部钢筋相交点扎牢。采用双层钢筋网时，在上层钢筋网下面应设置钢筋撑脚，以保证钢筋位置正确。绑扎时应注意相邻绑扎点的铁丝要成八字形，以免网片歪斜变形。

板上部的负筋要防止被踩下，特别是雨篷、挑檐、阳台等悬臂板，要严格控制负筋位置，以免拆模后断裂。

板、次梁与主梁交叉处，板的钢筋在上，次梁的钢筋居中，主梁的钢筋在下；当有圈梁或垫梁时，主梁的钢筋在上。

框架节点处钢筋穿插十分稠密时，应特别注意梁顶面主筋间的净距要有30mm，以利浇筑混凝土。

梁板钢筋绑扎时，应防止水电管线位置影响钢筋位置。

6）钢筋隐蔽工程验收

在浇筑混凝土之前，应进行钢筋隐蔽工程验收，其内容包括：

（1）纵向受力钢筋的品种、规格、数量、位置等；

（2）钢筋的连接方式、接头位置、接头数量、接头面积百分率等；

（3）箍筋、横向钢筋的品种、规格、数量、间距等；

（4）预埋件的规格、数量、位置等。

6.5.2 混凝土工程

1）混凝土工程施工过程

（1）混凝土制备

应保证其硬化后能达到设计要求的强度等级；应满足施工上对和易性和匀质性的要求；应符合合理使用材料和节约水泥的原则。有时，还应使混凝土满足耐腐蚀、防水、抗冻、快硬和缓凝等特殊要求。为此，在配制混凝土时，必须了解混凝土的主要性能；重视原材料的选择和使用；严格控制施工配料；正确确定搅拌机的工作参数。

（2）运输

在运输过程中应保持混凝土的均匀性，避免产生分层离析、泌水、砂浆流失、流动性减小等现象。为此要求选用的运输工具要不吸水、不漏浆；运输道路平坦，车辆行驶平稳以防颠簸造成混凝土离析；垂直运输的自由落差不大于 2m；溜槽运输的坡度不大于 30°，混凝土移动速度不宜大于 1m/s。当前常用水平运输机具主要是混凝土搅拌运输车，垂直运输机具主要是混凝土泵车。尽量减少混凝土的运输时间和转运次数，确保混凝土在初凝前运至现场并浇筑完毕。

（3）浇筑

浇筑混凝土总的要求是能保持结构或构件的形状、位置和尺寸的准确性，并能使混凝土达到良好的密实性，要内实外光，表面平整，钢筋与预埋件的位置符合设计要求，新旧混凝土结合良好。

① 混凝土浇筑前应根据施工方案认真交底，并做好浇筑前的各项准备工作，尤其应对模板、支撑、钢筋、预埋件等认真细致检查，合格并做好相关隐蔽验收后，才可浇筑混凝土。

② 浇筑中混凝土不能有离析现象。

③ 浇筑混凝土应连续进行。当必须间歇时，其间歇时间宜尽量缩短，并应在前层混凝土初凝之前，将次层混凝土浇筑完毕，否则应留置施工缝。

④ 混凝土振捣应采用插入式振动棒、平板振动器或附着振动器，必要时可采用人工辅助振捣。

⑤ 振动棒振捣混凝土应符合下列规定：

A）应按分层浇筑厚度分别进行振捣，振动棒的前端应插入前一层混凝土中，插入深度不应小于 50mm；

B）振动棒应垂直于混凝土表面并快插慢拔均匀振捣；当混凝土表面无明显塌陷、有水泥浆出现、不再冒气泡时，可结束该部位振捣；

C）振动棒与模板的距离不应大于振动棒作用半径的 0.5 倍；振捣插点间距不应大于振动棒的作用半径的 1.4 倍。

⑥ 在混凝土浇筑过程中，应经常观察模板、支架、钢筋、预埋件和预留孔洞

的情况，当发现有变形、移位时，应及时采取措施进行处理。

⑦ 梁和板宜同时浇筑混凝土，有主次梁的楼板宜顺着次梁方向浇筑，单向板宜沿着板的长边方向浇筑；拱和高度大于 1m 时的梁等结构，可单独浇筑混凝土。

（4）养护

混凝土成型后，为保证水泥水化作用能正常进行，应及时进行养护。目的是为混凝土硬化创造必需的温度、湿度条件，使混凝土达到设计要求的强度。

温度的高低对混凝土强度增长有很大影响，在合适的湿度条件下，温度越高水泥水化作用就越迅速、完全，强度就越大；但是温度也不能过高，过高则会使水泥颗粒表面迅速水化，结成外壳，阻止内部继续水化。反之，当温度低于 −3℃ 时，则混凝土中的水会结冰，混凝土的强度增长非常缓慢。

湿度的大小，对混凝土强度增长也有很大影响。合适的湿度，使混凝土在凝结硬化期间，已形成凝胶体的水泥颗粒能充分水化并逐步转化为稳定的结晶，促进混凝土强度的增长。如果温度较高，混凝土凝胶体中的水泥颗粒尚未充分水化时缺水，就会在混凝土表面出现片状或粉状剥落（即剥皮、起砂现象）的脱水现象。如果在新浇混凝土尚未达到充分强度时，湿度过低，混凝土中的水分过早蒸发，就会产生很大收缩变形，出现干缩裂纹，从而影响混凝土的整体性和耐久性。

混凝土的养护方法可以分为保湿养护和保温养护。

混凝土浇筑后应及时进行保湿养护，保湿养护可采用洒水、覆盖、喷涂养护剂等方式。选择养护方式应考虑现场条件、环境温湿度、构件特点、技术要求、施工操作等因素。

对已浇筑完毕的混凝土，"应在混凝土终凝前（通常为混凝土浇筑完毕后 8～12h 内）"开始进行自然养护。混凝土的养护时间应符合下列规定：

① 采用硅酸盐水泥、普通硅酸盐水泥或矿渣硅酸盐水泥配制的混凝土，不应少于 7d；采用其他品种水泥时，养护时间应根据水泥性能确定；

② 采用缓凝型外加剂、大掺量矿物掺合料配制的混凝土，不应少于 14d；

③ 抗渗混凝土、强度等级 C60 及以上的混凝土，不应少于 14d；

④ 后浇带混凝土的养护时间不应少于 14d；

⑤ 地下室底层墙、柱和上部结构首层墙、柱宜适当增加养护时间；

⑥ 基础大体积混凝土养护时间应根据施工方案确定。

（5）质量检查

对水泥品种及标号、砂石的质量及含泥量、混凝土的配合比、配料称量、搅拌时间、坍落度、运输、振捣、养护过程等环节进行检查。并做混凝土试块进行标准状况下养护后，送检验机构进行强度试验。

2）混凝土施工施工缝与后浇带的质量控制

施工缝和后浇带的留设位置应在混凝土浇筑之前确定。施工缝和后浇带宜留设在结构受剪力较小且便于施工的位置。受力复杂的结构构件或有防水抗渗要求的结构构件，施工缝留设位置应经设计单位认可。

（1）水平施工缝的留设位置应符合下列规定：

① 柱、墙施工缝可留设在基础、楼层结构顶面，柱施工缝与结构上表面的距离宜为0～100mm，墙施工缝与结构上表面的距离宜为 0～300mm；

② 柱、墙施工缝也可留设在楼层结构底面，施工缝与结构下表面的距离宜为0～50mm；当板下有梁托时，可留设在梁托下 0～20mm；

③ 高度较大的柱、墙、梁以及厚度较大的基础可根据施工需要在其中部留设水平施工缝；必要时，可对配筋进行调整，并应征得设计单位认可；

④ 特殊结构部位留设水平施工缝应征得设计单位同意。

（2）垂直施工缝和后浇带的留设位置应符合下列规定：

① 有主次梁的楼板施工缝应留设在次梁跨度中间的1/3范围内；

② 单向板施工缝应留设在平行于板短边的任何位置；

③ 楼梯梯段施工缝宜设置在梯段板跨度端部的1/3范围内；

④ 墙的施工缝宜设置在门洞口过梁跨中1/3范围内，也可留设在纵横交接处；

⑤ 后浇带留设位置应符合设计要求；

⑥ 特殊结构部位留设垂直施工缝应征得设计单位同意。

（3）施工缝与后浇带的质量控制措施：

施工缝或后浇带处浇筑混凝土应符合下列规定：

① 结合面应采用粗糙面，结合面应清除浮浆、疏松石子、软弱混凝土层，并应清理干净；

② 结合面处应采用洒水方法进行充分湿润，并不得有积水；

③ 施工缝处已浇筑混凝土的强度不应小于1.2MPa；

④ 柱、墙水平施工缝水泥砂浆接浆层厚度不应大于30mm，接浆层水泥砂浆应与混凝土浆液同成分；

⑤ 后浇带混凝土强度等级及性能应符合设计要求；当设计无要求时，后浇带强度等级宜比两侧混凝土提高一级，并宜采用减少收缩的技术措施进行浇筑。

6.5.3 模板工程

模板工程是混凝土浇筑成型用的模板及其支架的设计、安装、拆除等一系列技术工作的总称。模板在现浇混凝土结构施工中使用量大、面广，每 1m³ 混凝土工程模板用量高达 4～5m²，其工程费用占现浇混凝土结构造价的 30%～35%，劳动用量占 40%～50%。模板工程在混凝土工程中占有举足轻重的地位，对施工质量、安全和工程成本有着重要的影响。

模板系统由模板和支撑两部分组成。模板是指与混凝土直接接触，使新浇筑混凝土成型，并使硬化后的混凝土具有设计所要求的形状和尺寸。支撑是保证模板形状、尺寸及其空间位置的支撑体系，它既要保证模板形状、尺寸和空间位置正确，又要承受模板传来的全部荷载。

1）模板的分类

（1）按材料分类

模板按所用的材料不同，分为木模板、胶合板模板、竹胶板模板、钢模板、钢框木胶模板、塑料模板、玻璃钢模板、铝合金模板等。

259

①木模板

木模板的树种可按各地区实际情况选用，一般多为松木和杉木。由于木模板木材消耗量大，重复使用率低，为了节约木材，在现浇混凝土结构施工中应尽量少用或不用木模板。优点是较适用于外形复杂或异形混凝土构件及冬期施工的混凝土工程；缺点是制作量大，木材资源浪费大等。

②胶合板模板

胶合板模板是由木材为基本材料压制而成，表面经酚醛薄膜处理，或经过塑料浸渍饰面或高密度塑料涂层处理的建筑用胶合板。优点是自重轻、板幅大、板面平整、施工安装方便简单，模板的承载力、刚度较好，能多次重复使用；模板的耐磨性强，防水性好；是一种较理想的模板材料，目前应用较多，但它需要消耗较多的木材资源。

③竹胶板模板

竹胶板模板以竹篾纵横交错编织热压而成。其纵横向的力学性能差异很小，强度、刚度和硬度比木材高；收缩率、膨胀率、吸水率比木材低，耐水性能好，受潮后不会变形；不仅富有弹性，而且耐磨、耐冲击，使用寿命长、能多次使用；重量较轻，可加工成大面模板；原材料丰富，价格较低，是一种理想的模板材料，应用越来越多，但施工安装不如胶合板模板方便。

④组合钢模板

组合钢模板一般做成定型模板，用连接构件拼装成各种形状和尺寸，适用于多种结构形式，在现浇混凝土结构施工中应用广泛。优点是轻便灵活、拆装方便、通用性强、周转率高等；缺点是接缝多且严密性差，导致混凝土成型后外观质量差。在使用过程中应注意保管和维护，防止生锈以延长使用寿命。

（2）按结构类型分类

各种现浇混凝土结构构件，由于其形状、尺寸、构造不同，模板的构造及组装方法也不同。模板按结构的类型不同，分为基础模板、柱模板、梁模板、楼板模板、墙模板、壳模板、烟囱模板、桥梁墩台模板等。

2）模板工程设计的主要原则

（1）实用性：模板要保证构件形状尺寸和相互位置的正确，且构造简单，支拆方便、表面平整、接缝严密不漏浆等。

（2）安全性：要具有足够的强度、刚度和稳定性，保证施工中不变形、不破坏、不倒塌，能可靠地承受新浇筑混凝土的自重和侧压力，以及施工过程中所产生的其他荷载。

（3）经济性：在确保工程质量、安全和工期的前提下，尽量减少一次性投入，增加模板周转，减少支拆用工，实现文明施工。选用要因地制宜，就地取材，技术先进。

3）模板工程安装要点

（1）对现浇多层、高层混凝土结构，上、下楼层模板支架的立杆应对准，模板开支架钢管等应分散堆放。

（2）模板安装应保证混凝土结构构件各部分形状、尺寸和相对位置准确，并应防止漏浆。

（3）模板与混凝土接触面应清理干净并涂刷脱模剂，脱模剂不得污染钢筋和混凝土接槎处。

（4）模板安装完成后，应将模板内杂物清除干净。

（5）固定在模板上的预埋件、预留孔和预留洞均不得遗漏，且应安装牢固、位置准确。

（6）对跨度不小于4m的梁、板，其模板起拱高度宜为梁、板跨度的1/1000～3/1000。

4）模板的拆除

（1）模板拆除时，拆模的顺序和方法应按模板的设计规定进行。当设计无规定时，可采取先支的后拆，后支的先拆，先拆非承重模板，后拆承重模板的顺序，自上而下拆除。

（2）当混凝土强度达到设计要求时，方可拆除底模及支架；当设计无具体要求时，同条件养护试件的混凝土抗压强度应符合表6-5的规定。

（3）当混凝土强度能保证其表面及棱角不受损伤时，方可拆除侧模。

底模拆除时的混凝土强度要求　　　　　　　　　　表 6-5

构件类型	构件跨度（m）	达到设计的混凝土立方体抗压强度标准值的百分率（%）
板	≤2	≥50
	>2，≤8	≥75
	>8	≥100
梁、拱、壳	≤8	≥75
	>8	≥100
悬臂构件	—	≥100

（4）在已浇筑的混凝土强度未达到 $1.2N/mm^2$ 以前，不得在其上踩踏或安装模板及支架等。

6.6　施工管理概述

6.6.1　建筑工程施工依据与顺序

1）施工依据

建筑施工的目的是通过施工手段，建成能满足各种不同使用功能的建筑物。因此，施工依据就必须包括以下内容：

（1）施工图

施工图是"工程上的语言"，是组织施工的主要依据。"按图施工"是施工人员必须遵守的一条准则。

（2）施工验收规范、质量检验评定标准、施工技术操作规程

施工验收规范是国家根据建筑技术政策、施工技术水平、建筑材料的发展、新施工工艺的出现等情况，统一制定的建筑施工法规。这些法规规定了对建筑施

工中分部分项工程施工关键技术要求和质量标准，作为衡量建筑施工技术水平和工程质量的基本依据。

质量检验评定标准是建筑施工企业贯彻施工验收规范、评定工程质量等级标准的依据。

施工技术操作规程是规定要达到规范和标准要求所必须遵循的具体操作方法。规程中对建筑安装工程的施工技术、质量标准、材料要求、操作方法、设备工具的使用、施工安全技术以及冬期施工技术等做了详细的规定。

（3）施工组织设计

建筑施工企业根据施工任务和建筑对象，针对建筑物的性质、规模、特点和要求，结合工期的长短、工人的数量、参与施工的机械装备、材料供应情况、构件生产方式、运输条件等各种技术经济条件，从经济和技术统一的全局出发，从许多可能的方案中选定最合理的方案，对施工的各项活动做出全面的部署，编制出规划和指导施工全过程、企业管理的重要的技术经济文件，这就是施工组织设计。

（4）定额与施工图预算（或称设计预算）

定额主要包括预算定额、劳动定额和单价手册等。

2）建筑施工顺序

建筑工程施工顺序就是根据建筑工程结构特点、生产流程、施工方法以及建筑施工的特有规律，而对施工各主要环节做出的先后次序和配合衔接的安排。施工顺序应达到工程质量好、施工安全、工期短、经济效益高的目标。

建筑工程施工顺序一般如图 6-5 所示。建筑物开工与竣工的先后顺序应满足工艺流程和配套投产的要求。一般工业与民用建筑的施工顺序通常应遵守下列原则：

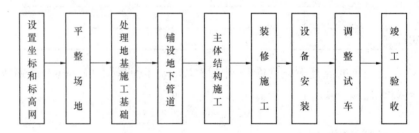

图 6-5　建筑工程施工顺序

（1）先地下，后地上

即先进行地下管网和基础施工，然后再进行地面以上工程的施工，以免土方挖了再填，填了再挖。这样才不会影响材料堆放和现场运输，也不会给安全留下隐患。尤其是在雨期施工时可避免因雨水流入基槽、基坑，造成基础沉陷等事故。

（2）先土建，后安装

先施工土建工程，后进行安装工程的施工。当然，为了避免事后在建筑物上开槽凿洞，在土建施工中，安装必须紧密配合，做好预留槽、洞和预埋件，以确保结构安全。

（3）先主体，后装修

在土建施工中，一般是先主体结构后围护结构，最后进行装修。多层建筑室外采用上下立体交叉作业时，应保证已完工程和后建工程不受损坏，同时还应在有可靠遮挡的条件下进行。

（4）先屋面防水，后室内抹灰

即先施工屋面防水，后进行室内抹灰工程的施工。抹灰应先顶棚、后立墙、再地坪，最后踢脚线，上层地面完工后方可做下层顶棚。

（5）管道、沟渠等应先下游，后上游

以便于排出沟内积水和有利于沟底找坡。

6.6.2 建筑工程施工组织设计简介

一个建设项目的施工，可以有不同的施工顺序；每一个施工过程可以采用不同的施工方案；每一种构件可以采用不同的生产方式；每一种运输工作可以采用不同的方式和工具；现场施工机械、各种堆物、临时设施和水电线路等可以有不同的布置方案；开工前的一系列施工准备工作可以用不同的方法进行。不同的施工方案，其效果是不一样的。这是施工人员开始施工之前必须解决的问题。

施工组织设计是工程施工的组织方案，是指导施工准备和组织施工的全面性技术经济文件，是指导现场施工的法规。

施工组织设计应当包括下列主要内容：

（1）工程任务情况。

（2）施工总方案、主要施工方法、工程施工进度计划、主要单位工程综合进度计划和施工力量、机具及部署。

（3）施工组织技术措施，包括工程质量、安全防护以及环境污染防护等各种措施。

（4）施工总平面布置图。

（5）总包和分包的分工范围及交叉施工部署等。建设工程必须按照批准的施工组织设计进行。

施工组织设计根据设计阶段和编制对象的不同大致可分为三类，即：施工组织总设计、单位工程施工组织设计和分部分项工程施工组织设计。

6.6.3 施工总平面布置图

施工总平面图是拟建项目施工场地的总布置图。它按照施工方案和施工进度的要求，对施工现场的道路交通、材料仓库、附属企业、临时房屋、临时水电管线等做出合理的规划布置，从而正确处理全工地施工期间所需各项设施和永久建筑、拟建工程之间的空间关系。施工总平面图设计步骤如下：

1）场外交通的引入

（1）当大量物资由铁路运入工地，应首先解决铁路由何处引入及如何布置问题。场区内设有永久性铁路专用线时，通常可将其提前修建，以便为工程施工服务。但由于铁路的引入将严重影响场内施工的运输和安全，因此，铁路的引入应靠近工地一侧或两侧；仅当大型工地分为若干个独立的工区进行施工时，铁路才可引入工地中央，此时，铁路应位于每个工区的侧边。

（2）当大量物资由水路运进现场时，应充分利用原有码头的吞吐能力。当需增设码头时，卸货码头不应少于两个，且宽度应大于2.5m，一般用石或钢筋混凝土结构建造。

263

（3）当大量物资由公路运进现场时，由于公路布置较灵活，一般先将仓库、加工厂等生产性临时设施布置在最经济合理的地方，再布置通向场外的公路线。

2）仓库与材料堆场的布置

（1）当采用铁路运输时，仓库通常沿铁路线布置，并且要留有足够的装卸前线。如果没有足够的装卸前线，必须在附近设置转运仓库。布置铁路沿线仓库时，应将仓库设置在靠近工地一侧，以免内部运输跨越铁路。同时仓库不宜设置在弯道外或坡道上。

（2）当采用水路运输时，一般应在码头附近设置转运仓库，以缩短船只在码头上的停留时间。

（3）当采用公路运输时，仓库的布置较灵活，一般中心仓库布置在工地中央或靠近使用的地方，也可以布置在靠近于外部交通连接处。砂石、水泥、石灰、木材等仓库或堆场宜布置在施工对象附近，以免二次搬运。一般笨重设备应尽量放在车间附近，其他设备仓库可布置在外围或其他空地上。

3）加工厂位置

一般应将加工厂集中布置在同一个地区，且多处于工地边缘。各种加工厂应与相应仓库或材料堆场布置在同一地区。

4）布置内部运输道路

根据加工厂、仓库及各施工对象的相对位置，研究货物转运图，区分主要道路和次要道路。

（1）在规划临时道路时，应充分利用拟建的永久性道路，提前修建永久性道路或者先修路基和简易路面，作为施工所需的道路，以达到节约投资的目的。若地下管网的图纸尚未出全，而又必须采取先施工道路、后施工管网的顺序时，临时道路就不能完全建造在永久性道路的位置，而应尽量布置在无管网地区或扩建工程范围地段上，以免开挖管道沟时破坏路面。

（2）道路应有两个以上进出口，道路末端应设置回车场，且尽量避免临时道路与铁路交叉。场内道路干线应采用环形布置，主要道路宜采用双车道，宽度不小于 6m，次要道路宜采用单车道，宽度不小于 3.5m。

（3）一般场外与省、市公路相连的干线，因其以后会成为永久性道路，因此，一开始就建成混凝土路面；场区内的干线和施工机械行驶路线，最好采用碎石级配路面，以利修补，场内支线一般为土路或砂石路。

5）行政与生活临时设施布置

应尽量利用建设单位的生活基地或其他永久性建筑，不足部分另行建造。

一般全工地性行政管理用房宜设在全工地入口处，以便对外联系；也可设在工地中间，便于全工地管理。工人用的福利设施应设置在工人较集中的地方，或工人必经之处。生活基地应设在场外，距工地 500～1000m 为宜。食堂可布置在工地内部或工地与生活区之间。

6）临时水电管网及其他动力设施的布置

水电从外面接入工地，沿主要干道布置干管、主线，然后与各用户接通。临时总变电站应设置在高压电引入处，不应放在工地中心；临时水池应放在地势较高处。设置在工地中心或工地中心附近的临时发电设备，沿干道布置主线；施工现场供水管网有环状、枝状和混合式三种形式。

根据工程防火要求，应设立消防站，一般设置在易燃物（木材、仓库等）附近，并须有通畅的出口和消防车道，其宽度不宜小于 6m，沿道路布置消火栓时，其间距不得大于 120m，消火栓到路边的距离不得大于 2m。

工地电力网一般 3～10kV 的高压线采用环状，380/220V 低压线采用枝状布置。工地上通常采用架空布置，距路面或建筑物不小于 6m。

应该指出，上述各设计步骤不是截然分开、各自孤立进行的，而是相互联系、互相制约的，需要综合考虑，反复修正才能确定下来。

6.6.4　施工科学组织方法

建筑工程施工有效的科学组织方法包括流水作业法与网络计划技术。可参考有关施工或管理书籍。

复习思考题

1. 什么是深基坑，深基坑开挖的原则、类型有哪些？

2. 验槽程序、方法、主要内容分别是什么？

3. 砖砌体的砌砖工艺与砌筑要求是什么？

4. 钢筋隐蔽工程验收的内容是什么？

5. 钢筋代换原则有哪些？

6. 简述混凝土的养护方法分类，养护时间有何要求？

7. 混凝土垂直施工缝与后浇带的留设位置有何规定？

8. 某跨度 6m，设计强度为 C30 的钢筋混凝土梁，其同条件养护试件（150mm 立方体）抗压强度如下表，可拆除该梁底模的最早时间是 _____ d。

时间（d）	7	9	11	13
试件强度（MPa）	16.5	20.8	23.1	25

9. 某现浇钢筋混凝土楼盖，主梁跨度为 8.4m，次梁跨度为 4.5m，次梁轴线间距为 4.2m，施工缝宜留置在（　　　）的位置。

A. 距主梁轴线 1m，且平行于主梁轴线

B. 距主梁轴线 1.8m，且平行于主梁轴线

C. 距主梁轴线 2m，且平行于主梁轴线

D. 距次梁轴线 2m，且平行于次梁轴线

E. 距次梁轴线 1.8m，且平行于次梁轴线

10. 简述地下连续墙施工的施工工艺。

11. 钢筋代换的原则是什么。

12. 梁钢筋绑扎时需要注意什么？

13. 混凝土浇筑时需要注意什么？

附录1 购买商品房必备常识

1 商品房名词解释与其特殊性

1.1 名词解释

（1）商品房

商品房主要是指由各房地产开发公司投资建设，以营利为目的，按市场规律经营的房屋。它有别于各地政府为解决住房困难，实施"安居工程"而建造的"安居房"、"解困房"、"解危房"，从1998年年底开始兴建的经济适用住房也是特殊的商品房。

从销售看，商品房又分现房销售和期房预售；从销售对象看，分内销商品房、外销商品房；从用途看，分普通住宅、公寓、别墅等。

（2）内销商品房与外销商品房

内销商品房是指房地产开发经营企业建造的向境内单位和个人出售的商品房。外销商品房是指房地产开发经营企业建造的向境外人员（外国人、港澳台人士）销售的商品房。

内销商品房可以销售给个人和单位，包括中央单位和个人，以及批准设立的办事处和联络处；外销商品房可以向国外的企业、其他组织和个人出售，但向国内（香港、澳门、台湾地区除外）个人售房，须经人民政府批准。

（3）住宅的产权

住宅的产权一般是指住宅的所有权。住宅的所有权，简单地讲，是一种民事法律关系，指的是在法律规定的范围内，对住宅全面支配的权力。住宅的所有权一般包括对房屋的占有、使用、收益、处分四个方面，这四个方面也构成了住宅所有权的四项基本内容。

（4）商品房的结构形式

主要分为砌体结构、钢筋混凝土框架结构、钢筋混凝土框架-剪力墙结构、钢筋混凝土剪力墙结构、钢结构等。结构形式与当地的经济水平、房价水平紧密相关。各结构形式有何优点与缺点，抗震设防等参见本书第5章。

（5）住宅房间的开间

在住宅设计中，如果住宅楼是东西向条式（条式又称为板式），住宅房间的开间是指一间房屋内一面墙皮到另一面墙皮中线之间的实际距离。因为是就自然间的宽度而言，故称为开间。开间常采用下列参数：3.0、3.3、3.6、3.9、4.2m。住户的开间就是所有开间之和。

（6）住宅的进深

住宅房间的进深，就是与开间垂直方向的墙中线之间的长度。住宅的进深常采用下列参数：3.6、3.9、4.2、4.5、4.8m。住户的进深就是所有房间进深之和。

（7）住宅的层高与净高

见附录2，2.1术语13与14。

（8）复式住宅

复式住宅一般是指每户住宅在较高的楼层中增建一个夹层，两层合计的层高要大大低于跃层式住宅（复式为3.3m，而一般跃层式为5.6m），其下层供起居用，如炊事、进餐、洗浴等；

上层供休息睡眠和贮藏用。

（9）跃层式住宅

跃层式住宅是近年来推广的一种新颖住宅建筑形式。其特点是：有上下两层楼面，下层一般设客厅、卫生间、厨房及其他辅助用房，上层一般设卧室、家庭起居室。上下层之间的通道不通过公共楼梯，而采用户内独用的小楼梯连接。

（10）错层式住宅

错层式住宅是一套房子不处于同一平面，即房内的厅、卧、卫、橱、阳台处于几个高度不同的平面上，但是都是在同一层楼层的。

复式住宅、跃层住宅、错层式住宅区别：通俗简单来说，复式住宅是在层高较高的一层楼中增建一个夹层，跃层住宅是一户跨越两楼层或以上的住宅，错层式住宅是一套房子不处于同一平面，即房内的厅、卧、卫、橱、阳台处于几个高度不同的平面上，但是都是在同一层楼层的。

（11）智能化住宅

智能化住宅是指将各种家用自动化设备、电器设备、计算机及网络系统与建筑技术和艺术有机结合，以获得一种居住安全、环境健康、经济合理、生活便利、服务周到的感觉，使人感到温馨舒适，并能激发人的创造性的住宅型建筑物。

（12）商品房建筑面积

商品房建筑面积就是房产证上标注的面积，需付款购买的面积。商品房一般按套出售，商品房的建筑面积就是销售面积，即为购买房者所购买的套内建筑面积与应分摊的公用建筑面积之和。建筑面积＝套内建筑面积＋公摊面积。

（13）套内建筑面积

商品房的套内建筑面积是指成套商品房（单元房）的套内使用面积、套内墙体面积和阳台建筑面积之和。套内建筑面积的计算公式为：套内建筑面积＝套内使用面积＋套内墙体面积＋阳台建筑面积。

（14）套内使用面积

套内使用面积，有个形象的说法叫"地毯面积"，简单说，就是把你家所有面积全铺上地毯，能铺多少面积的地毯，就是多少的套内使用面积。

（15）套内墙体面积

套内墙体面积是指商品房各套内使用空间周围的围护或承重墙体所占的面积。商品房的套内墙体分为共用墙及非共用墙两种。商品房套内墙体面积的计算法为：

①共用墙包括各套之间的分隔封墙，套与公用建筑空间投影面积的分隔墙以及外墙（包括山墙）；共用墙体水平投影面积的一半计入套内墙体面积；

②非共用墙墙体水平投影面积全部计入套内墙体面积；

③外墙（按照投影面积的一半计算）三个部分。

（16）套内阳台建筑面积

根据《建筑工程建筑面积计算规范》GB/T 50353—2013 的规定：建筑物的阳台均按其水平投影面积的一半计算，不论是凹阳台、挑阳台、封闭阳台、不封闭阳台。

（17）公摊建筑面积

商品房公用建筑面积的分摊以幢为单位。分摊的公用建筑面积为每幢楼内的公用建筑面积。与本幢楼房不相连的公用建筑面积不得分摊给本幢楼房的住户，由该幢楼各套商品房分摊；为局部范围服务的公用建筑面积，则由受益的各套商品房分摊。各套商品房应分摊的公用建筑面积，为每户分摊公用建筑面积之和。

公用建筑面积由两部分组成：

①大堂、公共门厅、走廊、过道、公用厕所、电梯前厅、楼梯间、电梯井、电梯机房、垃圾道、管道井、消防控制室、水泵房、水箱间、冷冻机房、消防通道、变电室、煤气调压室、卫星电视接收机房、空调机房、热水锅炉房、电梯工休息室、值班警卫室、物业管理用房以及其他为该建筑服务的专用设备用房；

②套（单元）与公用建筑空间之间的分隔墙以及外墙（包括山墙）墙体水平投影面积的一半。

公用建筑面积＝全幢建筑面积－全幢各套套内建筑面积之和－单独具备使用功能的独立使用空间的建筑面积（如地下车库、仓库、人防工程等）

另外，购房人所受益的其他非经营性用房，需要进行分摊的，要在销（预）售合同中写明房屋名称，需分摊的总建筑面积。

公用建筑面积不包括：仓库、机动车库、非机动车库、车道、供暖锅炉房、用于人防工程的地下室、单独具备使用功能的独立使用空间、售房单位自营自用的房屋，以及为多幢房屋服务的警卫室、管理（包括物业管理）用房不计入公用建筑面积。

（18）套内公摊面积

根据建设部《商品房销售面积计算及公用建筑面积分摊规则（试行）》规定，各套（单元）分摊的公用建筑面积计算公式如下：

套内公摊面积＝各套套内建筑面积×公摊系数。

公摊面积＝整幢建筑的面积－各套套内建筑面积之和－已作为独立使用空间（如租售的地下室、车棚、人防工程地下室）的建筑面积。

公摊系数＝建筑总公摊面积÷各套套内建筑面积之和。

（19）公用建筑面积分摊系数

通常在无电梯的多层建筑中，公摊系数在 5%～10% 这个范围内都是正常的，超出 10% 的也有可能，不过少见。下述数据只是经验数值，仅供参考。

在有电梯的板式小高层建筑中，公摊系数通常在 15%～20% 之间。

在有电梯的板式高层建筑中，公摊系数通常在 18%～25% 之间。

在有电梯的塔式小高层建筑中，公摊系数通常在 18%～22% 之间。

在有电梯的塔式高层建筑中，公摊系数通常在 20%～30% 之间。

（20）小区的规划建设用地面积和建筑面积

小区规划建设用地面积是指项目用地规划红线范围内的土地面积，一般包括建设区内的道路面积、绿化面积、建筑物所占面积、运动场所等。

小区的建筑面积是指住宅建筑外墙外围线测定的各层水平面积之和。它是用于反映小区建设规模的重要经济指标，计算时应依据建筑平面图，按国家现行统一规定量算。

（21）建筑容积率和建筑密度（建筑覆盖率）

见附录 2，2.1 术语 11 与 10。

（22）绿地率

绿地率是一定地区内，各类绿地总面积占该地区总面积的比例（%）。

在计算时，要求距建筑外墙 1.5m 和道路边线 1m 以内的用地，不得计入绿化用地。此外，还有几种情况也不能计入绿地率的绿化面积，如地下车库、化粪池，这些设施的地表覆土一般达不到 3m 的深度，也就是说在上面种植的大型乔木成活率较低，所以计算绿地率时不能计入。

绿化覆盖率是指绿化垂直投影面积之和与小区用地的比率。树的影子、露天停车场与砖缝中间种草的方砖都可算入绿化覆盖率，所以绿化覆盖率有时能做到 60% 以上。购房人要注意房地产商在销售楼盘时宣传的绿化率实际不少是绿化覆盖率。

根据有关规定，凡符合规划标准的新建居住区，居住小区绿地率不得低于30％。

1.2 商品房的特殊性

商品房是一种商品，但其有许多特殊性。突出体现在以下几个方面。

（1）耗资极大

耗费资源比较多，市场价值或价格较大。

（2）生活必需品

衣食住行，在现代社会，房子就是必需品。对比一些工业品，就没有像房子这样，不可缺少。漂，就是没有根，就是没有自己的房子。某种意义上说家，就是房子。有房子就有家。租房存在较多的问题，如心里没有归属感，不得不多次搬家，孩子落户口、入托、上学等问题。

（3）地域空间的垄断性

不能在同一个地段上，继续开发房产。必然就有了空间与地域的特殊性。周围配套的独特性——医院、超市、学校……一般来说，城市核心区域意味着交通出行方便，购物方便，优质教育资源。人们在心理上对城市核心区域的认同，对近郊区的凑合，对远郊区的不赞同。

（4）学区房

一般城市实行就近小学、初中阶段入学，商品房与特定学校的捆绑，与优质学校捆绑的商品房，就成为学区房。优质教育资源的稀缺，使得学区房的市场价格高于普通商品房。有的小区对应一所小学、一所初中；有的小区对应多所小学、初中；有的小区这几栋住宅楼对应一所小学、一所初中，另几栋住宅楼对应于另一所小学、初中。一般来说，当地教育主管部门可查到每一栋住宅楼对应的学校。

（5）刚性需求永远存在

城市的人口总是在增加，刚参加工作的人们，就需要购买房子。刚性需求永远存在。

（6）与户口的联系

城市的户口与住房联系在一起。没有房子只能落集体户口。一些城市，集体户口没法落新出婴儿的户口，入托、上学的问题就随之而来。

（7）商品房的保值与增值性

中国的商品房具备保值功能，这已是一个常识。城市旧城改建拆迁补助，其一，每平方米补助费较高，有的城市不足 $45m^2$ 的，按 $45m^2$ 进行补助，在规定的期限内办理手续的，额外进行几万元的奖励，一时间市内的二手房价格增加，$45m^2$ 以下的房子，也按 $45m^2$ 出售；其二，拆迁增加了刚性需求，这部分拆迁的总要购房居住；其三，回迁成功的条件有点刻薄，有很大赌注的成分，拆迁、新建时间（如二年）已过，回迁不成功，也有很大可能。

一般普通工业化商品具有贬值性。主要表现在有形磨损和无形磨损的四个方面。

设备在使用过程中，在外力的作用下产生实体的磨损、变形和损坏称为第一种有形磨损；设备在闲置过程中，受自然力的作用下产生的实体磨损称为第二种有形磨损；有形磨损都造成设备的性能、精度降低，使得设备的运行费用和维修费用增加，效率低下，反映了设备使用价值的降低。

设备的技术结构和性能没有变化，但由于技术进步，设备制造工艺不断改进，社会劳动生产率的提高，同类设备的再生产价值降低，致使原设备贬值，这称为第一种无形磨损；由于科学技术的进步，不断创造出结构更先进、性能更完善、耗费原材料和能源更少的设备，使得原设备相对陈旧落后，经济效益相对较低而发生贬值，这称为第二种无形磨损。

一般工业化产品都会受到有形磨损与无形磨损综合作用而贬值。中国的商品房目前看与普通商品不一样。

商品房不是普通的商品，具有其独特性。不能用普通商品的观点来看待，如供大于求就会导致价格下跌。商品房供应再多，如果被开发商控制，被炒房客控制，价格仍然会涨。只有"挤"出多余的空置房，才能恢复正常的市场。一个又一个"地王"的产生，更助长了房价。房价的上升是现行政策的必然结果。

如果要抑制房价增长过快，必需抑制炒房。只有经济税收的政策，辅助行政的手段，才可以解决该问题。只有让拥有多套房子的人，税收大于收益，才会抑制投机。房子是社会资源，让拥有较多的人交更多的税，合情合理。

例如，每人30m² （各市、区根据市情、区情可有差别）以内免税，对每人30～40m² 部分征税 a 元/（年·m²），40～50m² 部分征税 2a 元/（年·m²），50～60m² 部分征税4a 元/（年·m²），60 以上平方米部分征税 8a 元/（年·m²）。当地的房租大约是 a 元/（年·m²）。对于农业户口，视为无住房同上述标准处理。对于开发商也要定一些政策，让囤房的开发商付出代价。这个方法可能还有缺陷，可以进一步完善，但大的原则和方向肯定是对头的。如果当前的房产政策不发生根本变化，房价就会失控。一般税费的增加不是政策的根本变化，商品买卖的税费往往转嫁到买家身上，最终成为推高房价的一个因素。

2　户型技术分析与评价

1）户型评价主要参考项目

一般来说，商品房户型技术层面的分析主要由日照、采光、通风、净高、交通面积等参数的多少等综合评定。

日照标准是根据建筑物所处的气候区、城市大小和建筑物的使用性质确定的，在规定的日照标准日（冬至日或大寒日）的有效日照时间范围内，以底层窗台面为计算起点的建筑外窗获得的日照时间。

每套住宅至少应有一个居住空间获得日照，中华人民共和国国家标准《城市居住区规划设计标准》GB 50180—2018 规定："大城市住宅日照标准为大寒日≥2h，冬至日≥1h，老年人居住建筑不应低于冬至日日照 2h 的标准；在原设计建筑外增加任何设施不应使相邻住宅原有日照标准降低；旧区改造的项目内新建住宅日照标准可酌情降低，但不应低于大寒日日照 1h 的标准。"

高层居住建筑（10层以上）与低、多、高层居住建筑间距，应保证被遮挡的低、多、高层居住建筑至少一个南向居室，在大寒日有效日照内满窗日照时间不少于 2h。

采光是为保证人们生活、工作或生产活动具有适宜的光环境，使建筑物内部使用空间取得的天然光照度满足使用、安全、舒适、美观等要求的技术。

通风是为保证人们生活、工作或生产活动具有适宜的空气环境，采用自然或机械方法，对建筑物内部使用空间进行换气，使空气质量满足卫生、安全、舒适等要求的技术。

从购房人角度来说，净高越高，越亮堂，越好。国家标准规定，住宅层高不应高于 2.8m。但许多城市的层高都高于 2.8m，对住户来说，是好事。

为了保证住宅具有良好的天然采光和通风条件，从理论上讲，住宅的进深不宜过大。在住宅的高度（层高）和宽度（开间）确定的前提下，设计的住宅进深过大，就使住房成狭长形，距离门窗较远的室内空间自然光线不足；如果人为地将狭长空间分隔，则分隔出的一部分房间就成为无自然光的黑房间。黑房间当然不适于人们居住，补救的措施之一是将黑房间用于次要的生活区，如储藏室、走道等，用人工照明来弥补自然光的不足；另一措施是在住宅内部建造内天井，将光线不足的房间布置于内天井四周，通过天井来解决采光、通风不足的问题。但内天井住宅也存在厨房串味、传声、干扰大、低层采光不足的问题。

2）好户型的标准数据

根据世界卫生组织定义，健康住宅是指能够使居住者在身体上、精神上和社会上完全处于良好状态的住宅。我国的"健康住宅建设技术要点"提出了健康住宅的面积、光环境、声环境、热环境等方面的标准。

（1）建筑密度不大于 25%。

（2）面积标准：

客厅，最低 $14m^2$，一般 $18m^2$，推荐面积 $25m^2$；主卧室，最低 $12m^2$，一般 $14m^2$，推荐面积 $16m^2$；次卧室，最低 $8m^2$，一般 $10m^2$，推荐面积 $12m^2$；厨房，最低 $5m^2$，一般 $6m^2$，推荐面积 $8m^2$；餐厅，最低 $6m^2$，一般 $8m^2$，推荐面积 $10m^2$；主卫生间，最低 $6m^2$，一般 $7m^2$，推荐面积 $8m^2$；次卫生间，最低 $3m^2$，一般 $4m^2$，推荐面积 $5m^2$；贮藏室，最低 $3m^2$，一般 $4m^2$，推荐面积 $6m^2$；书房，最低 $6m^2$，一般 $8m^2$，推荐面积 $10m^2$。总体上各个部分的面积除了要达到以上标准外，而且还要有足够的人均建筑面积，并确保其私密性。

（3）能引起过敏的化学物质浓度很低，尽量不使用易散发化学物质的材料。

（4）二氧化碳浓度要低于 1000PPM，悬浮粉尘浓度要低于 $0.15mg/m^3$。

（5）每天日照时间应在 3h 以上。

（6）有足够亮度的照明设备。

（7）除厨房灶具或吸烟外，还要设局部排气设备，功能良好的换气设备能将室内污染气体排到室外。

（8）整个房间温度全年保持在 17～27℃之间。室内湿度全年保持在 40%～70%之间。

（9）噪声要小于 50dB，人均公用绿地面积大于或等于 $2m^2$。

（10）有足够的抗自然灾害的能力。

（11）便于护理老人和残疾人。

3）户型评价

五明设计是卧室、客厅、餐厅、厨房与卫生间都直接对外开窗，这是最理想的，但在具体的户型设计中，五明设计往往难以做到，会有卫生间及餐厅等不能对外开窗。

一梯两户往往户型较好。一梯三户、一梯四户中间的户型往往通风不好。面积较小的小户型往往卫生间不能对外开窗。塔式楼无法全面照顾，总有一些房间，或卫生间不能对外开窗，通风往往没有板式楼好。

3 新商品房购买

3.1 选房的七个步骤

（1）自我评价

根据自身家庭的储蓄、可获得的各类贷款以及从亲友处可获得的借款等因素，来估算自己的实际购买能力，最终确定所要购买的房屋类型、面积和价位。

（2）搜集信息

可从以下几种渠道获得购房信息：

①媒体广告；②亲友介绍；③开发商或代理商邮寄、发送的宣传品；④售楼书；⑤现场广告牌；⑥现场展示样板房；⑦房地产交易展示会；⑧直接与房地产营销人员进行交流；⑨其他途径，包括从房地产交易所、咨询公司等处查询关于房地产交易的各种资料。

（3）项目筛选

根据收集的购房信息和自己的需求，对相关信息进行筛选，确定重点楼盘。

（4）实地察看

购房者根据所收集的购房信息，对欲购房屋进行实地调查。

对房屋的建筑面积、使用面积的大小，房屋的建筑质量，装修标准、装修质量，房屋的附属设备是否完备，房间的隔声效果如何，顶棚、墙壁、地面、门窗以及内部设计是否合理等方面进行仔细考察。

对房屋外部进行查看时，要注意房屋的位置、朝向、外观造型、楼梯、电梯、走廊等情况。

另外，还要对户外景观、周边环境、交通条件以及各种公共配套设施的设置等情况进行了解。在实地查看过程中，购房者如果有无法调查的情况，或在某些方面存在疑问，还可以直接向现场的售楼人员询问，真正做到心中有数。

（5）确定目标

根据前面三个步骤中的检验，最终确定欲购房屋。

（6）查询欲购房的合法性

房地产商在销售商品房时应具备"五证"：即《国有土地使用证》、《建设土地规划许可证》、《建设工程规划许可证》、《建设工程施工许可证》和《商品房预售许可证》或《商品房销售许可证》。

（7）接触洽谈

购房者与开发商就价格、住房要求等具体问题进行协商。

3.2　如何选择开发商

（1）搞清开发商的资质

国家对以房地产开发经营为主的专营企业，明确要按规定申请资质等级。以开发项目为对象，从事单项房地产开发经营的项目公司不写资质等级，但必须有项目一次性《资质证书》。对不具备资质的开发商建设销售的房屋，不能作为商品房来交易。因此，百姓选房时，应要求开发商出示《资质证书》。考察《资质证书》时要鉴别：

①项目型公司。若《资质证书》标明开发商只具有对某一特定项目的开发资格，并标明开发期限，对此可能产生的售后风险，购房者应引起高度重视。因为项目型公司，在开发销售完毕一段时间后往往就不存在了，购房者在以后使用过程中，若发生诸如房屋质量的问题，往往找不到投诉对象，引起不必要的纠纷。

②《资质证书》上标明的等级。根据国家有关规定，开发企业的资质自高至低分为一至五级。资质的高低表明了开发商在资金规模、技术力量、开发业绩和信誉度方面的实力。从某种程度上反映了开发商所开发的商品房，在性能、质量和售后服务方面的水平。

③《资质证书》的合法性和时效性。《资质证书》一般情况下每年审核一次，购房者应留意开发商是否以旧充新。

（2）了解开发商的实力

开发商的实力是保证项目正常进行的最关键因素。有实力的开发商自有资金充足，一般可以保证材料的及时供给和施工的正常进行，避免工期延误等状况的发生。

从以下几方面，可以了解开发商的实力：

①市场占有率。了解开发商所主持的项目总开发量和开工量。同期开工项目较多的开发商，一般来讲具有一定的实力。没有金刚钻，谁敢揽瓷器活？但是已知道开发商本身实力并不雄厚，却主持了过多的项目，就要慎重考虑。

②工程工期和进度情况。建设工期过长是开发商缺少资金保障的表现之一。

③银行贷款的发放情况。中国人民银行"121"决议的出台，对开发商自有资金量有一定的限制，对开发商的资质进行了更严格的审核。

④上市公司公开的财务年报、股票走势等。良好的融资渠道在一定程度上保证了企业有较为充实的运转资金。

（3）了解开发商的信誉

信誉是保证期房承诺兑现的根本，随着房地产行业品牌销售的临近，寻求长远发展的开发商必定要顾及企业形象,打造品牌。如果开发商将每一个项目的成败当作是影响企业形象化的关键,那么他们对信誉的重视程度就高,选择这样的开发商,出现质量问题可能性也比较小。即便出现了问题,获得妥善解决的可能性也比较大。

从以下几方面,可以了解到开发商的信誉:

①"翻旧账"。从开发商以往的作品当中,可以容易地看出其对信誉的重视度。楼盘是否都能按时交工?楼盘品质如何?楼盘是否发生过严重的纠纷?都是需要你认真了解的情况。

②登录当地的以房地产为主要内容的网站中的"业主论坛"。从这些论坛中,你会了解到已经购买了你选择的楼盘的购房人对楼盘及开发商的种种评价。

（4）考察销售的资质

商品房的销售分为开发商自行销售和委托物业代理两种。由于委托物业代理要支付相当于售价1%～3%的佣金,所以在以下几种情况下,开发商愿意自行销售:

①大型房地产开发商有自己专门的营销队伍和销售网络;

②房地产市场高涨,市场供应短缺,所开发的项目受到使用者和投资人士的欢迎;

③开发商所开发的项目已有较为明确的,甚至是固定的销售对象。

如果是开发商所属的营销部门售房,则要查实其能否及时提供购房者所需资料,并要查看其与开发商的从属关系。

对于各物业代理,则要查看其是否有开发商的委托代理书,是合代理还是独家代理?代理权限、时间期限等有哪些规定?审查这些资格文件的目的,是要弄清开发商授予物业代理哪些权利,哪些问题仍由开发商负责,代理商是否有合法售房的权利,开发商是否认可物业代理的销售行为,并是否承担物业代理相应的责任。

物业代理有全权代理和一般代理的区别。全权代理是开发商只委托一家代理,并要求代理方对委托事项承担责任;一般代理是开发商委托一家或几家代理,但不一定要求代理方对委托事项承担责任。在涉及商品房定价、房号选择、签订《认购书》或《商品房购销合同》等重要问题时,如由物业代理代办,购房者一定要核实开发商对物业代理的授权委托书,以及约定物业代理能承担和应承担的各项责任。

3.3　选房应考虑的主要因素

（1）要看房屋的自然条件、人口条件、文化条件

具体而言主要是指:

①城市上风上水。城市中心区的上风上水方向,城市主要工业区的上风上水方向。

②交通便捷。使用常用的交通工具,从居住地到工作地点或常去的地方不超过可接受的时间并且有时间保障。

③城市化水平高。居住地各种市政设施齐全,一般位于城市主次干道附近。房屋的区位、繁华度、公共设施配套等。

④生活便利。步行10min左右即可到达各类商业服务网点,能满足日常生活物品的采购及其他服务需求。

⑤小区周围配套设施。小区内及周围是否有幼儿园;是否已定向某小学、初中;周围的医院的水平,距离。

（2）要看住宅环境

住宅环境包括日照、通风、噪声控制、私密性、绿化、道路等。具体来说,是指自然、人文景观优雅的程度,空气清新状况,有无早晚休闲运动、周末娱乐的场所,社会风气、治安状况等。

大型物业还是小物业管理,封闭式还是开敞式管理,都是要考虑的因素。

房子如果紧邻城市主干道路,就会有城市交通噪声的影响;如果紧邻铁道,铁道有规律间

隔的噪声，同样有很大的影响；如果房子周围有重大危险源，如加油站、城市液化气储罐……一旦这些重大危险源发生事故，其后果很严重，往往有影响。

如果房子在顶层或西面，就有顶晒与西晒的问题。我国幅员辽阔，多数区域存在此类问题。尽管符合国家节能标准的房子，墙体与屋面的热阻符合标准要求，会减轻顶晒与西晒的后果。需要较多一些能源，夏日空调多开一些时间，冬日供暖可能温度会稍低一些。

（3）看住宅的健康与安全性

要求住宅的健康程度高，能满足生理需要和社会需求，能防止事故，远离污染源、传染病医院等。

（4）看开发商资信调查、房屋合法性调查。

（5）看房屋的品质状况。

主要看房屋的数量指标、质量指标、价格因素等。

（6）看其他隐蔽工程、公共设施工程、建材品质、售后服务承诺等。

总之，对所购的房屋进行多次深入调查，根本目的是安全和舒心。观察房子的时间也需要巧妙合理的安排。如，白天去便于了解房子区位、环境、健康与安全性、房屋品质、开发商资信；晚上去便于体验与了解居住区人口素质与构成；雨天去便于了解房屋有无漏水、楼宇排污系统工作的能力、路面积水情况；假日去便于体验购物、交通的便利度。另外，还要注意的是，在看房时，不要受销售人员介绍的影响，要多比较、仔细看，以免后悔。若由中介公司代售，需把单价、总价、平方米数、授权范围、代售期等了解清楚后再拍板，绝不能草率行事。

3.4　怎样看售楼书

人们所说的"楼书"，实际上是开发商为推销房屋，自己精心制作的一种印有房屋图形和文字说明的广告性宣传材料。

（1）楼书一般包括以下几个方面：

①外观图、小区整体布局图；②地理位置图；③楼宇简介；④房屋平面图；⑤房屋主体结构；⑥出售价格及附加条件；⑦配套设施；⑧物业管理。

（2）购房者可以通过"楼书"有针对性地对房屋进行筛选：

①通过看外观图、小区整体布局图，购房者可以初步判断楼宇是单体建筑还是成片小区，是高档、中档还是低档，用途是居住、办公还是商住两用。

②通过看地理位置图，购房者可以了解楼宇的具体位置，同时也可以估计房屋的大概价格。但购房者也要注意地理位置图是否是按照比例绘制的，若不按比例将会对地点的选择形成误导。

③通过房屋平面图，选择设计合理、适合购房者居住或办公的面积、房型。

④通过以上三个步骤的筛选后，购房者规定的范围已基本确定。其他方面的内容可作为参考。

特别值得一提的是，看"楼书"要学会发现缺点，去伪存真。因为这种宣传资料一般是刻意美化的，渲染优点而淡化缺点。在"楼书"中，含糊其辞的地方往往是缺陷的所在。

3.5　怎样看报纸房产广告

一般来讲，报纸广告以其成本相对低廉、可重复阅读或收藏、购房者有选择性、读者可自行控制阅读内容而成为房地产开发商首选的广告媒介。报纸的房地产广告一般主要含有以下几部分内容：

（1）物业的名称、位置、售价

为了与其他房地产项目相区别，每一个房地产项目通常都要取一个特有的名称，而且是以房管局市场处备案的为准。

房地产广告中通常都配有一个物业位置图。但这种图示只是示意性的，并不是准确的距离位置。

房地产广告中标注的价格，一般情况都是房产项目销售的最低价，客户实际购房价格则要根据楼层、朝向、户型结构，以及工期进度而定价。当然，对于销售不畅的项目，广告中的价格也有可能是虚定的原实际成交价，远远低于此标注的价格。

（2）物业的外观或户型图

大多数房地产广告中都附有项目的整体外观图，其中属于期房的全部是电脑绘制的效果图，属于现房的开发商绝不会忘掉在图片一角注明是"实景照片"。购房者在看期房图片时一定要意识到，现在的电脑制作技术已到了空前的水平。

3.6　怎样看小区配套

居住区内配套设施是否方便合理，是衡量居住区质量的重要标准之一。稍大的居住小区内应设有小学，以排除城市交通对小学生上学路上的威胁，且住宅离小学的距离应在 300m 左右。菜店、食品店、小型超市等居民每天都要光顾的基层商店配套，服务半径最好不要超过 150m。

目前在售楼书上经常见到的"会所"指的就是住宅区居民的公共活动空间。大多包括小区餐厅、茶馆、游泳池、健身房等设施。由于经济条件限制，普通老百姓购买的房子面积一般不会很大，比如购房者买的是 80m² 的住宅，有了会所，他所享受的生活空间就会远远大于 80m²。随着居住意识越来越偏重私密性，休闲、社交的需求越来越大，会所将成为居住区不可缺少的配套设施。会所都有哪些设施，收费标准如何，是否对外营业，预计今后能否维持正常运转和持续发展等问题，也是购房者应当了解的内容。

3.7　怎样看小区绿化

目前住宅项目的园林设计风格多样，有的"异国风光"可能是真正翻版移植，有的"欧陆风情"不过是虚晃几招，这就需要购房者自己用心观察、琢磨了。但是居住环境有一个重要的硬性指标——绿地率，指的是居住地区用地范围内各类绿地的总和占居住区总用地的百分比。值得注意的是："绿地率"与"绿化覆盖率"是两个不同的概念，绿地不包括阳台和屋顶绿化，有些开发商会故意混淆这两个概念。由于居住区绿地在遮阳、防风防尘、杀菌消毒等方面起着重要的作用，所以有关规范规定：新建居住区绿地率不应低于 30%。近郊住区绿地率应在 35% 以上，在市区附近，如果居住区绿地率能达到 40% 或 50%，就比较难得了。购房者不要被什么园林、风格唬住，也许那个项目连起码的标准都还没有达到。

3.8　房屋面积注意要点

（1）合同里的面积陷阱

新的合同范本里规定："建筑面积、套内建筑面积误差比绝对值均在 3%以内（含 3%）的，根据产权登记建筑面积结算房款；建筑面积、套内建筑面积误差比绝对值中有一项超出 3%时，买房人有权退房。"

应对方法：

①看房时注意施工进度。一个楼盘如果总体开发规模不是很大，而且施工进度比较快（如主体结构已经封顶），那么面积出现较大差异的可能性就会大大减少。

②入住时别忘了向开发商索要测绘部门的实测报告。

③特殊约定写进合同。如果选择了比较特殊的计价和结算方式（如按使用面积计算），那么对于面积差异的处理，一定要做出相应约定，并写进合同。

（2）阳台问题

不同类型的阳台，面积计算标准也大相径庭。封闭阳台按其水平投影面积计算，而凹阳台、挑阳台仅按其水平投影面积的一半计算。在商品房预售中，不少开发商先说阳台是未封闭的，但到实际交房时阳台却变成封闭的了。

应对方法：在合同里把套内面积、阳台面积都约定清楚，保障出现问题时有据可查。

（3）要钱的"赠送"面积

购房者在买房时，一定要对开发商"赠送"部分的性质分析清楚，不要到时候拿到一个要钱的"赠送"面积。此外，套内建筑面积购房人对它有收益、处分、使用等各种权利；公有所有权，如楼梯、外立面等，无论购房人个人还是开发商都不能随便拆改或改变使用性质。

应对方法：不妨将开发商的承诺写到合同里。

（4）公摊面积陷阱

公摊面积由于是不能测量，而成为消费者"心有余而力不足"的部分。

应对方法：

①消费应该在签订面积条款时，将使用面积、公摊面积、套内建筑面积的具体长度尺寸用厘米表示出来，这样自己以后有可能检测出来复核一下。

②消费者有权对自家房屋的公摊面积进行测量、复核，或者双方共同聘请一家有房屋测绘资质的单位，对有争议的面积进行检测。

③在主张对面积进行复核的同时，一定要在合同中写清楚违约责任，保障当事人的合法权益，必须写清假设面积尺寸差一厘米，就要赔偿相应数额的钱款，这样某些销售商才不敢作假。

（5）变更房屋、小区设计

这会导致房屋面积发生变化。商品房面积主要由套内建筑面积和公共分摊面积两部分组成。如果开发商在预售过程中，变更了公共部位或部分房屋的设计，就会使各家各户的公共面积分摊系数发生变化，从而使公共分摊面积发生变化，导致购房者在房屋竣工时建筑面积发生变化。

应对方法：

①施工过程中的设计变更及由此引起的面积出入，开发商未及时地以书面通知购房人，购房人有选择退房的权利。

②如果购买期房，就要对可能的风险有所预测，如果承担不了这个风险，就尽量避免买期房。

（6）部位定性不清

在商品房面积计算中，不同的部位计算原则相差甚远。开发商往往就利用这方面的规定设下陷阱，如根据规定，阁楼是不计入商品房面积的，但夹层是要计入面积的。在预售时，有些开发商往往会把夹层说成是阁楼，到实测时，购房者的房屋面积却增加不少。

应对方法：在签合同时就约定清楚。

（7）总面积增加，但使用面积减少

消费者一般都看建筑面积是多少，而建筑面积确实没有问题，使用面积的问题却因为最初消费者没有约定而无法举证。很多消费者败诉就是举证不足。

3.9 测算购房款以外的费用

（1）购买税费。

（2）银行按揭费。

（3）入住费。

4 二手房购买

4.1 名词解释

（1）产权房

产权房就是商品房。

（2）地产房（又称小产权房）

地产房屋是指建筑在农村集体土地上的房屋。地产房也可以买卖。但地产房是地方政府拥有产权，并不是个人拥有。所以其价值要低于产权房。

产权房是指国家认可的产权房屋。地产房则是指非国家认可的产权，而是由地方政府在市区边缘的特殊地带建设的只有地方政府才认可的产权房屋。地产房也可自由买卖，但央行旗下的各大银行不给贷款。一般情况下必须一次性付款。

国家法律有明确的禁止性规定，即不允许在农村集体土地上开发建设商品房，除非将集体土地使用权转变为国有土地使用权，所以购买此类房屋时应该慎重。所谓房屋使用权是房屋所有权的一项权能，是指权利人仅具有使用房屋的权利，而不具有处分房屋的权利，这是使用权与所有权的本质区别。不过，实践中房屋使用权可以依法进行交易。

关于拆迁补偿的问题，国务院《城市房屋拆迁管理条例》明确规定拆迁补偿的房屋为"城市规划区内国有土地上的房屋"。因拆迁农村集体土地上的房屋进行补偿的情况是，被拆迁房屋为合法建造的房屋，如农村居民的住宅房屋及经批准建造在集体土地上的非住宅房屋（如乡镇企业用房）。可见，所谓的地产房因其开发建设的违法性在土地依法转换为国有土地前是不符合拆迁补偿条件的。

（3）军产房

军产房就是在国家批给军队的土地上，由军队建设的房子。军产房是属于只有部队才认可的产权，到地方之后根本不起作用，交易也只能在部队内部进行。

军产证的性质有点像集资房，不能抵押或贷款，因土地是部队的，地方政府亦无权干涉，转名只需所属的军区办事处或管理处改名即可，亦有房产证由军区提供的，此类房在新开盘的时候才可以做短期的贷款按揭，二手交易做按揭就比较困难。一般情况下必须一次性付款。

（4）产权房、地产房与军产房的区别：

①产权房可以贷款，地产房与军产房一般不可以贷款。

②产权房土地使用年限长。产权房子是 70 年，地产房是 40 年，军产是部队超建的房子，开战时无偿征用该块土地。

③产权房购买的是产权，地产房与军产房购买的是使用权。因此地产房与军产房的价格比产权房低一些。

④统一拆迁的时候，地产房相对于产权房来说拆迁补助费要少一些，总房款也要低一些。

⑤国家明确规定军产、乡产、校产是不可以上市买卖的。发票不可以代替房产证。军产房从文件上来说不能买卖，只有居住与使用权。但实际上是有交易的。以后政策对于军产房怎么变化就不得而知了。

4.2 购买二手房程序

第一阶段：准备阶段

首先，根据自己的需要，自己的财务能力，包括首付与贷款，决定在特定的大致的区域内购买二手房；其次，收集与具备比较专业的房产及法律知识；第三，要有较好的心态及耐性。因为找房子与看房子的过程可能比较漫长。在处于卖方市场的情况下价格谈判可能比较艰难，往往迁就卖方。

第二阶段：市场考察

（1）选安全中介

二手房的买卖要比商品房复杂得多，因此，买卖双方都需要中介机构帮助代为办理交易手续。确定先选中介公司，还是先选房子，中介不能碰到哪个算哪个。

目前在许多城市，虽然已放开了住房二级市场，但政府职能一般只是在两头把关，即审批入市资格和办理产权转移登记手续，而中间的交易过程则完全由买卖双方自行操作。而二手房的买卖要比商品房复杂得多，因此，买卖双方都需要中介机构帮助代为办理交易手续。目前中介服务机构的操作还不完善，良莠不齐，经常发生中介机构与委托人发生矛盾、冲突的事情。因此，中介机构的选择就显得尤为重要。

首先要选择经政府行业主管部门批准、已取得执业资质，信誉良好、操作规范的中介公司。要亲自到中介机构办公场所进行考察，看看中介费报价及公司的服务态度，根据人员素质，办公设施现代化程度，信息量和人气等现象可初步判断该公司处在何种档次上。同时，在委托中介机构代理之前，还要详细询问中介公司能确切地提供哪些服务项目，如何收费？问问周围已买房人对中介公司的评价。

（2）看房子

多实地考察房屋，比较选优，先看户型，建成的年代、小区环境、房屋结构、朝向、楼层，这些都是影响房价的原因。与卖方交谈，了解房屋的优劣势，与卖方人邻居交谈，与小区内住户访谈，多了解，才可达到自己理想的预期价值。

买房人一般要花费大量时间与精力，经过多方面比较，最终才会选中自己想要的房子。买房人想要什么，自己心里一定要特别清楚，没有十全十美的房子，不要看花了眼。一般十多套内选一套就很正常。

（3）弄清拟购二手房的产权情况

在旧房交易中，产权证是最重要的。由于房屋不同于其他日用品，价值量巨大，法律对房屋的保护主要是对有合法产权的房屋进行保护。根据我国《城市房地产管理法》第60条规定："国家实行土地使用权和房屋所有权登记发证制度。"因此，购买二手房时，一定要弄清楚房屋的权属，凡是产权有纠纷的，或是部分产权（如以标准价购买的公有住房）、共有产权、产权不清、无产权的房子，即使房子再合适都不要购买，以免成交后拿不到房屋产权证，同时也会引起许多不必要的麻烦。另外，要特别注意产权证上的房主是否与卖房人是同一个人。在验看产权证时，一定要查看正本并且要到房地产管理部门查询此产权的真实性。

由于我国房改政策在房改进程的不同发展阶段实行不同的政策，因此，如果是以标准价购买的公有住房，要注意是否已经按成本价补足费用，或者已与原单位确定了如何按比例分成。另外，有些单位在向职工售房时，为了维持单位人员的稳定，与职工签订有服务合同，原单位还有优先购回权。因此，要确认原单位是否同意该房子的出售。

当前对于军队、医院、学校的公有住房一般还不允许上市出售，因此对这类房子一定要确认有原单位公盖同意出售才能放心购买。

（4）弄清拟购二手房的房屋结构

二手房的房屋结构比较复杂，有些房子还经过多次改造，结构一般较差。因此，购买二手房时，不仅要了解房屋建成的年代、建筑面积和使用面积是否与产权证上标明的相一致、房屋布局是否合理、设施设备是否齐全完好等情况，更要详细考察房屋的结构情况，了解房屋有无破坏结构的装修，有无私搭、改建造成主体结构损坏隐患的情况。

关于结构的内容、抗震的内容可看本书第5章。

购买二手房一定要对房屋进行实地考察，了解户型是否合理，有没有特别不适合居住的缺点，顶棚是否有渗水的迹象，墙壁是否有裂纹或脱皮等明显问题。

如果存在上述问题，则不要购买，以免购买后既要加大维修费用，又时刻面临不安全的危险。

（5）实地看看二手房的周边环境和配套设施

随着人们生活水平的提高，对居住区环境及配套设施设备的要求也越来越高。新建房屋会随着房屋竣工和入住的完成，逐步改善住区环境，一般会向更好的方向发展。而旧房子的周边环境已经形成多年，一般很难改变。因此，购买旧房时，要认真考察房屋周围有无污染源，如噪声、有害气体、水污染、垃圾等，另外还有房屋周边环境、小区安全保卫、卫生清洁等方面情况。看房产所在的区域，周边环境（包括文化、体育、医院）及生活配套设施是否完善，道路交通状况是否良好。

对房屋配套设施设备的考察主要有：水质、水压，供电容量，燃气供应，暖气供应情况及收费标准，电视接收的清晰度等。另外还要观察电梯的品牌、速度和管理方式，是否安全、便捷并提供 24 小时服务。如有机会最好走访一些老邻居，对房屋及周围环境设施做更多的深入了解。

总之，要充分了解售房人售房的真实目的，避免接手一个垃圾房。购买二手房的目的本是想改善一下居住条件，但是如果对二手房了解不全面，却会给日后生活带来更多烦恼。

（6）考察一下二手房的物业管理

购买房屋是一次性的消费支出，而物业管理水平的高低则直接影响到日后长期的居住生活质量。因此，人们不论购买新房还是旧房，都越来越关注房屋的管理水平。良好的物业管理不仅可以弥补房子的一些不足，还能给生活、工作带来更多的便利。

对物业管理的考察，主要是考察物业管理企业的信誉情况，要对其管理的物业进行走访，看保安人员的基本素质、保安装备，管理人员的专业水平和服务态度，小区环境卫生、绿化等是否清洁、舒适，各项设施设备是否完好、运行正常等，由此可以大致看出一个企业的管理水平，最终评价是以质优价廉为好。

还要了解物业管理费用标准，水、电、气、暖的价格以及停车位的收费标准等，了解是否建立了公共设施设备维修养护专项基金，以免日后支付庞大的维修养护费用，出现买得起房住养不起房的情况发生。

第三阶段：房屋交易

（1）查验房产证

在中介公司的指导下，买卖双方就价格、税费等达成意向后，要进行房产证查验。查验证件的真伪，是否还有抵押贷款未还。

（2）缴定金，签合同，付中介费

如卖方提供的房屋合法，可以上市交易，买方可以交纳购房定金（交纳购房定金不是商品房买卖的必经程序），买卖双方签订房屋买卖合同（或称房屋买卖契约）。买卖双方通过协商，对房屋坐落位置、产权状况及成交价格、房屋交付时间、房屋交付、产权办理等达成一致意见后，双方签订至少一式三份的房屋买卖合同。一般的中介公司会同时收取中介费。

（3）立契

房地产交易管理部门根据交易房屋的产权状况和购买对象，按交易部门事先设定的审批权限逐级申报审核批准后，交易双方才能办理立契手续。现在北京市已取消了交易过程中的房地产卖契，即大家所俗称的"白契"。

（4）首付款（或全部款减定金减尾款）银行托管

特别指出的是，除定金之外的付款一定要进行银行托管，只有卖方双方另加中介公司三方均签字，才可以划拨这项专款。只有房产证办理下来，买房拿到房产证之后，才可以付款。避免中介公司挪用客户的房款。需要贷款的买方，要用房产证抵押进行贷款。

（5）缴纳相关税费

中介公司一般负责交易的人员专门负责交易，对所有程序、手续、证件等很清楚。房屋交易时，根据中介公司人员的安排，需要买卖双方必要人员需持必要的证件原件、复印件，以备过户所用。

买卖双方共同向房地产交易管理部门提出申请，接受审查。买卖双方向房地产管理部门提出申请手续后，管理部门要查验有关证件，审查产权，对符合上市条件的房屋准予办理过户手续，对无产权或部分产权又未得到其他产权共有人书面同意的情况拒绝申请，禁止上市交易。

购买二手房时要亲自到交易场所办理转让手续。有些人购房时，一怕麻烦，二容易轻信别人，三为了节省一点交易手续费，在售房人的花言巧语下，由售房人全权代办交易手续，结果拿到手的产权证有可能是假的，房屋所有权得不到应有的法律保护，引起纠纷；或是在多年之后再转让房产时，才知上当受骗，这方面的案例即使在法律制度比较健全的香港也都时有发生。因此，购买二手房时，买卖双方一定要到政府指定的房地产交易场所办理产权转让手续，按国家规定交纳各种交易费用，领取政府颁发的产权证，最好买卖双方能一手交钱，一手交房（指产权证）。切不可因小而失大。只有这样，才能买到放心合适的房子。

房屋评估，缴相关评估费用。根据评估值缴纳税费。税费的构成比较复杂，要根据交易房屋的性质而定。比如房改房、危改回迁房、经济适用房与其他商品房的税费构成是不一样的。政策也时常变化。缴费的项目名称见本书配套素材。

（6）办理产权转移过户手续

交易双方在房地产交易管理部门办理完产权变更登记后，交易材料移送到发证部门，买方（也可委托中介）凭领取房屋所有权证通知单到发证部门申领新的产权证。

（7）贷款（如有）

对贷款的买受人来说在与卖方签订完房屋买卖合同后由买卖双方共同到贷款银行办理贷款手续，银行审核买方的资信，对双方欲交易的房屋进行评估，以确定买方的贷款额度，然后批准买方的贷款，待双方完成产权登记变更，买方领取房屋所有权证后，银行将贷款一次性发放。

第四阶段：二手房按揭贷款全部程序（如有）

可以归纳为下面八步（当然与上面的步骤有交叉）。第一步：找好想要购买的房屋，该房屋必须产权明晰；第二步：选择一家银行指定的能够办理按揭贷款业务的房产交易代理机构，并在该代理机构完成房产价值评估工作，交纳房产评估费；第三步：买卖双方须提供的相关资料；第四步：去银行填写二手房按揭申请表；第五步：银行在15个工作日内完成贷款审批工作，如同意放贷，则发给贷款承诺书；第六步：买卖双方到房屋所在市、县的房地产交易管理部门办理房屋产权过户手续；第七步：领到房产证后，送交银行，银行划拨款项；第八步：到房管部门办理房屋抵押登记、保险等手续，借款人按月还款付息，贷款本息结清后，注销抵押登记，解除合同。

第五阶段：物业交割

正常情况下，房子交接完毕，房产登记过户后当日，卖房人就应该拿到全部售房款，如果买房人要进行抵押贷款，贷款完成之日，可以拿到全部房款。如果卖房人不能按时交房，则根据情况，买房人会暂扣部分房款，待交房时付清，付款时间在合同中有明确规定。

物业方面有供暖费、物业费，特别提出的是户口，只有当上述费用卖房人缴清，户口迁出，交房之后，买房人才可以付清最后的尾款。这些事项一定要达成口头协议，并书面写在合同里。否则，后患无穷。

买方领取房屋所有权证，卖方交付房屋并结清所有费用后，转出户口，买方付清所有房款。双方的二手房屋买卖合同全部履行完毕。

另外，如果对二手房买卖没有把握，最好能聘请房地产方面的专业律师做顾问，特别是对产权等关键问题进行把关，以免上当受骗。当前在住房二级市场上的律师收费还没有统一标准，因此，要事先了解律师的收费和提供的相应服务都有哪些。

最后，各地的购房程序可能会有一些差别，仅供参考。

附录 2　常用建筑术语

2.1　民用建筑设计通则部分

1　民用建筑 civil building

供人们居住和进行公共活动的建筑的总称。

2　居住建筑 residential building

供人们居住使用的建筑。

3　公共建筑 public building

供人们进行各种公共活动的建筑。

4　无障碍设施 accessibility facilities

方便残疾人、老年人等行动不便或有视力障碍者使用的安全设施。

5　建筑基地 construction site

根据用地性质和使用权属确定的建筑工程项目的使用场地。

6　道路红线 boundary line of roads

规划的城市道路（含居住区级道路）用地的边界线。

7　用地红线 boundary line of land；property line

各类建筑工程项目用地的使用权属范围的边界线。

8　建筑控制线 building line

有关法规或详细规划确定的建筑物、构筑物的基底位置不得超出的界线。

9　建筑密度 building density；building coverage ratio

在一定范围内，建筑物的基底面积总和与占用地面积的比例（%）。

10　容积率 plot ratio，floor area ratio

在一定范围内，建筑面积总和与用地面积的比值。

11　绿地率 greening rate

一定地区内，各类绿地总面积占该地区总面积的比例（%）。

12　日照标准 insolation standards

根据建筑物所处的气候区、城市大小和建筑物的使用性质确定的，在规定的日照标准日（冬至日或大寒日）的有效日照时间范围内，以底层窗台面为计算起点的建筑外窗获得的日照时间。

13　层高 storey height

建筑物各层之间以楼、地面面层（完成面）计算的垂直距离，屋顶层由该层楼面面层（完成面）至平屋面的结构面层或至坡顶的结构面层与外墙外皮延长线的交点计算的垂直距离。

14　室内净高 interior net storey height

从楼、地面面层（完成面）至吊顶或楼盖、屋盖底面之间的有效使用空间的垂直距离。

15　地下室　basement

房间地平面低于室外地平面的高度超过该房间净高的 1/2 者为地下室。

16　半地下室 semi-basement

房间地平面低于室外地平面的高度超过该房间净高的 1/3，且不超过 1/2 者为半地下室。

17　设备层 mechanical floor

建筑物中专为设置暖通、空调、给水排水和配变电等的设备和管道且供人员进入操作用的空间层。

18 避难层 refuge storey

建筑高度超过100m的高层建筑，为消防安全专门设置的供人们疏散避难的楼层。

19 架空层 open floor

仅有结构支撑而无外围护结构的开敞空间层。

20 台阶 step

在室外或室内的地坪或楼层不同标高处设置的供人行走的阶梯。

21 坡道 ramp

连接不同标高的楼面、地面，供人行或车行的斜坡式交通道。

22 栏杆 railing

高度在人体胸部至腹部之间，用以保障人身安全或分隔空间用的防护分隔构件。

23 楼梯 stair

由连续行走的梯级、休息平台和维护安全的栏杆（或栏板）、扶手以及相应的支托结构组成的作为楼层之间垂直交通用的建筑部件。

24 变形缝 deformation joint

为防止建筑物在外界因素作用下，结构内部产生附加变形和应力，导致建筑物开裂、碰撞甚至破坏而预留的构造缝，包括伸缩缝、沉降缝和抗震缝。

25 伸缩缝 expansion and contraction joint

将建筑物分割成两个或若干个独立单元，彼此能自由伸缩的竖向缝。通常有双墙伸缩缝、双柱伸缩缝等。

26 建筑幕墙 building curtain wall

由金属构架与板材组成的，不承担主体结构荷载与作用的建筑外围护结构。

27 吊顶 suspended ceiling

悬吊在房屋屋顶或楼板结构下的顶棚。

28 管道井 pipe shaft

建筑物中用于布置竖向设备管线的竖向井道。

29 烟道 smoke uptake；smoke flue

排除各种烟气的管道。

30 通风道 air relief shaft

排除室内蒸汽、潮气或污浊空气以及输送新鲜空气的管道。

31 装修 decoration；finishing

以建筑物主体结构为依托，对建筑内、外空间进行的细部加工和艺术处理。

32 采光 daylighting

为保证人们生活、工作或生产活动具有适宜的光环境，使建筑物内部使用空间取得的天然光照度满足使用、安全、舒适、美观等要求的技术。

33 采光系数 daylight factor

在室内给定平面上的一点，由直接或间接地接收来自假定和已知天空亮度分布的天空漫射光而产生的照度与同一时刻该天空半球在室外无遮挡水平面上产生的天空漫射光照度之比。

34 采光系数标准值 standard value of daylight factor

室内和室外天然光临界照度时的采光系数值。

35 通风 ventilation

为保证人们生活、工作或生产活动具有适宜的空气环境，采用自然或机械方法，对建筑物内部使用空间进行换气，使空气质量满足卫生、安全、舒适等要求的技术。

36　噪声 noise

影响人们正常生活、工作、学习、休息，甚至损害身心健康的外界干扰声。

37　建筑连接体 building connection

跨越道路红线、建设用地边界建造，连接不同用地之间地下或地上的建筑物。

2.2　建筑设计防火规范及其他消防规范部分

1　高层建筑 high-rise building

建筑高度大于 27m 的住宅建筑和建筑高度大于 24m 的非单层厂房、仓库和其他民用建筑。

注：建筑高度的计算应符合《建筑设计防火规范》附录 A 的规定。

2　裙房 podium

在高层建筑主体投影范围外，与建筑主体相连且建筑高度不大于 24m 的附属建筑。

3　半地下室 semi-basement

房间地面低于室外设计地面的平均高度，大于该房间平均净高 1/3，且不大于 1/2 者。

4　地下室 basement

房间地面低于室外设计地面的平均高度，大于该房间平均净高 1/2 者。

5　耐火极限 fire resistance rating

在标准耐火试验条件下，建筑构件、配件或结构从受到火的作用时起，至失去承载能力、完整性或隔热性时止所用时间，用小时表示。

6　防火隔墙 fire partition wall

建筑内防止火灾蔓延至相邻区域且耐火极限不低于规定要求的不燃性墙体。

7　防火墙 fire wall

防止火灾蔓延至相邻建筑或相邻水平防火分区且耐火极限不低于 3.00h 的不燃性墙体。

8　安全出口 safety exit

供人员安全疏散用的楼梯间和室外楼梯的出入口或直通室内外安全区域的出口。

9　封闭楼梯间 enclosed staircase

在楼梯间入口处设置门，以防止火灾的烟和热气进入的楼梯间。

10　防烟楼梯间 smoke-proof staircase

在楼梯间入口处设置防烟的前室、开敞式阳台或凹廊（统称前室）等设施，且通向前室和楼梯间的门均为防火门，以防止火灾的烟和热气进入的楼梯间。

11　防火间距 fire separation distance

防止着火建筑在一定时间内引燃相邻建筑，便于消防扑救的间隔距离。

注：防火间距的计算方法应符合《建筑设计防火规范》附录 B 的规定。

12　防火分区 fire compartment

在建筑内部采用防火墙、楼板及其他防火分隔设施分隔而成，能在一定时间内防止火灾向同一建筑的其余部分蔓延的局部空间。

13　充实水柱 full water spout

从水枪喷嘴起至射流 90% 的水柱水量穿过直径 380mm 圆孔处的一段射流长度。

14　独立前室 independent anteroom

只与一部疏散楼梯相连的前室。

15　共用前室 shared anteroom

（居住建筑）剪刀楼梯间的两个楼梯间共用同一前室时的前室。

16　合用前室 combined anteroom

防烟楼梯间前室与消防电梯前室合用时的前室。

17　高压消防给水系统 constant high pressure fire protection water supply system

能始终保持满足水灭火设施所需的工作压力和流量,火灾时无须消防水泵直接加压的供水系统。

18　临时高压消防给水系统 temporary high pressure fire protection water supply system

平时不能满足水灭火设施所需的工作压力和流量,火灾时能自动启动消防水泵以满足水灭火设施所需的工作压力和流量的供水系统。

19　高位消防水箱 elevated/gravity fire tank

设置在高处直接向水灭火设施重力供应初期火灾消防用水量的储水设施。

20　消火栓系统 hydrant systems/standpipe and hose systems

由供水设施、消火栓、配水管网和阀门等组成的系统。

2.3　砌体建筑与结构部分

1　砌体结构 masonry structure

由块体和砂浆砌筑而成的墙、柱作为建筑物主要受力构件的结构。是砖砌体、砌块砌体和石砌体结构的统称。

2　建筑砂浆 building mortar

由无机胶凝材料、细集料、掺合料、水以及根据性能确定的各种组分按适当比例配合、拌制并经硬化而成的工程材料。分为施工现场拌制的砂浆或由专业生产厂生产的商品砂浆。

3　砌筑砂浆 masonry mortar

建筑砂浆的一种,是将砖、石、砌块等块材经砌筑成为砌体,起粘结、衬垫和传力作用的砂浆。

4　现场配制砂浆 masonry mortar site mixing

由水泥、经骨料和水,以及根据需要加入的石灰、活性掺合料或外加剂在现场配制成的砂浆,分为水泥砂浆和水泥混合砂浆。

5　预拌砂浆 ready-mixed mortar

专业生产厂生产的湿拌砂浆或干混砂浆。

6　保水增稠材料 water-retentive and plastic material

改善砂浆可操作性及保水性能的非石灰类材料。

7　湿拌砂浆 wet-mixed mortar

水泥、细集料、保水增稠材料、外加剂和水以及根据需要掺入的矿物掺合料等组分按一定比例,在搅拌站经计量、拌制后,采用搅拌运输车运送至使用地点,放入专用容器储存,并在规定时间内使用完毕的砂浆拌合物。

8　干混砂浆 dry-mixed mortar

经干燥筛分处理的细集料与水泥、保水增稠材料以及根据需要掺入的外加剂、矿物掺合料等组分按一定比例在专业生产厂混合而成的固态混合物,在使用地点按规定比例加水或配套液体拌合使用。

9　烧结普通砖 fired common brick

由煤矸石、页岩、粉煤灰或黏土为主要原料,经过焙烧而成的实心砖。分烧结煤矸石砖、烧结页岩砖、烧结粉煤灰砖、烧结黏土砖等。

10　烧结多孔砖 fired perforated brick

以煤矸石、页岩、粉煤灰或黏土为主要原料,经焙烧而成、孔洞率不大于 35%,孔的尺寸小而数量多,主要用于承重部位的砖。

11　蒸压灰砂普通砖 autoclaved sand-lime brick

以石灰等钙质材料和砂等硅质材料为主要原料,经坯料制备、压制排气成型、高压蒸汽养护而成的实心砖。

12　蒸压粉煤灰普通砖 autoclaved flyash-lime brick

以石灰、消石灰（如电石渣）或水泥等钙质材料与粉煤灰等硅质材料及集料（砂等）为主要原料，掺加适量石膏，经坯料制备、压制排气成型、高压蒸汽养护而成的实心砖。

13　混凝土小型空心砌块 concrete small hollow block

由普通混凝土或轻骨料混凝土制成。主规格尺寸为 390mm×190mm×190mm、空心率为 25%～50% 的空心砌块。简称混凝土砌块或砌块。

14　混凝土砖 concrete brick

以水泥为胶结材料，以砂、石等为主要集料。加水搅拌、成型、养护制成的一种多孔的混凝土半盲孔砖或实心砖。多孔砖的主规格尺寸为 240mm×115mm×90mm、240mm×190mm×90mm、190mm×190mm×90mm 等；实心砖的主规格尺寸为 240mm×115mm×53mm、240mm×115mm×90mm 等。

15　轻集料混凝土 lightweight aggregate concrete

用轻粗集料、轻砂（或普通砂）、水泥和水等原材料配制而成的干表观密度不大于 1950kg/m³ 的混凝土。

16　混凝土轻集料小型空心砌块 lightweight aggregate concrete small hollow block

用轻集料混凝土制成的小型空心砌块。

17　混凝土砌块（砖）专用砌筑砂浆 mortar for concrete small hollow block

由水泥、砂、水以及根据需要掺入的掺合料和外加剂等组分，按一定比例，采用机械拌合制成，专门用于砌筑混凝土砌块的砌筑砂浆。简称砌块专用砂浆。

18　蒸压灰砂普通砖、蒸压粉煤灰普通砖专用砌筑砂浆 mortar for autoclaved silicate brick

由水泥、砂、水以及根据需要掺入的掺合料和外加剂等组分，按一定比例，采用机械拌合制成，专门用于砌筑蒸压灰砂砖或蒸压粉煤灰砖砌体，且砌体抗剪强度应不低于烧结普通砖砌体的取值的砂浆。

19　混凝土构造柱 structural concrete column

在砌体房屋墙体的规定部位，按构造配筋，并按先砌墙后浇灌混凝土柱的施工顺序制成的混凝土柱。通常称为混凝土构造柱，简称构造柱。

20　圈梁 ring beam

在房屋的檐口、窗顶、楼层、吊车梁顶或基础顶面标高处，沿砌体墙水平方向设置封闭状的按构造配筋的混凝土梁式构件。

21　墙梁 wall beam

由钢筋混凝土托梁和梁上计算高度范围内的砌体墙组成的组合构件。包括简支墙梁、连续墙梁和框支墙梁。

22　挑梁 cantilever beam

嵌固在砌体中的悬挑式钢筋混凝土梁。一般指房屋中的阳台挑梁、雨篷挑梁或外廊挑梁。

2.4　钢筋混凝土建筑与结构部分

1　普通混凝土 ordinary concrete

干表观密度为 2000～2800kg/m³ 的水泥混凝土。

2　混凝土抗冻标号 resistance grade to freezing-thawing of concrete

用慢冻法测得的最大冻融循环次数来划分的混凝土的抗冻性能等级。

3　混凝土抗冻等级 resistance class to frcezing-thawing of concrete

用快冻法测得的最大冻融循环次数来划分的混凝土的抗冻性能等级。

4　钢筋混凝土结构 reinforced concrete structure

配置受力的普通钢筋、钢筋网或钢筋骨架的混凝土结构。

5 预应力混凝土结构 prestressed concrete structure

配置受力的预应力筋，通过张拉或其他方法建立预加应力的混凝土结构。

6 现浇混凝土结构 cast-in-situ concrete structure

在现场原位支模并整体浇筑而成的混凝土结构。

7 装配式混凝土结构 prefabricated concrete structure

由预制混凝土构件或部件装配、连接而成的混凝土结构。

8 装配整体式混凝土结构 assembled monolithic concrete structure

由预制混凝土构件或部件通过钢筋、连接件或施加预应力加以连接，并现场浇筑混凝土而形成整体受力的混凝土结构。

9 混凝土保护层 concrete cover

结构构件中钢筋外边缘至构件表面范围用于保护钢筋的混凝土，简称保护层。

10 锚固长度 anchorage length

受力钢筋端部依靠其表面与混凝土的粘结作用或端部弯钩、锚头对混凝土的挤压作用而达到设计所需应力的长度。

11 钢筋连接 splice of reinforcement

通过绑扎搭接、机械连接、焊接等方法实现钢筋之间内力传递的构造形式。

12 配筋率 ratio of reinforcement

混凝土构件中配置的钢筋面积（或体积）与规定的混凝土截面面积（或体积）的比值。

13 剪跨比 ratio of shear span to effective depth

截面弯矩除以剪力和有效高度的乘积所得的值。

14 横向钢筋 transverse rereinforcement

垂直于纵向受力钢筋的箍筋及用于约束的间接钢筋。

2.5 建筑抗震部分

1 抗震设防烈度 seismic precautionary intensity

按国家规定的权限批准作为一个地区抗震设防依据的地震烈度。一般情况，取 50 年内超越概率 10% 的地震烈度。

2 抗震设防标准 seismic precautionary criterion

衡量抗震设防要求高低的尺度，由抗震设防烈度或设计地震动参数及建筑抗震设防类别确定。

3 地震作用 earthquake action

由地震动引起的结构动态作用，包括水平地震作用和竖向地震作用。

4 建筑抗震概念设计 seismic concept design of buildings

根据地震灾害和工程经验等所形成的基本设计原则和设计思想，进行建筑和结构总体布置并确定细部构造的过程。

5 抗震措施 seismic measures

除地震作用计算和抗力计算以外的抗震设计内容，包括抗震构造措施。

6 抗震构造措施 details of seismic design

根据抗震概念设计原则，一般不需计算而对结构和非结构各部分必须采取的各种细部要求。

2.6 地基与基础部分

1 地基 Subgrade, Foundation soils

支承基础的土体或岩体。

2 基础 Foundation

将结构所承受的各种作用传递到地基上的结构组成部分。

3　地基处理 Ground treatment，Ground improvement

为提高地基强度，或改善其变形性质或渗透性质而采取的工程措施。

4　复合地基 Composite subgrade，Composite foundation

部分土体被增强或被置换，而形成的由地基土和增强体共同承担荷载的人工地基。

5　扩展基础 Spread foundation

为扩散上部结构传来的荷载，使作用在基底的压应力满足地基承载力的设计要求，且基础内部的应力满足材料强度的设计要求，通过向侧边扩展一定底面积的基础。

6　无筋扩展基础 Non-reinforced spread foundation

由砖、毛石、混凝土或毛石混凝土、灰土和三合土等材料组成的，且不需配置钢筋的墙下条形基础或柱下独立基础。

7　桩基础 Pile foundation

由设置于岩土中的桩和连接于桩顶端的承台组成的基础。

8　基坑工程 Excavation engineering

为保证地面向下开挖形成的地下空间在地下结构施工期间的安全稳定所需的挡土结构及地下水控制、环境保护等措施的总称。

2.7　钢结构与施工部分

1　钢结构 steel structure

以钢板、钢管、热轧型钢或冷加工成型的型钢通过焊接、铆钉或螺栓连接而成的结构。

2　钢与混凝土组合梁 composite steel and concrete beam

由混凝土翼板与钢梁通过抗剪连接件组合而成可整体受力的梁。

3　钢管混凝土柱 concrete filled steel tubular column

钢管内浇筑混凝土的柱。

4　大体积混凝土 mass concrete

混凝土结构物实体最小几何尺寸不小于1m的大体量混凝土，或预计会因混凝土中胶凝材料水化引起的温度变化和收缩而导致有害裂缝产生的混凝土。

5　施工缝 construction joint

因设计要求或施工需要分段浇筑而在先、后浇筑的混凝土之间所形成的接缝。

6　竖向施工缝 vertical construction seam

混凝土不能连续浇筑时，因混凝土浇筑停顿时间有可能超过混凝土的初凝时间，在适当位置留置的垂直方向的预留缝。

7　水平施工缝 horizontal construction seam

混凝土不能连续浇筑时，因混凝土浇筑停顿时间有可能超过混凝土的初凝时间，在适当位置留置的水平方向的预留缝。

8　后浇带 post-cast strip

考虑环境温度变化、混凝土收缩、结构不均匀沉降等因素，将梁、板（包括基础底板）、墙划分为若干部分，经过一定时间后再浇筑的具有一定宽度的混凝土带。

2.8　屋面工程技术部分

1　屋面工程　roof project

由防水、保温、隔热等构造层所组成房屋顶部的设计和施工。

2　隔汽层　vapor barrier

阻止室内水蒸气渗透到保温层内的构造层。

3　保温层　thermal insulation layer

减少屋面热交换作用的构造层。

4 防水层 waterproof layer

能够隔绝水而不使水向建筑物内部渗透的构造层。

5 隔离层 Isolation layer

消除相邻两种材料之间粘结力、机械咬合力、化学反应等不利影响的构造层。

6 保护层 protection layer

对防水层或保温层起防护作用的构造层。

7 隔热层 insulation layer

减少太阳辐射热向室内传递的构造层。

8 复合防水层 compound waterproof layer

由彼此相容的卷材和涂料组合而成的防水层。

9 附加层 additional layer

在易渗漏及易破损部位设置的卷材或涂膜加强层。

10 防水垫层 waterproof cushion

设置在瓦材或金属板材下面，起防水、防潮作用的构造层。

11 持钉层 nail-supporting layer

能够握裹固定钉的瓦屋面构造层。

12 平衡含水率 equilibrium water content

在自然环境中，材料孔隙中所含有的水分与空气湿度达到平衡时，这部分水的质量占材料干质量的百分比。

13 相容性 compatibility

相邻两种材料之间互不产生有害的物理和化学作用的性能。

14 纤维材料 fiber material

将熔融岩石、矿渣、玻璃等原料经高温熔化，采用离心法或气体喷射法制成的板状或毡状纤维制品。

15 喷涂硬泡聚氨酯 spraying polyurethane rigid foam

以异氰酸酯、多元醇为主要原料加入发泡剂等添加剂，现场使用专用喷涂设备在基层上连续多遍喷涂发泡聚氨酯后，形成无接缝的硬泡体。

16 现浇泡沫混凝土 casting foam concrete

用物理方法将发泡剂水溶液制备成泡沫，再将泡沫加入到由水泥、骨料、掺合料、外加剂和水等制成的料浆中，经混合搅拌、现场浇筑、自然养护而成的轻质多孔混凝土。

17 玻璃采光顶 Glass lighting roof

由玻璃透光面板与支承体系组成的屋顶。

参 考 文 献

[1] 李钰. 建筑工程概论(第二版)[M]. 北京:中国建筑工业出版社,2014.
[2] 李钰. 建筑施工安全(第三版)[M]. 北京:中国建筑工业出版社,2019.
[3] GB 50016—2014. 建筑设计防火规范(2018 年版)[S].
[4] GB 6952—2015. 卫生陶瓷[S].
[5] JC/T 765—2015. 建筑琉璃制品[S].
[6] GB/T 8239—2014. 普通混凝土小型砌块[S].
[7] GB/T 15229—2011. 轻集料混凝土小型空心砌块[S].
[8] JGJ/T 98—2010. 砌筑砂浆配合比设计规程[S].
[9] JGJ/T 70—2009. 建筑砂浆基本性能试验方法标准[S].
[10] GB 50010—2010. 混凝土结构设计规范(2015 年版)[S].
[11] GB 50164—2011. 混凝土质量控制标准[S].
[12] GB 18242—2012. 弹性体改性沥青防水卷材[S].
[13] GB/T 14683—2017. 硅酮和改性硅酮建筑密封胶[S].
[14] GB/T 50001—2017. 房屋建筑制图统一标准[S].
[15] GB/T 50103—2010. 总图制图标准[S].
[16] GB/T 50104—2010. 建筑制图标准[S].
[17] GB/T 50105—2010. 建筑结构制图标准[S].
[18] 16G101-1. 混凝土结构施工图平面整体表示方法制图规则和构造详图(现浇混凝土框架、剪力墙、梁、板)[S].
[19] GB/T 50106—2010. 建筑给水排水制图标准[S].
[20] GB/T 50114—2010. 暖通空调制图标准[S].
[21] 河北省工程建设标准化管理办公室.05 系列建筑标准设计图集电气专业[M]. 中国建筑工业出版社,2005.
[22] GB 50345—2012. 屋面工程技术规范[S].
[23] GB 50003—2011. 砌体结构设计规范[S].
[24] GB 50007—2011. 地基基础设计规范[S].
[25] GB 50011—2010. 建筑抗震设计规范(附条文说明)(2016 年版)[S].
[26] GB 50203—2011. 砌体工程施工验收规范[S].
[27] GB 506666—2011. 混凝土结构工程施工规范[S].
[28] GB 50204—2015. 混凝土结构工程施工质量验收规范[S].
[29] GB 50352—2019. 民用建筑设计统一标准[S].